KB113000

수의 신비

Mystères des chiffres

수의 신비

숫자는 어떻게 태어나, 어떤 상징과 마법의 힘을 갖게 되었나

마르크 알랭 우아크냉 지음 · 변광배 옮김

살림

일러두기

· 원문에 있는 그림과 도표의 설명에 포함된 몇 개의 분명하지 않은 주註를 삭제했음을 밝힌다.
· 원문에는 주가 없다. 이 책의 부록에 실린 각주는 모두 본문에서 괄호 안에 설명의 형태로 되어 있는 것
  을 각주로 처리한 것이다.
· 보충 설명이 필요하다고 판단된 경우 역주를 붙이고, 본문에서 ^{역1)}의 형태로 표기했다.
· 외국어로 된 인명, 지명, 고유명사 등은 한글 맞춤법에 따라 표기했다.

옮긴이의 말

이 책은 마르크 알랭 우아크냉Marc-Alain Ouaknin이 아술린Assouline 출판사에서 2003년에 펴낸 *Mystères des chiffres*를 우리말로 옮긴 것이다. 원제목은 『숫자들의 신비』이나 『수의 신비』라는 제목으로 바꾸었다.

우리 주위에는 절대로 없어서는 안 되지만, 너무 흔해서 그 중요성을 잊고 사는 것들이 있다. 공기나 물이 그 같은 것들이다. 또한 모든 수의 기본이 되는 0부터 9까지의 10개의 숫자도 거기에 해당한다고 할 수 있다. 우리의 일상생활을 이 10개의 숫자들의 무한한 조합 속에서 거의 다 이해할 수 있다고 해도 과언이 아닐 것이다. 이 숫자들이 없다면 우리 모두는 커다란 불편을 겪는 것은 물론이거니와, 어쩌면 생활 자체가 불가능할지도 모른다. 600년경에 살았던 성聖 이시도루스의 "모든 것에서 수를 없애보라. 그러면 모든 것이 사라져버릴 것이다."라는 경구의 의미를 되새겨보자.

하지만 이렇게 중요한 숫자들에 대해 우리는 얼마나 알고 있을까? 과연 우리는 이 숫자들의 특별한 의미에 대해 의문을 품어본 적이 있는가? 서양에서는 7이 왜 행운의 숫자인가? 동양에서는 4가 왜 불행의 숫자인가? 기독교인들은 0이라는 수를 받아들이기를 거부했었는데, 그 이유는 무엇일까? 666은 왜 짐승의 수인가? 황금수는 과연 존재하는 것일까? 수학자들은 왜 6과 28에 대해 특별한 의미를 부여하는가? 'π'의 소수점 이하 자릿수는 얼마까지 계산되었을까? 정말 숫자는 마법의 힘을 가지고 있을까?

아니 그보다도 0부터 9까지의 숫자들은 도대체 언제 어디서 생겨났는가? 0, 1, 2, 3, 4, 5, 6, 7, 8, 9는 왜 '아라비아 숫자'라는 이름으로 부르는가? 지금 현재 우리가 아무런 불편 없이 사용하고 있는 이 10개의 숫자들은 처음부터 이런 모양을 하고 있었을까? 장구한 동서양의 문화 교류사에서 이 숫자들은 어떤 경로를 통해서 이동했으며, 또 그 과정에서 어떤 변화를 겪었을까?

이와 같은 의문들, 즉 숫자의 탄생과 변천, 숫자의 상징과 비밀스러운 힘, 여러 수학자들의 업적에 얽힌 일화, 그리고 '수학'이라는 말의 어원과 본래적 의미 등이 바로 이 책이 다루는 내용이다.

최근 수학에 대한 관심이 급증하고 있다. 전통적으로 입시에서 수학이 차지하는 비중이 큰 데다, 최근 비중이 커지고 있는 입시 논술에서 요구하는 추론 능력을 키우는 데 수학적 사고가 큰 도움을 준다는 생각 때문일 것이다.

하지만 수학은 중요한 입시 과목이나 개별 학문 분과이기 이전에 이미 세계의 문화사에 녹아든 인류 전체의 소중한 유산이라고 할 수 있다. 저자는 이런 사실을 고려해 수와 숫자가 갖는 수학적 의미뿐만 아니라, 그 역사적, 상징적, 종교적, 비의적인 의미까지도 다양하게 소개하고 있다. 특히, 눈에 보이는 세계는 물론, 눈에 보이지 않는 세계까지도 수와 숫자로 표현하고자 했던 인류의 놀라운 상상력을 소개한 부분은 이 책의 백미라 할 수 있다.

독자들이 이 책을 읽고 수학의 기초가 되는 수와 숫자의 다양하고 신비로운 의미를 이해하는 데 도움을 얻는다면, 이 책을 옮긴 보람을 어느 정도는 찾을 수 있을 것이다. 거기에 수, 숫자, 수학이 역사, 철학, 종교 등 다른 분과 학문과 어떤 연관을 맺으며 발전했는지를 이해할 수 있는 계기가 된다면 더할 나위가 없을 것이다.

　이 책의 앞부분에는 숫자의 탄생과 이동, 그리고 그 변화의 역사가 폭넓게 다루어지고 있다. 그 과정에서 저자는 그리스어, 라틴어, 인도어, 아랍어, 불어, 영어, 독어, 스페인어 등을 포함한 수많은 언어들로 된 단어들과 문헌들을 소개하고 있다. 물론 저자의 이러한 노력은 이 책의 풍부함을 단적으로 보여주는 것이다. 하지만 이 풍부함을 우리말로 옮기는 작업은 여간 힘든 작업이 아니었다. 이것은 이 책을 옮기는 과정에서 여러 사람들의 도움이 있었음을 의미한다.

　수학에 대한 지식을 포함해 아랍어, 독어, 불어 등에서 어려움에 부딪힐 때마다 아낌없는 도움을 준 서정일, 김정명 선생님을 비롯해서 프랑스학 연구모임 '시지프' 회원들인 김모세, 김용석, 박은영, 한성진, 오영민 등에게 감사의 말씀을 전한다. 특히 서울대학교 수학교육과에 재직하고 계신 김홍종 교수님께 큰 감사를 드린다. 선생님께서는 수학 전문 용어를 바로잡아 주셔서 이 책의 정확성을 높이는 데 큰 도움을 주셨다.

　이 책을 우리말로 옮기는 과정에서 범하게 된 오류는 전적으로 옮긴이의 책임임은 말할 나위가 없다. 특히 수많은 인명, 지명, 수학 전문 용어 등에 세심한 주의를 기울였지만 여전히 잘못된 부분이 많을 것이다. 독자 여러분의 따뜻한 관심과 질정을 부탁드린다. 아울러 이 책의 가치를 인정해주고 번역을 결정해주신 살림출판사의 심만수 사장님, 이 책의 편집을 맡아주신 임중혁, 김대섭 씨에게도 심심한 감사를 드린다.

2006년 9월
시지프 연구실에서
변광배

제1부 숫자 근대 숫자의 탄생과 변천

제1장 인도 숫자의 탄생(기원전 3세기에서 9세기까지)

제2장 동·서양에서의 인도-아라비아 숫자
(9세기에서 12세기까지)

제3장 인도-아라비아 숫자는
어떻게 기독교가 지배하는 서구에 도달했는가

제4장 삼각형에 대한 열정

제5장 신은 수학적인 가정인가?

제3부 여러 형태들 마방진과 부적들

제1장 마방진

제2장 연금술과 부적

제4부 부록

서론

'수'와 '숫자'

단어 '수'와 '숫자' 사이에는 어떤 차이가 있을까? 당신을 곤혹스럽게 만들 이 질문은 아마도 필자가 몇 년 전부터 내내 가져왔던 질문과 같은 것일지도 모른다. 우리는 종종 이 두 용어를 구별하지 않은 채 사용한다. 이에 더해 '번호'라는 말도 많이 사용하는데 이 때문에 사정은 더욱 복잡해진다.

'숫자'는 '수'를 표기하고 나타내는 방법이다. 따라서 숫자는 언어적, 문자적 사실이다. 게다가 '수'는 '숫자'와 독립적으로 존재한다!

아래의 그림을 보자.

틸 바르쉽Till Barship 왕궁 벽화의 일부.
왕 앞에 서있는 고관들과 서기들(앗시리아).

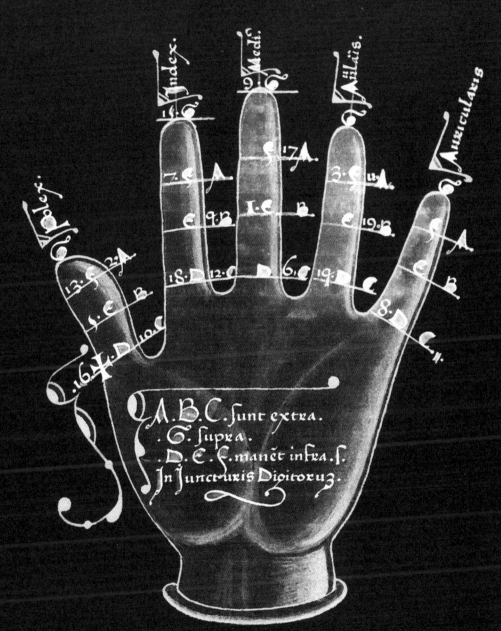

15세기에 간행된 손가락 계산
법 지침서에서 발췌한 손 모양.

이 그림의 내용은 보는 사람에 따라 다르게 이해될 수 있다. 그렇지만 이 그림에 네 명의 사람이 있다는 것은 누가 보더라도 마찬가지다. 그러나 이 그림을 보는 사람 각자가 이 내용을 글자로 표기하는 방법은 문화, 언어, 시대 등에 따라 천차만별이다. 어떤 사람은 '4'로, 어떤 사람은 'Ⅳ'로, 또 어떤 사람은 '⌿'로 표기할 것이다. 네 명의 사람을 나타내기 위해 사용된 기호는 이렇게 각자의 문화, 언어, 시대적 조건에 따라 달라지게 마련이다. 우리가 '숫자'라고 부르는 것은 바로 이 '표기' 또는 '기호'를 가리킨다.

따라서 수많은 숫자의 표기법이 있을 수 있다. 역사 속의 위대한 문명들은 모두 그 나름대로의 숫자, 즉 그 문명에 고유한 숫자의 표기법, 표지, 기호 등을 가지고 있었다. 가령, 바빌로니아 숫자, 이집트 숫자, 중국 숫자, 그리스 숫자, 히브리 숫자, 마야 숫자, 인도 숫자, 아랍 숫자, 그리고 근대적 숫자들이 그것들이다.

다양한 명수법

시대에 따라, 그리고 수를 표기하기 위해 사용되는 상징화에 따라 세 가지의 명수법命數法 체계가 구별된다.

원시 명수법

이 명수법은 어떤 한 대상에 해당하는 하나의 기호를 반복하는 것으로 그친다. 이 명수법은 오늘날에도 주사위, 도미노, 카드 등에서 여전히 사용되고 있다. 시간을 나타내기 위해 같은 소리를 반복해서 울리는 시계 역시 이 명수법을 보여준다.

이 명수법에서는 상징이 사용되지 않는다. 그 대신 다양한 종류의 물건이나 또는 완전히 구어적口語的 상징화로만 남아있는 기호가 사용되기도 한다.

기원전 3300년경에 사용된 공처럼 생긴 돌과 메소포타미아 쉬즈 지역에서 발굴된 칼쿨리.

고대 명수법

이 명수법에서는 아주 정확한 기호와 상징(이 경우에 바빌로니아인들, 이집트인들 또는 마야인들의 그것에 대해서는 '상징적 명수법'으로 부르기도 한다) 또는 알파벳 글자(이 경우에 그리스인들과 히브리인들의 그것에 대해서는 '알파벳 명수법'으로 부르기도 한다) 등을 이용한다. 근대적 숫자들이 아직 등장하지 않았다는 점을 강조하기 위해 '숫자를 나타내는 기호'라는 표현이 사용되기도 한다.

근대 명수법

오늘날 인류의 보편적 고안물로서 이용되고 있는 숫자 기호를 근대 명수법이라고 부른다.

0123456789

여기서 잠깐, 지난 역사 속에서 0(零)을 받아들이는 데 거센 반대가 있었다는 사실을 이야기할 필요가 있다. 수수께끼와도 같고 악마적인 것으로 여겨졌던 0은 '무無'와 '공空'이 존재한다는 것을 보여주기 때문에 오래도록 의심의 대상이었다. 얼마나 대담한 주장인가! 얼마나 무례한 주장인가! 엄연히 신이 모든 것에

임재臨在해 계시고, 우주 전체를 무한한 영광으로 채워주고 계시는데, 도대체 0
이 어떻게 가능하단 말인가!

근대 명수법은 세 개의 주요 특징을 가지고 있으며, 이 특징으로 인해 이전의
다른 모든 명수법보다 더 우월한 위치를 차지하게 되었다. 또한 이 세 가지 특징
은 왜 근대 명수법이 전 세계적으로 널리 사용되고 있는 명수법인가를 설명해
주고 있다. 그 세 가지 특징은 다음과 같다.

— 열 개의 숫자 기호의 존재 : 0, 1, 2, 3, 4, 5, 6, 7, 8, 9

— 10진법에 따르는 정위定位(position)의 원칙

— 0의 개념

'위치에 따른 명수법' 또는 '위치 명수법'은 한 숫자의 가치가 그것이 차지하
고 있는 위치에 달려 있다는 것을 보여준다.

근대 10진법의 세 번째 특징은 0의 사용이다. 계산을 하는 과정에서 어떤 자
리에도 끼어들 수 있는 숫자이자 수인, 바로 이 0의 사용!

0의 기능과 중요성을 보여주는 예를 들어보자. 6천7십1의 수를 어떻게 표기할
것인가? 초기 인도인들의 답은 671이었다. 그렇다면 6천7백1은 어떻게 표기할
것인가(오늘날 우리가 6701로 쓰는 수)? 초기 인도인들의 답은 역시 671이었다.

바로 여기에 모호함이 있다!

초기 인도에서 많은 수학가들은 이 모호성을 우회해 피해 갔다. 상황을 고려
하거나 적당한 장소에 '블랭크', 즉 공백의 자리를 마련함으로써 말이다. 이렇
게 해서 위에서 예로 든 첫 번째 수는 '6 71'로 표기되었고, 두 번째 수는 '67 1'
로 표기되었다. 그로부터 훨씬 더 뒤인 약 5세기 경에 브라마굽타Brahmagupta라고
하는 인도의 수학자가 이 '블랭크' 역시 다른 모든 수와 마찬가지로 하나의 수
라는 사실, 즉 '무'의 양에 해당하는 수라는 사실을 생각하기에 이르렀다. 그는

IIIIIIIVVVIVIIVIIIIXXXIXIILCDM

로마 숫자.

·٩٨٨٧٦٥٤٣٢١

근대 아랍 숫자, 동양적 형태.

1234567890

근대 숫자.

수 1 234 567을 나타내는 이집트 숫자.

마야 숫자 : 5, 15, 8과 18.

페뇨Peignot, 『숫자론 *Du Chiffre*』, 다마스J. Damase, 1982년.

호주 원주민들이 사용했던 홈이 패인 막대기들.
선사 시대 이후 이용된 숫자를 기억하기 위한
보조 도구들.

이 수를 조그만 '원圓'으로 표시하자고 제안했다. 이처럼 '0'이라는 기호 덕택으로 사람들은 이제 더 이상 '6071'과 '6701'을 혼동하지 않게 된 것이다.

기수의 개념

모든 명수법은 수를 표시하기 위해 숫자라고 불리는 제한된 수의 상징들을 이용하며, 그룹별로 이루어지는 분류 원칙에 의지한다. 이것이 바로 '기수基數(base)'라고 부르는 것이다. 세계에서 가장 많이 사용되고 있는 기수는 십진법이다. 바빌로니아인들이 이용했으며, 시간을 표시하기 위해 오늘날에도 사용되고 있는 12와 60과 같은 기수, 즉 10이 아닌 기수의 곱에 의해 연속적으로 이루어지는 분류에 따르는 기수법도 존재한다.

수학의 혁명

이 책은 수와 숫자, 그리고 이것들 사이에 정립되는 관계, 또는 이것들과 세계 사이에 이루어지는 관계를 주로 다룬다. 이와 같은 관계들이 수의 이론과 기하학, 그리고 이 두 학문에 직접 또는 간접적으로 연결되어 있는 모든 것을 결정한다. 그리고 이 두 학문은 '수학(mathématique)'이라는 이름이 붙은 더욱 더 넓은 세계에서 발전을 거듭해왔다.

이 '수학'이라는 말은 '배울 수 있는 것', 따라서 '가르칠 수 있는 것'이라는 뜻을 가진 그리스어 'ta mathémat'에서 유래했다. 'Manthanein'이라는 말은 '배우다'라는 의미를 가지고 있으며, 'mathésis'라는 말은 '어떤 것에 대해 배우는 것'과 '어떤 것에 대해 가르치는 것'이라는 이중의 의미를 가진 '교습敎習'을 의미한다.

하나의 개별적이고 구체적인 대상으로부터 출발하되(이것은 이집트인들이나 바빌로니아인들에게서 볼 수 있었던 것이다) 존재들 전체의 분류에 관계된 수많은 진리들로부터 정립된 단순한 숫자적 결과만을 더 이상 제시하지 않게 될 때 비로소 수학이 본격적으로 시작되는 것이다.

분류와 조화

수학의 탄생과 더불어 철학자 겸 수학자들은 그들만의 여러 다양한 기준과 관계에 따라 수를 분류하게 되었다. 이러한 탐구를 시작한 것은 특히 피타고라스와 그의 학파였다. 이렇게 해서 여러 다른 부류의 수, 예컨대 완전수, 우정수, 짝수와 홀수, 삼각수, 제곱수, 세제곱수, 유리수와 무리수 등과 셀 수 없는 조금은 낯선 여러 수들이 생겨났다.

당신은 '수 전체'라는 말을 듣고 무엇을 떠올리는가? '유리수'라는 말은 또 어떤가? 이 단어들을 듣고도 아무것도 떠오르지 않는가? 하지만 안심하라. 필자도 처음에는 마찬가지였으니까 말이다. 필자 역시 이 책을 쓰는 과정에서야 비로소 여러 사태들을 분명히 볼 수 있었고, 또 수에 대한 열정을 더 키울 수 있었다. 그중에서도 필자가 가장 놀란 것은 '유리수'와 '무리수'였다. 이 수들을 발견하면서 (또는 재발견하면서) 필자는 정말로 수 그 자체에 매료되었다.

무리수 : 철학적 은유

비합리적인 것은 철학적으로 매우 흥미롭다. 비합리적인 것, 그것은 예측 불가능한 것이기 때문이다! 창세기의 그 유명한 한 구절에서(27장 2절) 이삭은 "나는 내가 죽는 날짜를 알지 못한다."라고 말하고 있다. 비합리적인 것, 그것은 그 어떤 것도 보장된 것이 없다는 확신을 가지고 살아가는 것이기도 하다.

비합리적인 것이 가르쳐주는 것은 "천년 이상 실행해 온 의식, 천년 이상 전해져 내려오는 신앙 등이 성령의 존재, 신의 전능함, 기도의 효율성 등에 대해 아무런 확신을 가져다주지 못한다."는 것이다. 어쨌든 모호하고 광범위한 부분,

즉 신앙, 혼백, 성령, 신, 마술과 마술사들, 합리주의적 이론들을 통해서만 해결될 수 있는 뇌와 현상계 사이의 결정할 수 없는 틈이 남아있는 것은 여전히 사실이다.[1]

숫자와 정신분석

필자는 숫자와 성性 사이에 또는 더 부드럽게 말해, 숫자와 섹슈얼리티 사이에 모종의 관계가 있다는 것을 발견할 거라고는 전혀 생각하지 못했다. 그렇지만 피타고라스학파에 속했던 사람들은 이미 짝수는 여성적이고, 홀수는 남성적이라는 사실을 생각했으며, 또 그렇게 결론을 내렸다. 이 사실은 놀라운 성적 방정식을 보여주고 있다. 가령 2에 3을 더하면 5가 되는데, 이 5라는 수는 이른바 '결혼'의 수가 되며, 이 수의 상징은 오늘날 우리와도 여전히 연관된다. 이처럼 비합리주의자들은 수와 정신분석 사이에 모종의 연결 다리를 놓게끔 해준다.

라캉 J. Lacan은 "성관계란 존재하지 않는다."라고 말했다. 물론 이 문장에서 '성관계'는 "성관계를 맺다."라는 의미를 가지고 있다. 이 수수께끼 같은 표현은 이 관계에 대해 그 어떤 설명도 할 수 없다는 것을 의미한다. 왜냐하면 이 관계는 정확히 설명할 수 있는 가능성을 넘어서기 때문이다. 모든 말이란 항상 단순화시키는 것이다. 따라서 그 어떤 말로도 사태의 무한한 복잡성을 다 표현할 수 없다는 것은 분명하다.

기진맥진케 하는 한에서 행동의 현세적인 무한성. 성은 본질적으로 기진맥진케 하는 것이다. 바로 이러한 이유에서 성은 역시 본질적으로 흥분하는 것이다. 또한 욕망 역시 진정된다고 해서 사라지는 것은 아니다. 이른바 '최후의' 쾌락은 정확히 끝이 없는 운동 속에서 단 하나의 과정에 종지부를 찍을 뿐이다. 행위는 끝나지 않으면서 스스로 소비된다. 그

것은 하나도 둘도 만들지 않으며, 아무런 결과도 낳지 않고, 계속해서
시작되며 또한 끝나기를 그치지 않는다.[2]

내가 수를 수학과는 다른 분야에 연결시키려고 하는 것은 다음과 같은 이유에
서이다. 즉 이 연구를 통한 경험에 입각해서 볼 때, 사유가 하나의 폐쇄된 영역
에 갇힐 수 없다는 생각, 또한 모든 사유는 학문적이고 영적인 다른 세계와의 연
결을 가능케 하는 일종의 '다리'라는 생각을 그 어느 때보다도 강하게 느끼고
잘 이해하게 되었기 때문이다.

이 책에서 각 장과 각 부의 제사題辭로서 직접, 간접으로 다른 분야에서 그 뜻
을 잘 보여주는 시적이거나 철학적인 문구를 가져와 인용한 것은 바로 이와 같
은 수평적인 면을 강조하기 위해서다. 아마도 이것은 '지혜의 사랑' 내부에서
약간의 '사랑의 지혜'를 울려 퍼지게 하는 방식이기도 할 것이다.

이 책은 알파벳과 카발라의 탄생과 발전에 대한 필자의 연구에 뒤따르는 결과
이기도 하다. 인류 문명 초창기의 형태를 탐구하는 고고학자처럼 필자는 분명
하고도 불가피하게 우리에게 전해진 숫자의 세계를 만나게 되었다.

이 서론에 대한 결론으로 필자는 다음과 같은 소망을 피력해본다. 즉, 독자들
이 이 책을 통해 인류의 인지認知를 형성하는 근본적 토대 가운데 하나인 수의 세
계를 발견하는 것, 더불어 정신의 기쁨까지 발견하였으면 하는 소망이 그것이
다. 물론 이 책은 아직도 더 광범위한 내용, 그림, 예, 이야기, 유희, 약간의 유머
(수학은 결코 '우울한' 것을 의미하지 않는다) 등을 통해 보충되어야 할 것이다.

로렌트 슈봐르츠Laurent Schwartz가 발견한 일반화된 함수론에 대한 수업중에 나온 몇몇 공식들.

제 1 부

숫자
근대 숫자의 탄생과 변천

제 1 장

인도 숫자의 탄생

(기원전 3세기에서 9세기까지)

'체스와 수학'

책이란 봄과 같다. 책은 부드럽게 피어난다. 아주 적당한 때, 아주 적당한 누군가를 위해.

_ 필립 솔레르Philippe Sollers

전해 내려오는 하나의 전설로부터 시작하자

널리 알려져 있는 이 전설은 다른 모든 전설과 마찬가지로 아주 오래전으로 거슬러 올라간다. 이 전설은 여러 명의 작가들을 통해 후세에 전해졌으며, 그때마다 세세한 부분에 약간의 내용이 덧붙여졌다. 물론 이 전설을 더 미화하고 더 그럴싸하게 만들 목적으로 말이다.

전설의 여러 판본에 따라 이름이 서로 다른 인도의 한 스승이 있다. 우리는 이 스승을 세사Sessa라는 이름으로 부를 것이다. 그는 후일 '체스'라는 이름으로 불리게 될 놀이를 고안해냈다. 이 전설은 인도의 발히트Balhit 왕 치하에서 있었던 것이라고 얘기되기도 한다. 이 왕은 포로스Poros 왕 이후 120년을 살았으며, 히다스페Hidaspe 강가에서 있었던 알렉산더 대왕과의 전투에서 패했다고 한다. 또한 이 전설은 6~7세기경에 고안된 것이라고도 한다.

여러 세기를 거쳐 전해지는 과정에서 체스는 많은 변화를 겪었다. 처음에 이

사미 브리스Sami Briss라는 장인이 만든
'체스의 왕'의 모습.

놀이는 네 쌍의 사람들이 여러 개의 주사위를 가지고 하는 놀이였다. 당시에 이 놀이는 '차투랑가chatouranga'(shatouranga 또는 chaturanga로 쓰기도 한다)라고 불렸으며, 이 말은 '네 쌍의 무기'라는 의미를 가지고 있었다. 어느 날 주사위와 거기에 더해진 우연적인 요소들이 폐기처분되었고, 뒤이어 체스가 탄생했다. 그렇다고 해서 새로 발명된 이 체스가 오늘날의 체스와 같은 것은 아니었다. 가령, 가장 강력한 '여왕'은 아직 존재하지 않았다.

체스는 인도에서 페르시아로 빠르게 전해졌으며, 그곳에서 '차트란지chatranji'라는 이름을 얻게 되었다. 그리고 나중에는 '차 마트chah mat'(왕이 죽다)라는 이름을 얻게 되었다. 원래 '체스'라는 말은 '왕'을 의미하는 페르시아 말인 '차châh'에서 유래했을 수도 있으며, 또한 게르만어에서 온 오래된 프랑스어 단어이자 '전리품'을 의미하는 '에섹eschec'으로부터 영향을 받은 것일 수도 있다.

체스는 11세기에 아랍인들에 의해 스페인에 전해졌으며, 그 이후 전 유럽으로 빠르게 퍼져나갔다. 체스의 모든 기물器物이 페르시아 군대의 전사들을 상징한다는 것을 아울러 지적하자.

그때까지 재상 또는 왕의 고문관이었던 기물을 대신해서 '여왕'의 기물이 체스판에 등장하게 된 것은 약 1485년경의 일이었다. 이 변화는 이탈리아에서 여성 정치인들의 등장에 따라 이루어진 것이었다. 비슷한 시기에 스페인에서도 여성 정치인이 등장했는데, 가령 이자벨르 라 카톨릭Isabelle la Catholique이 그 좋은 예이다. 몇몇 체스 연구자들과 체스를 두는 사람들은 이 여왕의 등장에서 중세 이후 잔 다르크가 유럽에 보여주고 있는 광휘를 보기도 한다.[3]

사실 이 '여왕'이라는 기물의 등장은 '재상(vizir)'이라는 단어의 언어학적 변화에 따른 것이라고 할 수 있다. 재상을 의미하는 '피즈fizz'라는 단어는 우선 '페르스fers'로, 그 다음에는 '피에르체fierce' '비에르즈vierge'로 변했으며, 마지막에는 '여왕(dame)'이 되었다. '시종(fou)'의 경우에도 이와 유사한 변화를 겪었는데,

체스의 인도식 기물은 상아나 귀한 목재 등과 같은 고급 재료로 만들어졌다. 18세기와 19세기에 적들은 전차와 함께 인디엔센indiensen(전통 복장)의 모습을 한 반면, 영국 부대는 동양적인 인도인들의 모습을 하고 있었다.

'장교(officier)'를 의미하는 '알alfil'이 점차 '필fil' '폴fol' 그리고 '푸fou'로 변했다. 처음의 '룩'은 코끼리가 짊어지고 있었다. 기물의 이름은 시종을 제외하고는 모든 언어에서 동일하다. 독일인들은 시종을 '달리는 자'라는 의미의 '라우퍼laufer'라고 부르며, 영국인들은 '주교'를 의미하는 '비숍bishop'으로 부르고 주교관을 통해 표시를 하고 있다.

다시 전설로 돌아오자!

체스를 고안한 스승은 인도 대왕에게 자신의 발명품을 진상했다. 대왕이 보기에 체스는 뜻밖의 발견이었고, 체스를 두면서 큰 기쁨을 얻었다. 따라서 대왕은 스승에게 자신의 위엄에 걸맞은 보상을 해주고자 했다. 대왕은 그에게 직접 보상을 선택하는 기회를 주었다. 대왕은 그가 궁전, 여러 마리의 코끼리, 진귀한 금은보화, 땅 등과 같은 굉장한 것을 요구할 것이라고 예상했다. 하지만 예상은 어긋났다. 전혀 그렇지 않았다! 스승의 요구는 정말 보잘것없는 것이었다.

"소인은 그저 밀 몇 알을 받고자 합니다."

"그것이 전부인가?" 놀란 대왕이 물었다.

"그러하옵니다. 그것이 전부입니다. 그렇다고 아주 하찮은 것은 아닙니다. 소인은 그저 다음과 같은 방식으로 체스판의 모든 칸을 채울 수 있는 양의 밀알을 갖기를 바라옵니다. 첫째 칸에 하나의 밀알, 둘째 칸에 두 개의 밀알, 셋째 칸에 네 개의 밀알…… 이런 방식으로 말이옵니다. 그러니까 매 칸에 앞 칸의 밀알보다 두 배에 해당하는 밀알을 갖기를 원하옵니다."

대왕은 이 요구에 기분이 상한 듯했다. 왜냐하면 그가 가진 재산에 비하면 이 요구는 터무니없이 사소한 것으로 보였기 때문이었다. 그러나 스승을 기쁘게 해주는 일이었기 때문에 대왕은 그의 요구에 따라 보상을 하고자 마음먹었다.

이 전설의 다른 판본에 따르면 바로 그 순간 체스를 고안한 스승은 만면에 미소를 지었고, 왕에게 예를 갖추고 나서 궁을 나왔다고 되어 있다.

대왕은 집사에게 명령을 내려 체스를 고안한 스승의 요구를 착오 없이 시행하도록 했다. 대왕은 그에게 보상할 곡식의 셈이 아주 간단할 것으로 생각했다. 실제로 곡식알을 두 배씩 차례로 곱하는 것, 이것보다 더 간단한 일이 어디 있겠는가!

그러나 집사가 보상에 필요한 계산이 예상보다 오래 걸리고, 더 복잡하다는 사실을 전해왔을 때 대왕은 무척 놀랐다. 곡식알을 계산하기 위해 수학자들은 손가락과 전통적으로 내려오는 계산판을 이용했다.

계산에 많은 시간이 필요하다는 사실을 알게 된 대왕은 신하들에게 자기 왕국 안에 보다 더 빠른 방식으로 계산을 하는 사람이 있는지를 물었다. 신하 가운데 한 명이 왕국의 북쪽 한 지방에 지금 궁정에서 사용하고 있는 기술보다 훨씬 더 빠르고 효율적인 기술로 계산하는 사람이 있다는 풍문을 들어서 알고 있다고 대왕에게 고해 올렸다. 그 자는 모든 계산을 간단하고도 빠르게, 가령 아무리 복잡한 계산도 단 몇 시간 만에 다 해치운다는 것이었다. 대왕은 빨리 이 유능한 수학자를 찾아오게 했다. 이 수학자는 계산을 빨리 끝내고 대왕에게 다음과 같

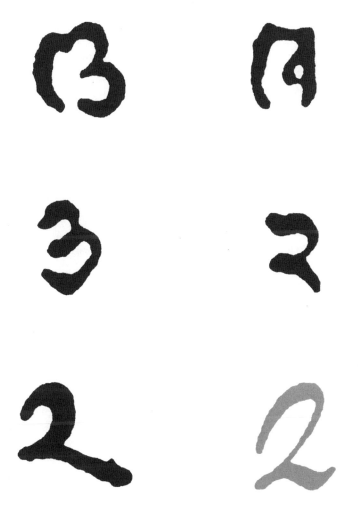

여러 다른 인도 문자로 표기된 2라는 수의 변이체.

은 엄청난 결과를 보고했다.

"체스를 고안한 스승에게 보상하기 위해 필요한 밀의 양은 어마어마합니다. 그 밀의 양은 정확하게 18 446 744 073 709 551 615개입니다." 그리고 이렇게 덧붙였다.

"대왕께서 정말로 체스를 고안한 스승에게 진 빚을 갚으려고 한다면 소유하고 계신 모든 왕국의 땅을 밀밭으로 바꾸어야 할 것입니다."

또 다른 판본의 전설에 따르면 보상에 필요한 밀을 얻기 위해서는 지구의 73배 (또 다른 판본에 따르면 76배)에 해당하는 넓이에 씨를 뿌려야 할 것이라고 한다.

그 이후에 행해진 계산에 따르면 보상에 필요한 밀을 받기 위해서는 약 120조 300억㎥의 용적을 가진 용기가 필요하며, 또한 가로 5m, 세로 10m, 깊이 3억km, 즉 지구에서 해까지의 2배에 해당하는 거리의 깊이를 가진 창고를 지어야 할 것이다.[4]

이 어마어마한 숫자 앞에서 대왕은 그 숫자를 계산해낸 새로운 계산법을 터득하게 되었다. 수학자는 대왕에게 인도의 북부 지방의 여러 학자들이 주축이 되어 이루어졌던 혁명적인 계산법의 기초를 설명했다.

그렇게 해서 대왕은 인도 숫자—즉, 후일 우리가 사용하게 되는 1, 2, 3, 4, 5, 6, 7, 8, 9로 이루어진 9개의 기호—뿐만 아니라 위치에 따른 명수법 그리고 '슈냐shûnya' 즉, 경이적인 새로운 발견인 '0'의 존재와 그 사용법을 알게 되었다.

대왕과 수학자는 함께 계산을 해보았고, 그 결과

'추르크룸Churkrum' 또는 계산판.

대왕은 체스를 고안한 스승이 요구한 곡식의 양이 정확하게

18 446 744 073 709 551 615!

개라는 것을 다시 한 번 확인하게 되었다.

1	2	4	8	16	32	64	128
256	512	1024	2048	4096	8192	16384	32768
65536	131072	262144	524288	1048576	2097152	4194204	8388608
1677 7216	3355 4432	6710 8864	1342 17728	2684 35456	5368 70912	1073 741824	2147 483648
44294 967296	8589 934592	1717 9869184	3435 9738368	6871 9476736	1374389 53472	2748779 06944	5497558 13888
1099511 627776	2199023 255552	4398046 511104	8796093 022208	1759218 6044416	3518437 2088832	7036874 4177664	14073 74883 55328
28147 49767 10656	56294 99534 21312	11258 99906 842624	22517 99813 685248	45035 99627 370496	90071 99254 740992	18014 3985094 81984	3602879 7001896 3968
720575 940379 27936	144115 188075 855872	288230 376151 711744	576460 752303 423488	115292 1504606 846976	230584 3009213 693952	461168 6018427 387904	9223372 0368547 75808

매 칸에 들어 있는 숫자는 밀알을 나타내고 있으며, 이 숫자를 모두 더하면 체스를 고안한 자에게 줄 보상에 필요한 밀알의 총계를 알 수 있다.

이 전설은 다음과 같은 두 가지를 보여주고 있다. 하나는 아주 빠른 계산법의 존재, 십진법과 대수법이라는 지식에 대한 강조이다. 다른 하나는 인도에서 이미 수준 높은 수학이 발전했었다는 사실이다. 이 전설은 또한 인도인들이 특히 연꽃의 이미지와 더불어 특별한 시적 표현을 아끼지 않았던 거대수巨大數에 대한 독특한 애정을 보여주기도 한다. 경우에 따라 다르지만 연꽃은 10^9(단위 : 10억), 10^{14}, 10^{29}, 10^{119}라는 숫자에 해당한다.[5]

근대 숫자가 출현한 것은 바로 이와 같은 과학의 영역에서였다. 물론 이것은 단번에, 단 한 사람에 의해 이루어진 것은 아니다. 필자가 다음 장에서 기술하려고 하는 것은 바로 이와 같은 과학적 지식이다. 그에 앞서 우리는 인도 숫자의 철자와 숫자에 대한 표기 형태가 발전한 역사와 이 표기 형태가 인도라는 지리적, 문화적 공간 밖으로 전파되는 과정을 살펴보게 될 것이다.

수의
신비

인도 수학

살아간다는 것은 기억으로 이루어진다는 것을 말한다. 한 사람이 기억으로 이루어져 있지 않다면 그는 아무 것으로도
이루어져 있지 않은 것이다.

_ 필립 로스Philip Roth

편견에서 벗어나기

인도 수학에 대해 알려진 바는 그리 많지 않다. 여기에는 몇 가지 이유가 있다. 가장 주된 이유는 인도의 학문이 독창성을 결여하고 있으며, 대부분 그리스나 아랍의 학문으로부터 빌려온 토대를 기반으로 하고 있다고 여겨진다는 것이다. 인도 전문가들이 주로 관심을 가졌던 분야는 철학, 종교, 문화에 국한되어 있었다. 물론 이들 덕분에 인도가 철학자들과 문법학자들, 명상가들의 나라로 널리 알려질 수 있었던 것은 사실이다. 그러니까 인도는 과학보다는 종교와 철학으로 더욱 많이 알려진 것이다. 하지만 최근의 연구에 따르면 이러한 세간의 인식과는 달리 인도의 과학과 기술 역시 매우 진보해 있었다는 점을 알 수 있다. 인도의 여러 도서관들에는 산스크리트어나 다른 인도의 언어들로 씌어진 수많은 양의 저작들과 필사본들이 아직 세상에 알려지지 않은 채 잠들어 있다. 과학은 물론이거니와 문헌학, 철학, 심리학 등에 걸친 많은 연구 자료들이 연구의 손

길을 기다리고 있는 것이다.[6]

예식과 제의를 위한 수학

인도 수학사에 대한 가장 오래된 자료들은 예식을 위한 노래와 희생제의의 형식 등을 기록해 놓은 '베다Veda'(인도 브라만교의 경전)를 통해 찾아볼 수 있다. 베다는 기원전 1500년경의 문서로 추정되는데, 여기에는 주로 제의를 위한 건조물들을 만드는 데 필요한 기하학적 요소들이 많이 포함되어 있다. 이것에 대한 정확한 지식이야말로 인도 수학사에 접근하는 데 있어서 가장 기본적인 요소라고 할 수 있다.

초기의 베다 텍스트들은 주로 종교와 의식을 다루고 있다. 수학의 측면에서 볼 때 가장 중요한 자료는 주요 경전인 '베다'의 부록과도 같은 '베당가Vedanga' 이다. 이것은 '수트라sûtra' 즉, 추론의 본질을 전달하기 위해 기억하기 쉽도록 간결한 방식으로 쓰인 산스크리트어의 문학적 아포리즘의 형태로 기록되어 있다. '베당가'에서는 6가지의 주제들이 다루어지고 있다. 음성학, 문법, 어원학, 시, 천문학, 제의의 법칙들이 그것이다. 특히 천문학이나 제의의 법칙들과 관련된 부분에서 우리는 당시의 수학에 대한 정보를 찾아볼 수 있다. 베당가의 천문학 부분은 '죠티수트라Jyotisûtra'라고 부르며, 제의와 관련된 부분은 '칼파수트라Kalpasûtra'라고 부른다. 특히 칼파수트라의 한 부분인 '술바수트라Sulvasûtra'에서는 희생제이이 제단 구성을 다루고 있다.

경험적 기하학

초기의 술바수트라 문서들은—여러 명의 저자들에 의해 쓰여진 이 문서들에서는 'bindu'와 'vindu'의 경우와 같이 알파벳 'v'와 'b'가 서로 혼용되어 사용되기도 했으며, '마침표'가 0을 나타내는 의미로 사용되기도 했다(이와 관련해서

수의 신비

는 0에 대한 장을 참조할 것)— 파니니Panini에 의해 산스크리트어가 체계화되기 전인 기원전 800~600년경에 씌어졌다. 기하학은 주로 베다 경전에 기록된 대로 제단의 부피와 형태, 방위를 맞추기 위해 사용되었다.

바우다야나Baudhâyana의 것으로 추정되는 가장 오래된 술바수트라 문서에서는 이미 '피타고라스의 정리'가 이야기되고 있다. 심지어 바우다야나는 2의 제곱근의 값을 소수점 5자리까지 제시하기도 했으며, 정사각형, 직사각형, 삼각형과 같은 단순 다각형들의 구성에 대해서도 이야기하고 있다. 이 문서는 또한 주어진 하나의 기하학적 도형을 다른 도형으로 변화시키는 여러 방법들도 보여주고 있다. 가령, 하나의 정사각형을 직사각형으로 변화시키는 방법이 그것이다. 유명한 원의 면적 문제 역시 술바수트라에서 언급되고 있다.

이 문서를 통해서 당시 기하학자들이 사용했던 도구들에 대해서도 알 수 있

인도 숫자의 탄생

산스크리트어 필사본. 문자와 숫자(흰색 표시)의 표기가 다름을 볼 수 있다. 『수학자들의 여명 Le Matin des mathématiciens』, 131쪽 참조.

다. 서로 다른 길이의 줄, 대나무로 된 자와 컴퍼스, 땅 위에 선을 긋고 경계를 설정하기 위해 사용된 나무 조각들이 그것들이다. 하지만 이 기하학은 술바수트라 시대 이후에 계속해서 발전하지 못했으며, 경험의 차원을 넘어 추상적이고 일반적인 기하학의 공식들을 만들어냈던 그리스의 그것과는 달리 경험의 규칙에 근거한 형태로부터 벗어나지 못했다.

아리아바타Âryabhata의 저서

고대 인도 수학자들은 특히 정수론, 대수학, 삼각법의 분야에서 두각을 나타냈다. 그들은 매우 이른 시기에 현대적 개념들에 가까운 놀랄 만한 결과를 보여주었다.

오늘날까지 전해지는 천문학 개론서들 중 가장 오래된 것은 인도의 유명한 학자였던 아리아바타(476~550)의 저서로 6세기 초에 씌어진 것이다. 그는 476년에 태어났다고 알려져 있으며 500년경에 관찰을 바탕으로 한 천문학 지침서를 발표했다.

인도의 가장 위대한 수학자로 알려져 있는 그의 저서는 산스크리트어로 기록되어 있으며, 1965년 4월 19일에 쏘아 올린 인도 최초의 인공위성에 그의 이름이 붙기도 했다.

아리아바타는 하나의 학파를 이루었으며, 그 이후 수세기 동안 모든 인도의 천문학은 그가 제시한 지침서에 근거해 발전해 나갔다. 인도 수학사에서 언급할 만한 또 다른 대가로는 아리아바타의 주석가로 유명한 브라마굽타와 역시 위대한 수학자였던 바스카라Bhâskara 등이 있다.

아리아바타는 또한 3.1416에 가까운 파이(π)의 값을 산출해내기도 했다. 9세기가 지난 후 천문학자이자 수학자였던 마다바Mâdhava de Sangamagramma(1340~1425)는 원주율 계산을 통해 소수점 11자리에 이르는 거의 정확한 'π'의 값

(3.14159265359)을 산출했다. 다음 세기에 니라칸타Nilakantha라는 이름의 수학자는 355/133의 분수를 이용하여 더욱 정확한 'π'의 값(3.14159292035 398230088849557522124)에 도달하기도 했다.

인도 수학의 대변혁

앞에서 살펴본 수학, 기하학, 천문학 자료들 외에도 인도 수학의 진정한 혁명적 성과라고 할 수 있는 것은 바로 1부터 9까지의 수를 사용한 십진법과 0의 사용이라고 할 수 있다. 0은 위치 명수법에서의 분리 기호와 동시에 숫자로서 이용되었다. 바로 이러한 수의 발전과 명수법의 발전에 대해서는 이어지는 장에서 살펴볼 것이다.

인도 문자에서 숫자 3의 변이체.

인도 문자의 변천

사람들이 기억하는 책은 바로 그들이 쓰고자 했던 책이다.

_ 에드몽 야베스Edmond Jabès

같은 지역을 중심으로 같은 시기에 나타나는 인도 문자와 숫자의 변화 과정에는 일종의 평행 관계가 존재한다. 따라서 수의 생성을 전반적으로 이해하기 위해서는 무엇보다도 인도 문자의 변천 과정을 이해할 필요가 있다. 이것이 바로 이 장에서 살펴보고자 하는 내용이다.

기원전 3000년경의 첫 번째 문자(해독되지 않은 문자)

문자 연구가들에 따르면 가장 오래된 인도 문자는 인더스강 유역의 고대 도시 국가들이었던 모헨조다로Mohenjo-Daro와 하라파Harappā의 유적지에서 발견된 밀랍이나 작은 판 위에 새겨진 문자라고 할 수 있다(기원전 2500~1500년경). 이른바 '원형 인도 문자'라고 할 수 있는 이 '문자'는 약 250개에서 400개에 이르는 기호로 이루어져 있으며, 기원전 1500년경 사라져 오늘날까지도 해독되지 않은 채로 남아 있다.[7]

\	3	3	8	F	6	1	5	9
1	2	3	4	5	6	7	8	9

칼베Jean-Louis Calvet에 따르면 인도의 문자는 이 고대 문자로부터 이어진 것이라기보다는 메소포타미아에서 생겨나 펀잡 지역으로 전달된 문자의 영향을 받은 것으로 보인다. 또한 "이 문자가 초기 셈족의 알파벳이 세계의 유일한 알파벳의 원형이 되도록 한 것으로 생각할 수 있다."[8]

종려나무 잎으로 만들어진 책과 동판이나 돌에 새겨진 비문들

인도에는 오늘날까지도 많은 양의 문자 자료들이 좋은 상태로 남아있다. 대부분 비문이나 필사본의 형태로 남아있는 이 자료들은 인도 각지의 여러 도서관에 잘 보관되어 있다.[9]

비문들이 주로 돌판(거칠거나 반들반들한)이나 금속판(구리나 청동)에 새겨졌다면, 필사본은 주로 종려나무 잎이나 자작나무 껍질 위에 씌어졌다. 이외에도 포플러나무로 된 작은 판자나 종이에 씌어진 필사본들도 볼 수 있다. 이처럼 다양한 재료들 위에 씌어진 책들은 형태에 있어서는 동일한 모습을 보여준다. 즉, 가로로 길게 늘어진 면에 길이에 따라 하나에서 세 개의 구멍을 뚫어 실로 연결한 형태가 그것이다.

글자는 쓰는 면의 길이에 맞추어 평행하게 기록되어 있으며, 때로는 중간에 있는 종행으로 나뉘어져 있다. 글을 읽는 사람은 시선이 가는 방향에 따라 이미 읽었던 면으로 되돌아와 새로운 내용으로 향하게 된다. 물론 이러한 자료들에는 채색한 그림들이 함께 그려져 있다는 사실 역시 잊어서는 안 된다.

하지만 인도 남부의 열대 기후때문에 이렇게 기록된 자료들이 오랫동안 원상

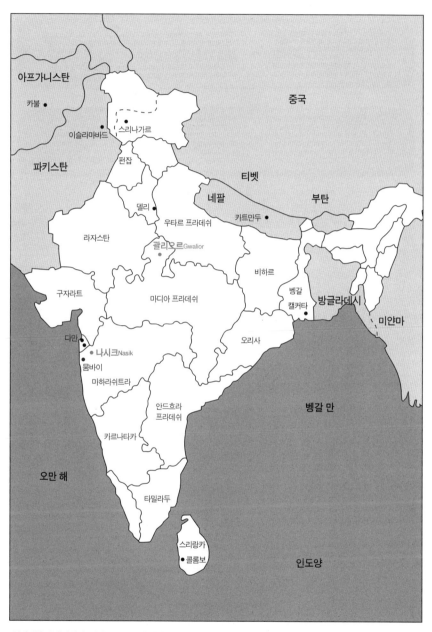

현대 명수법의 발상지. 괄리오르Gwalior와 나시크Nasik와 같은 도시들이 회색으로 표시되어 있다.

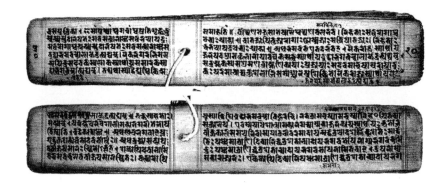

'다섯 가지 보호책(Pancaraksasûtrani)' 이라고 불리는 마하야나Mahayana의 수트라. 뱀, 악마, 질병 등에 맞설 수 있는 주문을 이야기하고 있다. 1141년 네팔에서 씌어진 산스크리트어 불교 텍스트이다. 시드하마트르카siddhamatrka에서 유래된 고대 네팔 문자(nepalaksara)로 되어 있다. 140쪽으로 이루어져 있으며 30x5cm의 면마다 6줄로 기록되어 있다. 세로로 된 괘선이 측면의 여백과 철을 하기 위한 구멍을 만들 공간을 마련해 주고 있다. 파리 프랑스 국립 도서관 소장.

태로 유지되기는 매우 어렵다. 피노G.-J. Pinault의 지적과 같이 이처럼 오래된 필사본들은 북서부 지역이나 중앙아시아의 건조한 기후에서만 보존될 수 있었을 뿐이다.[10]

돌이나 금속판에 새겨진 비문들 역시 습한 기후때문에 심각한 손상을 입을 수도 있지만, 나뭇잎이나 종이에 씌어진 필사본보다는 보존 상태가 훨씬 양호한 것이 사실이다. 이러한 비문들은 대부분 왕국의 설립이나 마을이나 사원, 연못의 증여와 관련된 증서들, 조각물들에 대한 설명과 전설들, 순례자들에 대한 언급 등으로 이루어져 있다.

아쇼카 비문들(기원전 260년경)

지금까지 알려진 것 중에서 가장 오래된 인도의 문서화된 기호 체계는 인도 역사로 볼 때 다소 늦게 모습을 나타냈다. 아쇼카Ashoka 왕(기원전 273~232)의 '포고령'이나 '칙령'들이 그것으로, 주로 기둥이나 암벽에 새겨졌다. 이것은 왕이

신하들에게 불교의 철학과 도덕을 가르치기 위해 씌어졌으며, 일인칭으로 되어
있다. 이 칙령들의 시기를 추정하는 것은 비교적 어렵지 않은데, 예를 들어 '세
번째 칙령'의 경우 프톨레마이오스Ptolémée(285~247)와 안티고네Antigone(278~239)
와 같은 그리스의 왕조들을 언급하고 있기 때문이다. 따라서 아쇼카 왕의 재임
기간은 알렉산더 대왕이 인더스 강을 넘은 후 50년이 지난 시기였음을 알 수
있다.

이 비문에서 우리는 서로 명확히 구분되는 형태를 가진 두 가지 인도 고유의
문자를 확인할 수 있다. 하나는 브라미brâhmi 문자로 왼쪽에서 오른쪽으로 씌어
지는 특징을 가지며, 다른 하나는 반대로 오른쪽에서 왼쪽으로 씌어지는 카로
스티kharosthi(경우에 따라서는 카로스트리kharostri로 부르기도 한다) 문자이다. 이 비문

인도 숫자의 탄생

델리 토프라Delhi-Topra의 기둥 비문. 아무리야
찬드라 센Amulyachandra Sen에 따르면 아쇼카
왕의 칙령으로 알려져 있다. Sen, 『아쇼카의
칙령 Asoks s Edicts』, 캘커타, The Indian
Publicity Society(Institute of Indology Series, nº
7), 1956.

에 씌어진 칙령들의 해석은 1837년 제임스 프린셉James Prinsep(1799-1840)에 의해 이루어졌다.[11]

카로스티 문자에 미친 페니키아-아람어의 영향

카로스티 문자는 기원전 3세기부터 기원후 6세기에 걸쳐 인도 북서부 지역에서 사용되었다. 인도-박트리아 문자(indo-bactrienne)로 불린 이 문자는 7세기경 중국어식 표기에 따라 카로스티로 불리기 시작했다. 오늘날 이 문자는 대부분의 유럽 학자들에 의해 아람-인도 문자(araméo-indienne) 혹은 단순히 인도 문자로 지칭된다.

이 문자는 기원전 3세기 중엽 아쇼카 왕이 인도 북서부 지역에 세운 비문에서 처음으로 모습을 나타냈다. 이에 비해 아쇼카 왕의 다른 비문들은 모두 브라미 문자로 씌어졌다.

모음	자음					자음 + 모음	연결사
ᆨ a	ᇂ ka	y ǰa	ᄋ ña	ᄒ pa	ᄀ ra	ᇂ ka	ᄌ kra
ᄼ i	ᄉ kha	ᄽ ña	ᄀ ta	ᄒ pha	ᄀ la	ᇂ ki	ᄽ bra
ᄀ u	ᄿ ga	ᄐ ṭa	ᄯ tha	ᄼ ha	ᄀ va	ᇂ ku	ᄽ rva
ᄼ e	ᄽ gha	ᄐ ṭha	ᄀ da	ᇂ bha	ᄁ sa	ᇂ ke	ᄽ sta
ᆨ o	ᄽ ča	ᄽ ḍa	ᄀ dha	ᄼ ma	ᄀ ša	ᇂ ko	etc.
ᄀ aṃ	ᄽ čha	ᄐ ḍha	ᄼ na	ᄉ ya	ᄀ sa	ᇂ kaṃ	
					ᄼ ha		

카로스티 문자 음철표. 페브리에, 『문자의 역사』, 338쪽.

코탄Khotan의 다르마파다Dharmapada(12음절구의 반구로 쓰인 법령) 두루마리 부분. 간다리gandhari어를 카로스티 문자로 표기한 불교 텍스트. 자작나무 껍질로 되어 있으며, 측면 여백 쪽에 여러 장을 한꺼번에 묶은 흔적이 보인다. 각 행 역시 한 쪽 측면에 열을 맞추어 씌어져 있다. 파리 프랑스 국립도서관 소장.

앞에서 지적했던 대로 이 문자는 페니키아나 아람 문자와 같이 오른쪽에서 왼쪽으로 쓰는 특징을 갖고 있다. 이와 같은 점에서 칼베는 이 문자가 아람어에서 유래된 것으로 주장하기도 한다.[12]

실제로 이 문자와 아람 문자 사이에는 상당한 연관 관계가 있는 것으로 보인다. "페르시아의 정복 전쟁과 함께 인도의 접경 지역으로 전해진 아람 문자는 새로운 특성들을 갖춘 문자였으며, 베다 텍스트의 발음을 그대로 보존하기 위해 몇 가지 요소의 첨가와 변형을 통해 셈족 언어의 특징적인 음가들을 기록하는 데 사용되었다."[13]

이 문자의 유래와 관련해 셈족 문자 특히, 아람 문자의 영향에 대해서는 1895년 뷜러Bühler에 의해 명확하게 밝혀진 바 있다.[14] 카로스티 문자는 그 명맥이 끊어졌으며, 오늘날까지 이어지는 인도의 여러 다양한 문자들의 기원을 이룬 것으로는 브라미 문자를 들 수 있다.

해당 철자	아람 문자	브라미 문자
ba		
da		
ya		
ra		

칼베, 『문자의 역사』, 170쪽.

브라미 문자

"넓은 국토를 가진 인도는 수많은 문자들이 차례로 받아들여지고 사용되다가 잊혀지는, 문자의 수입과 소비의 장이기도 했다. 알렉산더 대왕의 정복 이후 그리스어 알파벳이 사용되었으며, 페르시아에 속했던 북서부 지역에서는 아람어가, 인도로 들어온 파르시교도(les Parsis, 이슬람교의 박해를 피해 인도로 건너온 조로아스터교도)들과 고대 이란의 조로아스터교도들(Mazdéens)에 의해서는 펠레비Pehlevi와 아베스타Avesta어가 사용되었다. 9세기부터는 신디sindhi, 카슈미리kashmiri, 우르두urdu와 같은 인도-아리안어들을 표기하기 위해 아랍-페르시아 문자들의 여러 변이체들이 통용되었다. 마지막으로 포르투갈과 영국의 식민지 침략과 더불어 도입된 라틴어 알파벳을 들 수 있다. 주로 식민 통치자들과 행정부에서 사용된 라틴 문자는 때로는 콘카니konkani와 같이 문자가 없는 언어들의 표기를 위해서도 사용되었다." 15)

이러한 다양성에도 불구하고 오랜 역사를 통틀어 본다면 몇 가지 예외를 제외하고는 인도 대륙의 주된 언어들은 지금까지도 브라미 문자에서 유래된 형태들로 이루어져 있다고 할 수 있다.

브라미 문자로 기록된 기르나르Gimar의 네 번째 칙령. 『나라별 인쇄술의 특징들』, 279쪽.

브라미 문자는 왼쪽에서 오른쪽으로 기록하며, 단순 형태뿐만 아니라 자음의 모음화를 통해 변형되는 복합 형태들도 갖고 있다. 이러한 변형은 문자의 위나 아래 부분에 한 가지 표기를 첨가하는 식으로 이루어졌다.

브라미 문자의 이와 같은 표기법의 기원에 대해서는 몇 가지 가설들이 존재한다. 그중에는 문자를 창조했다고 여겨지는 브라마 신과의 연관 관계를 주장하는 가설도 있다. 주로 10세기까지 중국과 아랍의 여행자들에 의해 알려진 이 전통은 역사적이고 문헌학적인 기반은 찾기 어려운 가설이다. 처음에 브라미 문자는 브라마의 언어이자 인도 북서부의 브라만들의 언어인 산스크리트어를 기록한 종교 텍스트들에 사용했다. 그 이후 사용 범위가 확대된 이 문자는 왼쪽에서 오른쪽으로 기록하는 모든 문자를 지칭하는 용어로 사용되기 시작했다.

현대 문헌학에서는 이 문자를 아쇼카 시대의 인도 전체에서 사용된 문자와 굽타Gupta(6세기)시대까지 사용된 지역적 변형문자들을 지칭하는 용어로 사용하고 있다. 또한 이 문자에서 유래된 중앙아시아의 문자들 역시 이 이름으로 부르고 있다.

앞에서 우리는 카로스티 문자가 아람 문자로부터 비롯되었다는 사실을 살펴보았다. 브라미의 기원에 대해서 오늘날의 문자사가文字史家들은 주로 페니키아 문자의 영향을 주장한다. 칼베에 따르면, 이 두 문자 사이의 유사점을 볼 때 이러한 주장은 매우 설득력이 강하다. 몇몇 문자들에서 나타나는 차이들은 왼쪽에서 오른쪽으로 향하는 페니키아 문자와는 달리 브라미 문자가 표기 방향을 반대로 하고 있다는 점에서 그 원인을 찾을 수 있다.[16]

신기한 강의 전설

페니키아어와 브라미 문자 사이의 유사 관계는 고대 히브리 문자와 거의 유사한 페니키아어를 말하고 쓸 줄 알았던 사람들의 존재를 유추하게 만든다.[17] 이와

첫 모음	자음		
Ƴ *a*	+ *ka*	○ *ṭha*	□ *ba*
∴ *i*	ꓶ *kha*	ꓷ *ḍa*	ꓵ *bha*
ㄴ *u*	ꓥ *ga*	ᕉ *ḍha*	8 *ma*
▷ *e*	ꓶ *gha*	ㅍ *ṇa*	ꓶ *ya*
	ㄷ *ṅa*	ㅅ *ta*	ꛭ *ra*
	ꓷ *ča*	⊙ *tha*	ꓹ *la*
	ꓵ *čha*	ꓼ *da*	ᕉ *va*
	Ɛ *ǰa*	ꓓ *dha*	ꓷ *sa*
	ꓲ *ǰha*	⊥ *na*	ꓴ *ha*
	ꓱ *ña*	ꓴ *pa*	
	⊂ *ṭa*	ꓒ *pha*	

모음 표기

Ƒ *kâ* (+ ka)	ꓘ *ti* (ꓘ ta)	ꓘ *tî* (ꓘ ta)	ꓘ *tu* (ꓘ ta)
ꓞ *sû* (ꓷ sa)	ꓓ *dhe* (ꓓ dha)	ꓓ *ro* (ꛭ ra)	ꓷ *vaṃ* (ᕉ va)

델리 토프라 기둥 비문의 첫 부분으로 북쪽에 있다. 구문과 의미에 따라 단어들이 모여 있고, 그 사이로 빈칸이 있는 것을 볼 수 있다. 단독으로 떨어져 있는 글자는 찾아보기 어렵다. 복사본. 클라우스 루드뷔히 자네트Klaus Ludwic Janert, 『아쇼카 비문에 나타난 차이와 핵심 모음 표기Abstände und Schlussvokalverzeichnungen in Asoka-inschriften』, Wiesbaden, 프란츠 슈타이너 출판사(『독일의 동양어 필사본 목록Verzeichnis des Orientalischen Handschriften in Deutschland』, 별권, 10), 1972, 213쪽.

11세기 페니키아 문자	해당 철자	3세기 브라미 문자	해당 철자
⤿	A	ꓧ et ꓧ	A bref et A long
⊟	B	□	B
∧	G	∧	G
△	D	D et ⊦	D
⊗	Ṭ	⊙ et ○	ṬH et ṬK
⅄	K	+	K
ꓒ	L	ꓕ	L
⎣	P	∪	P

관련해 탈무드(산헤드린 65b)와 고대의 플린느Pline(24~79)와 같은 역사학자들이 언급한 전설을 떠올릴 수 있다. 이 전설은 샬마네제르Shalmaneser에 의해 추방된 이스라엘의 열 부족들에 대한 것으로 이들은 삼바티온Sambatyon(또는 산바티온 Sanbatyon, 사바티온Sabbatyon)이라고 부르는 강 저편에 오늘날까지도 살고 있다고 한다.

그런데 이 강은 매우 신기한 특징을 갖고 있다. 일주일의 6일 동안은 쉴 새 없이 흐르다가 금요일 저녁부터 토요일 저녁까지는 멈춘다는 것이다. 즉, 안식일에는 쉬는 강인 것이다. 유명한 여행가인 마나세 벤 이스라엘Manasseh ben Israël은 자신의 인도 여행에 대한 기록(1630)에서 이 강을 직접 보았다고 쓰고 있다. 그는 폭이 17마일 정도 되는 이 강이 실제로 안식일에는 멈춘다고 이야기하고 있다. 한 주 내내 집채만 한 바위 덩어리들을 움직일 만큼 물살이 급했던 강이 안식일에는 마치 백사장이나 눈 덮인 호수와 같이 잔잔한 상태를 유지한다는 것이다.

이 전설의 의미를 한 번 음미해보기 바란다!

브라미 문자의 변천

브라미 문자는 다음과 같이 4가지 형태로 발전해 나갔다. 북부, 중앙아시아, 남부, 동부 지역(또는 팔리pāli)의 문자가 그것이다.

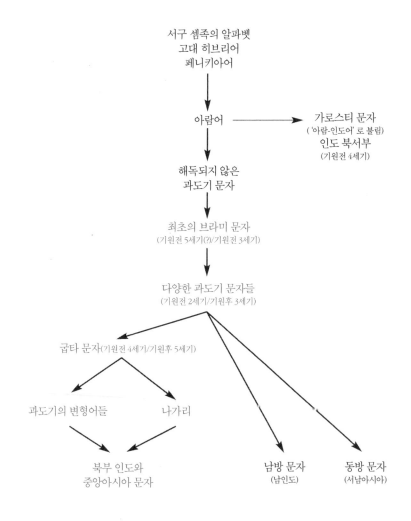

인도 문자의 변천도. 르누와 필리오자의 책, 665~702쪽.

나가리 문자와 데바나가리 문자의 독특한 위치

어림잡아 11세기에 나타난 것으로 추정되는 데바나가리 문자는 브라미 문자로부터 유래한 모든 인도 문자들 중에서도 특별한 위치를 차지하고 있다. 페브리에가 지적한 바와 같이 그 이유는 무엇보다도 이 문자의 완성도가 매우 높기 때문이다. 모든 인도 문자들이 그렇듯이 데바나가리 역시 수많은 연결사들로 인해 복합형과 혼합의 가능성이 많은 것이 사실이다. 하지만 음성학적 표기에 있어서만큼은 매우 정확한 모습을 보여준다. 인쇄술의 발달 이래로 이 문자는 인도의 종교 언어이자 학자들의 언어인 산스크리트어를 기록하는 주요 문자로 자리 잡았다. 인도 사람들이 이 문자를 단지 도시인들의 문자라는 의미의 '나가리nâgari'(산스크리트어로 '도시'를 뜻한다)라고 불렀던 반면, '데바나가리devanâgari'(신들의 '나가리')라는 이름은 17세기 유럽인들에 의해 붙여졌다.[18]

현재 이 문자는 중앙 인도의 주요 언어인 힌디어와 기타 지방어들을 기록하는 문자로 사용되고 있다. 이 문자의 가장 두드러진 특징은 '마트라matra'라고 불리는 수평의 선이라고 할 수 있다. 음절뿐만 아니라 단어들을 하나로 이어주는 이 선 아래에 바로 붙어서 문자들이 기록되며, 몇 가지 모음 기호들이 선의 위쪽에

인도 숫자의 탄생

चक्रवाकाः पृहति कथमेतत् । राज्ञा कथयति । अहं पुरा शूद्रकस्य राज्ञः क्रोडा-
सरसि कर्पूरकेलिनाम्नो राजहंसस्य पुत्रः कर्पूरमञ्जरी सहानुरागवान् अभवं । तत्र
वीरवरो नाम राजपुत्रः कुतश्चिदेशादागत्य राजद्वारि प्रतीहारमुपगम्योवाच । अहं
वर्तनार्थी राजपुत्रः । मां राजदर्शनं कारय । ततस्तेनासौ राजदर्शनं कारितो ब्रूते ।
देव यदि मया सेवकेन प्रयोजनमस्ति तदास्मद्दर्शनं क्रियतां । शूद्रक उवाच । किं
ते वर्तनं । वीरवरोऽवदत् । प्रत्यहं ढक्कशतचतुष्टयं । राज्ञाह । का ते सामग्री ।
स आह । द्वौ बाहू तृतीयश्च खड्गः । राज्ञोवाच । नैतद्दातुं शक्यं । इत्याकर्ण्य
वीरवरः प्रणम्य चलितः । अथ मन्त्रिनिरुक्तं । देव दिनचतुष्टयस्य वर्तनं दत्त्वा
ज्ञायतामस्य स्वरूपं किमुपयुक्तोऽयमेतावद्वर्तनं गृह्णात्ययुक्तो वा । ततस्तद्व-
चनादाहूय वीरवरस्य ताम्बूलं दत्त्वा ढक्कशतचतुष्टयं दत्तवान् । तद्विनियोगश्च राज्ञा
सुनिरूपितः । तत्रार्धं देवेभ्यो ब्राह्मणेभ्यो दत्तं तेन । अपरार्धं च दुःखिभ्यस्तद-

히토파데샤Hitopadeça, 나가리 문자. 「나라별 인쇄술의 특징들」, 281쪽.

표시된다(전통 히브리 문자 역시 '시르투트sirtout'라고 불리는 선 아래에 기록된다는 점은 매우 주목할 만한 사실이다).

अ आ इ ई उ ऊ
a ā i ī u ū

ऋ ॠ ऌ ए ऐ ओ औ
ṛ ṝ ḷ e ai o au

क ख ग घ ङ
ka kha ga gha ṅa

च छ ज झ ञ
ca cha ja jha ña

ट ठ ड ढ ण
ṭa ṭha ḍa ḍha ṇa

त थ द ध न
ta tha da dha na

प फ ब भ म
pa pha ba bha ma

य र ल व श ष स ह
ya ra la va śa ṣa sa ha

데바나가리 문자표. 학습교재용. Judity M. Tyberg, 『산스크리트어 문법 및 강독 입문 First Lessons in Sanskrit Grammar and Reading』, Los Angeles, East-West Cultural Center, 1964, 4~5쪽.

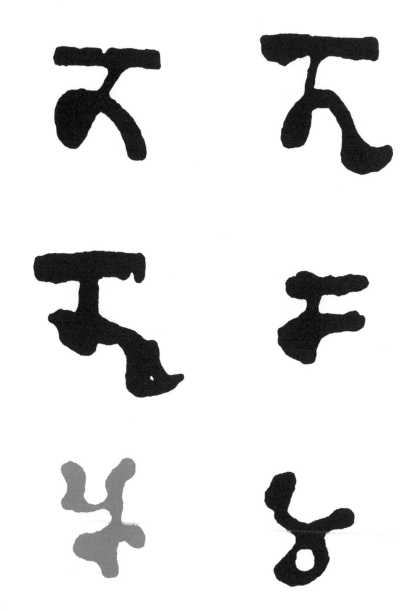

인도 문자들에서 볼 수 있는 4의 변이체.

인도 숫자 변천의 다섯 단계

우리가 살아있는 자를 이러저러한 범주로 밀어 넣는다 해도 소용없는 일이다. 모든 범주들은 무너지기 마련이다.

_ 앙리 베르그손Henri Bergson

앞에서 인도 문자의 변화에 대해 강조했던 이유는 바로 현재 우리가 사용하는 숫자의 기원인 인도 숫자의 표기 형태가 이 문자와 유사한 변화를 겪었기 때문이다.

첫 번째 시기 : 기원전 3세기부터 기원후 1세기까지

우리는 앞에서 '카로스티'와 '브라미'로 기록된 인도의 초기 문자들의 흔적인 아쇼카 왕의 칙령들을 언급한 바 있다. 이 문자들이 놀랍게도 산 속의 커다란 자연 동굴 또는 사람이 만든 동굴의 내부에 있는 바위들과 신전의 기둥들에 새겨진 텍스트들이었다는 점을 상기하자. 물론 그것들이 인도 제국의 여러 왕조마다 다른 것은 사실이다.

인도 문자와 마찬가지로 '카로스티' 문자와 관련된 명수법과 '브라미' 문자와 관련된 명수법 역시 찾아볼 수 있다. 물론 이처럼 돌에 새겨진 텍스트들에서 발견된 수 표기법은 아직 불완전한 것이었다.

기텔G. Guitel이 언급한 바와 같이 이 명수법은 가산의 형태, 즉 기호들의 값이 더해져야 하는 형태를 따르고 있다.[19]

1. '카로스티' 명수법

'카로스티' 명수법의 기호들은 매우 기본적인 것들이다. 1은 선을 하나, 2는 선을 두 개, 3은 선을 세 개 긋는 것으로 표시된다. 4의 형태는 흥미롭다. 왜냐하면 여기에서 처음으로 복합적인 형태가 나타나기 때문이다. 두 선이 교차되어서 현대 서양 알파벳의 X와 비슷한 기호로 보인다. 10 또한 새로운 조합을 보여주고 있다. 두 개의 선이 오른쪽에서 꺾인 ㄱ 모양으로 되어 있다. 20은 오늘날의 '3'과 약간 비슷하며, 100은 그리스 자모의 제11자인 람다(λ), 즉 뒤집어진 'y'와 비슷하다.

카로스티 문자와 마찬가지로 이러한 수 기호들이 후세에 계속 이어지지 않았다는 점에 주목할 필요가 있다.

1	2	3	4	5	6	7	8	9
/	//	///	//// 또는 X	/////	// X	/// X	XX	/X X
10	**20**	**30**	**40**	**50**	**60**	**70**	**80**	**90**
7	3	73	33	733	333	7333	3333	73333
100	**200**							
人	人// 또는 ∫//							

'카로스티' 문자와 관련된 명수법. 르누와 필리오자의 책 2권, 705쪽(기텔, 『명수법의 비교 역사』, 604쪽에 재수록).

2. 최초의 '브라미' 명수법

최초의 '브라미' 문자와 관련된 명수법에 대한 참고 자료는 상대적으로 빈약한 편이다. 1과 2를 표시하는 선은 여전히 수직의 형태이고, 4도 또한 두 개의 선이 교차된 모양이지만, 오늘날의 '+'의 모양을 보이고 있다. 그리고 6은 장차 이 숫자의 진화 과정에서 볼 수 있는 특징인 닫힌 원을 이미 보여주고 있다.

1	2	3	4	5	6	7	8	9
I	II		+		ʕ 또는 ʕ			
10	20	30	40	50	60	70	80	90
				Ϛ 또는 ꓶ				
100	200							
	⋏ 또는 ꓩ							

최초의 '브라미' 문자와 관련된 명수법. 르누와 필리오자의 책 2권, 705쪽(기텔의 책, 605쪽에 재수록).

위에서 말했듯이 브라미 문자는 왼쪽에서 오른쪽으로 향한다. 그리고 수의 해독도 같은 방향으로 이루어지는데, 가장 큰 수부터 가장 작은 수로 향하는 것이다. 가령 256이라는 수는 앞 도표의 자료에 따라서 다음과 같이 표기될 수 있다.

고대 '브라미' 문자로 쓴 수 256.

주목할 점

비록 가장 큰 수에서부터 시작해서 왼쪽에서 오른쪽으로 기록된다고 할지라도, 읽는 것은 오른쪽 숫자부터 시작되었다. 그러므로 위의 예에서 보자면 6, 50, 그리고 200의 순서로 읽히는 것이다.

인도 숫자의 탄생

3. 나나 가트Nana ghat 동굴들의 예(기원전 2세기)

인도에서는 많은 불교 사원들이 자연 동굴 속에 지어졌다. 지하 사원들의 내벽, 기둥, 그리고 다양한 지지대들에 새겨진 비문들은 특별히 악천후나 습기와 온도의 변화, 과다한 빛의 노출 등의 문제들을 겪지 않고 잘 보존되어 왔다. 일반적으로 새겨진 내용들의 주제는 수학적인 것은 아니었지만, 어쨌든 거기에서 몇몇 숫자들이 발견되기도 한다. 문자학자들은 이 숫자들을 통해 '브라미' 문자와 관련된 인도 명수법에서 사용되었던 숫자들의 초기 형태 변화 과정을 밝혀냈다.

기원전 2세기까지 거슬러 올라가는 이 비문들은 '푸나Poona'(또는 '푼Pune' 이라고 부르는데, 이 도시는 뭄바이에서 남동쪽으로 약 200킬로미터에 위치해 있으며, 영국인들이 뭄바이의 엄청난 더위를 피하기 위해 건설한 휴양 도시이다)에서 약 150킬로미터 떨어진 나나 가트의 여러 동굴에서 발견되었다.

1	2	3	4	5	6	7	8	9
ー	=		乑		ᐻ	ᒎ		ᑲ
10	20	30	40	50	60	70	80	90
α	○				⊣		∞	
100	200	300	400	500	600	700	800	900
ℋК	ℋ		ℋℋ			ℋℋ		
1000	2000	3000	4000	5000	6000	7000	8000	9000
T			ℱℱ		ℱϕ			
10 000	20 000							
ℱα	ℱ○							

나나 가트 동굴에서 발견된 숫자. 르누와 필리오자의 책, 705쪽(기텔의 책, 606쪽에 재수록).

그 동굴에서 발견된 숫자들은 1과 2 그리고 4에 있어서 처음으로 가로 형태의 선을 보여주고 있다. 4는 '+' 기호 위에(왼쪽의 도표를 볼 것) v 모양의 작은 관을 덧붙이는 식으로 변모했다. 6은 더 분명한 모습을 보여주고 있다. 하지만 아직은 여전히 닫힌 원 밑에 선의 흔적이 남아있다.

숫자의 표기는 가산의 형태를 띠고 있다. 따라서 이 도표에 따르면 다음의 숫자들은 각각

12는 α

17은 $\alpha\gamma$

289는 $\mathcal{H}'\infty\gamma$

11 000은 $\top\alpha\top$

24 400은 $\top\mathrm{O}\top\mathcal{Y}\,\mathcal{H}\!\mathcal{F}$

로 표기된다.

두 번째 시기 : 기원후 1세기부터 4세기까지

이른바 과도기의 표기법. 나시크(2세기)의 동굴에 적힌 숫자

고고학자들은 앞에서 지적한 동굴들과 지리적으로 인접해 있는 또 다른 동굴들을 발견했다. 바로 나시크의 동굴들이다. 이 도시는 오늘날에도 여전히 동굴 방문 관광 프로그램이 진행되고 있는 곳으로 뭄바이 북쪽에서 200킬로미터 내외에 위치해 있다. 나시크Nasik(혹은 나쉬크Nashik) 도시는 고다바리Godavari 지역의 여러 강들 연안에 위치하며 힌두교의 주요 성지 순례지이기도 하다. 12년마다 쿰브 멜라Kumbh Mela가 이곳에서 열린다. 쿰브 멜라는 천만 여명의 순례자들이 모이는 큰 종교 행사로 나시크에서 열린 최근의 쿰브 멜라는 2003년에 있었다. 실

제로 이 모임은 3년마다 다른 네 개의 지역(나시크, 우자인Ujjain, 알라하바드Allahabad, 그리고 하리드바르Haridwar)에서 번갈아 열린다. 신화에 따르면 신들이 불로장생의 감로甘露를 갖기 위해 싸우던 중 네 방울을 떨어뜨렸다. 그 네 개의 방울이 이 네 개의 도시가 자리 잡은 곳에 떨어졌다.

1	2	3	4	5	6	7	8	9
一	二	三	Ұ 또는 Ұ	Ұ 또는 Ұ	Ұ	Ұ	Ұ 또는 Ұ	Ұ
10	20	30	40	50	60	70	80	90
α	θ		Ұ			Ұ		
100	200	300	400	500	600	700	800	900
Ұ	Ұ			Ұ				
1000	2000	3000	4000	5000	6000	7000	8000	9000
Ұ	Ұ	Ұ	Ұ				Ұ	
10 000	20 000	30 000	40 000	50 000	60 000	70 000		
						Ұ		

나시크의 동굴에서 발견된 숫자들. 르누와 필리오자의 책, 제2권, 705쪽(기텔의 책, 608쪽에 재수록).

이 숫자들의 해독에 있어서 처음에는 약간의 모호함이 있었으나 곧 해소되었다. 각각의 비문들에 이 숫자들에 해당하는 문자가 기록되어 있었기 때문이다. 나니 기드의 나시크의 비문들은 둘 다 지리적으로 매우 가까이 위치해 있다. 이 비문들 사이에는 4세기 정도의 차이가 있는 것이 사실이다. 하지만 형태뿐 아니라 가산의 형태로 이루어지는 표기라는 점에서 볼 때 어느 정도의 통일성이 있다는 사실도 지적해야 할 것이다.

수의 신비

나시크의 숫자들. 르누와 필리오자의 책, 605쪽.

나나 가트의 비문들에서 이미 지적했던 것처럼, 나시크의 비문들에 새겨진 숫자들 역시 가장 단순한 단위부터 시작해 읽어나갔다. 즉, 일 단위, 십 단위, 백 단위 등의 순서로 말이다. 그러나 왼쪽에서 오른쪽으로 향하는 글쓰기는 가장 큰 단위에서 가장 작은 단위로 나아가는 순서를 보여준다.

8000   500   70   6

나시크의 비문에 따른 숫자 8576의 문자 표기. 이 숫자는 육, 칠십, 오백, 팔천의 순서로 읽힌다.

세 번째 시기 : 3세기부터 6세기까지

굽타 문자의 명수법

굽타 왕조는 240년부터 535년까지 갠지스 강과 그 지류의 모든 계곡들을 통치했다. 이 시기에 문자와 동시에 숫자의 표기를 위한 기호들이 출현했다. 명수 체계는 0을 포함하고 있지 않으며, 지금까지 우리가 알고 있는 명수 원칙을 따르지도 않고 있다. 브라미 문자에서 갈라져 나온 이와 같은 굽타 표기법은 인도 북부와 중부에서 주로 사용되었다.

인도 북부와 중앙아시아에서 사용된 모든 숫자 표기는 바로 이 굽타 표기법에서 비롯된 것이라고 할 수 있다.

파리브라자카Parivrājaka 비문에 나타난 비-위치적인 굽타 숫자 표기.

이 숫자 표기법과 그 이전의 것과의 근본적인 차이는 첫 숫자들인 1, 2, 3에서 볼 수 있다. 이 숫자들은 상대적으로 곧은 수평의 선에서 점점 더 둥글어지면서 다음과 같은 단계의 수 형태가 되는 곡선으로 변해간다.

네 번째 시기 : 7세기부터 12세기까지

나가리 표기법

굽타 문자는 점차 세련되고 둥근 형태를 띠어 갔다. 굽타 문자는 7세기 이후 소위 '나가리(도시)' 문자를 탄생시켰다. 후일 나가리 문자에서 볼 수 있는 아름다운 규칙성은 '데바나가리' 즉 '신들의 나가리'라는 이름을 갖게 되었다.

ते वर्तनं । वीरवरोऽवदतू ।

이 문자는 산스크리트어와 힌디어의 주요 문자가 되었다. 힌디어는 오늘날 인도 중부에서 가장 많이 사용되는 언어이다.

이와 마찬가지로 굽타 문자의 숫자들 역시 나가리 문자의 형태로 변화되었는데, 우선은 이른바 '고대 나가리'의 초기 형태로 변모했다.

$$1 \quad 2 \quad 3 \quad 4 \quad 5 \quad 6 \quad 7 \quad 8 \quad 9 \quad 0$$

고대 나가리어로 된 숫자 표기.

괄리오르의 비문들

나가리 문자로 된 인도 표기법에서 0과 위치에 따른 명수법은 고고학자들의 발견에 따르면 서기 875년과 876년으로 거슬러 올라가는 괄리오르Gwâlior 비문들에서 처음 나타났다. 즉, 0이 발명된 것으로 추정되는 시기보다 상대적으로 늦게 나타난 것이다.

괄리오르는 남쪽의 마하라쉬트라Mahârâshtra와 북동쪽의 라자스탄Râjasthân 사이에 있는 인도 중심 지역인 마디야 프라데쉬Madhya Pradesh의 북서쪽에 있는 도시이다(45쪽의 인도 전체 지도를 참고할 것).

괄리오르라는 도시는 수 킬로미터에 달하는 요새로 유명하다. 이 인상 깊은 요새로 인해 이 도시는 수많은 왕과 군인들이 탐내는 장소가 되었다. 평원 위로 불쑥 튀어나와 있어서 특히 방어와 지배력을 보장하는 이점을 가지고 있기 때문이다.

괄리오르의 요새

기텔에 따르면 이곳 비문들의 발견은 "괄리오르의 요새로 향하는 길모퉁이에 위치한 전체가 하나의 돌로 된 작은 사원에서" 이루어졌다.[20] 여기에는 두 개의 비문이 있다. 첫 번째 비문은 산스크리트어 운문과 나가리 분자로 석혀 있다. 이 비문의 작성 시기는 932년으로 거슬러 올라가며, 숫자 표기에 대해서는 어떤 정보도 남아있지 않다. 왜냐하면 "모든 운문이 문자로 기록되는 당시의 관례대로" 932라는 숫자 역시 완전히 뮤자로 기록되어 있기 때문이다. "모든 기수법의 역사에서 언급될"[21] 두 번째 비문은 산문과 나가리 문자로 기록되어 있다. 하지만 이것은 또한 불완전한 산스크리트어로도 적혀 있다. 이 비문은 일종의 "숫자에 있어서 로제타석"과 같은 것이다. 왜냐하면 그 비문에서 숫자와 동시에 문자로 적혀 있는 네 개의 숫자를 볼 수 있기 때문이며, 이에 따라 해독과 감정이 가능하다. 이 네 개의 숫자들은 933, 270, 187 그리고 50이다.

933   270   187   50

나가리 문자로 된 괄리오르의 두 번째 비문에 적힌 네 개의 숫자.

역사학자들, 특히 알렉산더 커닝햄Alexander Cunningham 경에 따르면 삼바트Samvat 시대의 933이라는 연대는 우리 시대의 876년에 해당한다(933에서 57년을 뺀 연도이다).[22]

괄리오르의 두 번째 비문(세부). 0과 위치에 따른 명수법을 증명하고 있는 가장 오래된 문서. 몇 개의 숫자들을 확인할 수 있다. 첫 번째 줄의 933(우리 시대의 876년에 해당한다). 네 번째 줄의 270. 다섯 번째 줄의 187. 메닝거의 책, 397쪽.

이 두 번째 비문은 비슈누Vishnu에게 헌정된 긴 텍스트에 해당하며, 비슈누 신전에 바친 괄리오르 도시 거주자들의 헌납을 보여주고 있다. 길이 270아스타, 폭 187아스타 크기의 면적을 가지고 있는 이 신전은 원래 정원으로 사용될 예정이었다. 괄리오르의 정원사들은 계절마다 50가지의 꽃들을 매일 이 신전에 헌납해야 했다.

이 두 번째 비문을 통해 우리는 9세기경에 0과 위치 명수법이 치수, 면적, 양등을 표시하는 데 일상적으로 사용되어 문화의 일부분이 되었다는 사실을 알수 있다.

괄리오르의 두 번째 비문의 텍스트. 파리 기메Guimet 박물관.

다섯 번째 시기 : 나가리에서 파생된 숫자들(9세기 이후)

현대적인 표기법으로 가는 길

나가리 문자의 스타일은 계속 발전해 나갔고, 무엇보다도 '현대적 나가리'(또한 데바나가리라고도 부르는) 문자를 제시하게 되었다.

소위 현대적이라고 하는 나가리 숫자들. 페뇨의 책, 45쪽.

그 이후 옛 '나가리' 숫자(괄리오르)는 여러 다른 형태로 발전하게 되었다. 그 가운데 하나가 바로 동양의 아라비아 숫자(힌디라고 부르는)이고, 다른 하나가 마그레브Maghreb의 아라비아 숫자(구바르ghubar라고 부르는)이다. 뒤에서 이 숫자들의 변화 과정을 살펴보게 될 것이다.

인도 숫자의 탄생

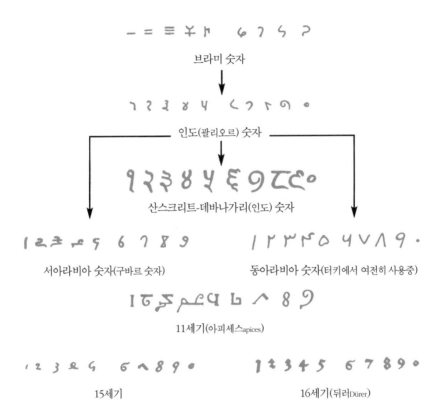

브라미 숫자

인도(괄리오르) 숫자

산스크리트-데바나가리(인도) 숫자

서아라비아 숫자(구바르 숫자)　　　　동아라비아 숫자(터키에서 여전히 사용중)

11세기(아피세스apices)

15세기　　　　16세기(뒤러Dürer)

인도 숫자의 계보.

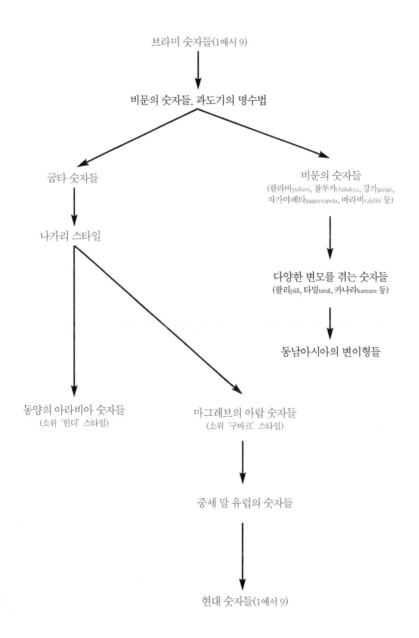

브라미 숫자들(1에서 9)

비문의 숫자들. 과도기의 명수법

굽타 숫자들

비문의 숫자들
(팔라바pallava, 찰루캬chálukya, 강가ganga,
자가야페타jaggayyapeta, 바라비valabhi 등)

나가리 스타일

다양한 변모를 겪는 숫자들
(팔리páli, 타밀tamil, 카나라kannara 등)

동남아시아의 변이형들

동양의 아라비아 숫자들
(소위 '힌디' 스타일)

마그레브의 아랍 숫자들
(소위 '구바르' 스타일)

중세 말 유럽의 숫자들

현대 숫자들(1에서 9)

인도 숫자의 명칭

비와 햇빛이 하늘에서 서로 다투네. 어린 아이들처럼. 때때로 그들의 칼이 내 창문을 두드리네.

_ 크리스티앙 보뱅Christian Bobin

숫자의 명칭들

앞에서 살펴본 숫자들의 현대적 표기법 이전에 숫자들은 구두로 지칭되었으며, 이를 통해 생각할 수 있는 커다란 수 전체를 지칭하는 것이 가능하게 되었다.

이렇게 해서 1부터 9까지의 숫자에 당시 통용되었던 산스크리트어로 된 명칭이 부여되었다. 마찬가지로 10에 대해서는 '다샤dasha'라는 명칭이 붙었으며, 20, 30, 40······90, 100, 200······1000, 10 000, 그리고 그 이상의 수에 대해서도 각각 다른 명칭이 부여되었다. 인도인들은 큰 수와 큰 수의 거듭제곱의 이름도 가지고 있었다.[23]

Eka, ekab = 일

Dvi, dva, ave = 이

Tri, trayah, tisrah = 삼

Chatur, chatvrah, chatasrah = 사

Pancha = 오

Shat, shas = 육

Sapta = 칠

Ashta, ashtau = 팔

Nava = 구

또 다른 예는

Dasha = 10

Sahasram = 10 000

반드시 그런 것은 아니었지만 이 숫자들은 전형적인 가산 원칙에 따라 지칭되었다.

문화적 영향과 교류

앞에서 우리는 인도 문자와 언어가 근원적으로는 당시의(수 세기를 앞선 시대) 지방 언어인 아람어를 거쳐 셈족의 영향을 받았다는 것을 살펴보았다. 하지만 여기에서는 역사적 방법보다는 신화적인 방법에 따라 이스라엘의 잃어버린 10개의 부족과의 만남 가능성에 대해 살펴보게 될 것이다. 이들의 언어와 문자는 고대 히브리어였다.

그래서 다음과 같이 음성학적인 면에서의 유사성을 찾아볼 수 있다.

'Eka' 와 'ehad' 는 히브리어로 '1' 을 의미한다.

'Shat' 와 'shit' 는 아람어로 '6' 을 의미한다(히브리어로는 'shèch').

'Sapta' 와 'shabbat' 는 히브리 달력에서 '7번째' 날이다.

그 후속 단계에서는 산스크리트어, 그리스어, 그리고 파생된 라틴어 사이의 관계가 훨씬 두드러져 보인다. 예를 들어 '3' 을 의미하는 'tri' (산스크리트어), 'treis' (그리스어), 'tres' (라틴어) 등은 오늘날 'trois' (프랑스어), 'three' (영어), 'drei' (독일어)에서도 그 흔적을 찾아볼 수 있는 단어들이다. 'dri' 라고 표기되었

	아일랜드어	게일어	콘월어	브루타뉴어
1	oin	un	un	eun
2	da	dau	dow	diou
3	tri	tro	tri	tri
4	cethir	petwar	peswar	pevar
5	coic	pimp	pymp	pemp
6	se	chwe	whe	chouech
7	secht	seith	seyth	seiz
8	ocht	wyht	eath	eiz
9	noi	naw	naw	nao
10	deich	dec, deg	dek	dek
11	oin deec	un ar dec	ednack	unnek
12	da-	dour ar dec (deudec)	dewthek	daou-zek
13	tri-	tri ar dec	trethek	tri-
14	cethir-	petwar ar dec	puzwarthak	pevar-
15	coic-	hymthec	pymthek	pem-
16	se-	un ar bymthec	whettak	choue-
17	secht-	dou ar-	seitag	seit-
18	ocht-	deu naw	eatag	tri (ch)ouech
19	noi-	pedwar ar bymthec	nawnzack	naou-zek
20	fiche	ugeint	ugans	ugent
30	deich ar fiche	dec ar ugeint	dek warn ugans	tregont
40	da fiche	de-ugeint	deu ugens	daou ugent
50	deich ar da fiche	dec ar de ugeint	hanter-cans	hanter-kant
60	tri fiche	tri-ugeint	try ugens	tri ugent
70	deich ar tri fiche	dec ar tri-ug	dek warn try ugens	dek ha tri ugent
80	ceithri fiche	pedwar-ugeint	peswar ugens	pevar ugent
90	deich ar ceithri [fiche]	dec ar pedwar-u	dekwarn pesw. ug.	dek ha pevar ugent
100	cet	cant	cans	kant
1000	mile	mil	myl	mil

수의 명칭.

수의 신비

던 고대 독일어에서는 이 특징이 더욱 두드러진다. 산스크리트어의 ‘tri’를 가감 없이 받아들였던 브루타뉴어, 콘웰어, 그리고 아일랜드어에서는 아무런 모호성 도 찾아볼 수 없다.

메닝거의 책에서는 완벽한 도표 형태로 정리된 숫자들과 수의 모든 명칭 목록 을 볼 수 있다.

메닝거는 또한 그의 저서 한 장 전체를 일종의 소사전처럼 수를 표기하기 위 해 사용되는 단어들의 의미에 할애하고 있다. 그는 이 단어들의 발달 과정을 거 슬러 올라가 문헌학적 계보의 좋은 예들을 제공하고 있다. 이에 대해 ‘trois(3)’ 과 관련된 몇몇 요소들과 함께 짧은 발췌문을 제시해 보겠다.

산스크리트어로 ‘3’을 의미하는 ‘tri’는 ‘세 갈래로 땋아 늘인 머리 또는 엮은 줄’을 의미하는 ‘tresse’와 같은 단어들에서도 발견된다.

‘trivial(진부한)’이라는 단어는 라틴어 ‘trivium’의 복수인 ‘trivia’에서 유래한 다. ‘세 갈래 길’을 의미하는 이 단어는 학업 과정에 포함되었던 세 개의 기초 과목인 문법, 수사학, 변증법을 지칭하기 위해 로마 시대부터 중세까지 사용된 단어이다. 이 분야를 연구했던 학생들은 (중세 대학의 교양과목인) 4과, 즉 산술, 기하, 천문, 음악이라는 ‘네 개의 길’(앞의 세 과목과 이 네 과목이 합쳐져 이른바 ‘자유로운 일곱 개의 학문’이 구성된다)로 들어선다. 이렇게 해서 ‘trivial’은 ‘공통 된 것’, 일상적인 것, 진부한 것 그리고 흥미가 없는 것이라는 의미를 갖게 되었 다. 이것은 모든 학생들이 자신의 학업의 첫 단계인 세 과목을 끝마치게 되면서 획득하게 된 기초 과목이라는 의미이다.

다른 예로 ‘tribu’라는 단어를 들어보자. 이 단어는 인도-유럽어의 ‘tri-bhus’ — 여기에서 -bhus(영어로는 to be)는 ‘존재’를 의미한다 — 에서 유래한 라틴어 ‘tribus’에서 파생되었다. 라틴어 ‘dubitare’라는 단어 속에 포함된 ‘bi’에서 이 러한 ‘be’의 형태를 발견할 수 있다. ‘dubitare’라는 동사로부터 불어의

'douter', 영어의 'doubt'가 파생되었으며, 이것은 "둘(du) 앞에 있다."라는 의미, 즉 완벽하게 아는 것이 불가능하고 선택 불가능한 상황에 처해 있음을 의미한다.

수로 이루어진 시詩

원래 수가 서로 다른 숫자들로 구성되어 있을 경우에는 아무 문제가 없었다. 4769라는 수를 예로 들어보자.[24] 사천칠백육십구는 증가하는 명수법으로는 이렇게 말해졌다.

구	육십	칠백	그리고 사천
9	6×10	7×100	4×1000

그러나 동일한 몇 개의 반복된 숫자로 구성된 수의 경우에 있어서는 발음과 정확한 이해에 있어서 음성학적인 어려움이 제기된다.

다음과 같은 수를 생각해보자.

4   4   4   4   4   4

이 수는 다음과 같이 발음되었을 것이다

chatur   chatur   chatur   chatur   chatur   chatur

'chatur'라는 단어를 6번 헤아려야 하는 이러한 표현은 이해하고 기억하는 데 매우 불편했을 것이다. 그리고 수에 대한 음성학적인 관점에서 볼 때도 아름답지 않았을 것이다. 그래서 인도의 학자들은 산스크리트어의 풍요로움을 이용하기 시작했다. 많은 동의어들과 은유들이 각각의 숫자를 위해 고안되었으며, 철학, 신화 그리고 모든 대중적이고 현학적인 문학으로부터 도움을 받게 되었다. 단어들을 이용하고, 생각과 의미와 소리를 잘 조합시키면서 각각의 숫자들은 종종 매우 강한 시적인 힘을 지니는 다양한 동의어들의 원천이 되었다.

다음의 예에서 우리는 문체에 있어서 상징적이고 시적인 표현을 찾아볼 수 있다.

Points cardinaux et océans

dans les bras de Vishnu et les visages de Brahma,

positions du corps humain et cycles cosmiques.

동서남북과 대양들이

비슈누의 팔과 브라마의 얼굴 속에 있네

신체의 위치들과 우주의 순환도

위 예문에서 옅은 색으로 표시된 단어들이 각각 4에 해당되는 서로 다른 여섯 가지의 표현들이다.

또한 '2'를 의미하는 'dvi'와 그것의 동의어들의 예들도 들 수 있을 것이다.

Yamala, yugala……: 쌍둥이들 혹은 부부들을 지칭하는 단어들

Ashvi(n) : '기병들'

Yama : '최초의 부부'

Netra : '눈'

Gulpha : '발목'

Paksha : '날개'

Bâhu : '팔' [25]

기텔 역시 보엡케F. Woepke에게서 차용한 두 가지 예를 소개한다. [26]

첫 번째 예는 수리야 시단타Surya Siddantha의 시이다.

이 시에서 우리는 다음과 같은 숫자를 나타내는 단어들을 볼 수 있다.

De l'apogée de la lune(만월滿月에서) : feu - vide - Ashvin - Vasu - serpent - océan

dans un yuga, dans une direction contraire du noeud(유가yuga와 매듭의 반대 방향에서) : Vasu - feu - couple - Ashvin - feu - Ashvin

앞에서 살펴보았던 방법에 따르면 이 수들은 1단위부터 시작하여 10단위로 거슬러 올라가면서 읽히게 된다. 기텔에 따르면 위의 단어들 중

Vide = 0

Ashvin, couple = 2

Feu = 3

Océan = 4

Vasu, serpent = 8

로 해석될 수 있다.

이 모든 것은 우리로 하여금 이 시를 다음과 같은 방식으로 해석하도록 도와준다.

'yuga' 속의 달의 최고점의 공전주기는(4 320 000태양력) 488 203이며,
교점의 역행운동은 그 수가 232 238이다.

두 번째 예는 'yuga' 즉, 4 320 000태양력을 지칭하는 데 사용되는 표현이다. 우리는 이 표현을 수리야 시단타의 29번째 시에서 볼 수 있는데, 곧 "quatre vides-dent-océan"라고 씌어져 있다. 'vide'가 0(따라서 'quatre vides'는 0000)을 의미하며, 'dent'은 32, 그리고 'océan'은, 앞에서 말했듯이 4이다.[27] 그렇게 되면 우리는 각각의 수가 작은 시를 이룰 수도 있으며, 암송되고 기억되고 이해되고 문학적이고 철학적으로 해석될 수 있는 일종의 일본식 하이쿠가 될 수도 있다는 것을 이해할 수 있다. 이렇게 해서 수학의 기법이 시의 기법과 결합될 수 있게 된다. 현재까지 전승되고 있는 시들을 보면 그 방법을 좀더 정확히 알 수 있다. 토비아스 단치히Tobias Dantzig는 자신의 『수, 과학의 언어』, 81~82쪽에서 시 형태로 씌어진 유명한 수학 개설서인 릴라바티Lilâvatî의 두 개의 발췌본을 보여주고 있다.

순수한 연꽃들 다발에서
D'une touffe de pur lotus,
삼분의 일, 오분의 일 그리고 육분의 일이
Un tiers, un cinquième et un sixième
각각 바쳐졌네.
ont respectivement été offerts
시바신에게
à Shiva,
비슈누신에게

à Vishnu,

수리야신에게.

à Sûrya.

사분의 일은 브하바니신에게 선물되었네.

Un quart a été présenté à Bhâvanî

나머지 여섯 송이 꽃은

Le reste, six fleurs,

훌륭한 스승에게 바쳐졌네.

ont été données au vénérable précepteur.

꽃들의 수가 얼마였는지 얼른 나에게 말해보게⋯⋯.

Dis-moi vite quel était le nombre de fleurs⋯⋯.

수의
신비

두 번째 발췌본은 다음과 같은 수학적인 수수께끼를 제시하고 있다.

목걸이 하나가 연인들이 뛰어노는 중에 끊어졌다.

Un collier s'est brisé au cours d'ébats amoureux.

진주 중 삼분의 일은 땅에 떨어졌다.

Un tiers des perles est tombé sur le sol

침대 위에 오분의 일이 남아 있었다.

Le cinquième sur la couche est resté.

육분의 일은 젊은 여인이 발견했다.

Le sixième a été trouvé par la jeune femme

십분의 일은 애인이 잡았다.

Le dixième a été retenu par le bien-aimé.

그리고 진주 여섯 개는 실에 걸려 있었다.

Et six perles sont restées attachées sur le fil.

이 목걸이에 몇 개의 진주가 있었는지 나에게 말해보게.

Dis-moi combien de perles comptait ce collier.

포옹하고 있는 연인. 11세기, 사암, 카주라호Khajuraho.

이처럼 수로 이루어진 시에서 수학자들은 의미의 논리를 지키고 있다. 따라서 이러한 의미의 논리 속에서는 화살과 불, 지구와 뱀, 대양과 코끼리처럼 잘 어울리지 않는 단어들의 가감은 결코 나타나지 않는다.

위의 시들은 단순히 계산법을 기억하기 위해서 만들어진 것만이 아니라 숫자와 문자를 이용한 유희의 성격도 가지고 있었다. 그 결과 인도 문화에서 수에 대한 성찰은 그 아름다움과 지혜를 탐구하고 찬양하는 실천적인 일이 되었다.

슈냐, 슈냐! 0의 발견

인간은 그 자체로는 아무 것도 아니다. 인간은 단지 무한한 행운일 뿐이다. 그러나 인간은 이 행운의 무한한 책임자이다.

＿ 알베르 카뮈Albert Camus

바빌론의 전설

바빌론에서 어느 날 한 왕이 새로 도시를 세우기로 결심하고 이를 위한 장소를 선정했다. 이어 왕은 점성가들의 견해를 물었다. 그들은 천체와 별들을 관찰한 후에 그 장소의 선택에 찬성했는데 대신 하나의 조건을 제시했다. 새로운 도시에 행운을 기리는 뜻으로 건축할 때 어미가 자발적으로 데리고 오는 한 아이를 산 채로 매장해야 한다는 것이었다. 하지만 그런 일은 일어나지 않았다. 그런데 삼년 만에 한 늙은 여인이 열 살 남짓한 사내아이를 데리고 나타났다. 담장을 지나 들어온 순간 아이가 왕에게 질문했다.

"오! 왕이시여, 당신의 점성가들에게 세 개의 수수께끼를 낼 수 있게 해주십시오. 만약 그들이 답을 맞춘다면, 이것은 그들이 점괘를 제대로 해석했다는 것을 의미하게 될 것입니다. 하지만 그렇지 않다면 그들이 실수를 저지른 것이 될 것입니다."

왕은 수락했다.

"세상에서 가장 가볍고, 가장 부드러우며, 가장 단단하고 들기 힘든 것이 무엇입니까?"라고 아이가 물었다.

점성가들은 삼일간의 궁리 끝에 대답했다.

"가장 가벼운 것은 깃털이고, 가장 부드러운 것은 꿀이며, 또 가장 단단하고 들기 힘든 것은 돌이니라."

아이는 악의 없는 마음으로 그들을 비웃었다.

"삼척동자라도 그런 대답을 할 수 있을 것입니다! 틀렸습니다. 세상에서 가장 가벼운 것은 어머니 품에 있는 아기입니다. 어머니에게 아기는 절대 무겁지 않으니까요. 그리고 가장 부드러운 것은 어머니의 젖입니다. 또 어머니에게 있어 세상에서 가장 힘든 것은 자기 아이를 생매장하기 위해 손수 데리고 오는 것입니다."

점성가들은 당황했고, 별들의 교훈을 잘못 이해했음을 깨닫게 되었다. 이렇게 해서 아이는 목숨을 구할 수 있었다.

아마도 독자들은 0을 설명하는 장에서 왜 이 바빌론의 전설을 끌어들였는지 궁금할 것이다. 0을 발명하고 보급한 것은 인도인들이었지만, 이 0은 바빌론의 수학적 문화 속에서 여러 다른 형태와 철학에 따라 이미 제시되었던 것이라는 점을 상기할 필요가 있다.[28]

하지만 바빌로니아인들에게 있어서 0은 인도인들에게 있어서처럼 '공백'이라는 철학적 의미를 가진 것은 아니었다. 또 계산에서 완전한 몫을 가졌던 수도 아니었다. 다만 계산과 수학 전체를 통틀어 혁명적이라고 할 수 있는 가벼운 연산을 가능하게 하는 수에 불과했었다. 하지만 앞에서 살펴본 일화를 통해 볼 때 이 0이라는 수의 의미는 더욱 더 광범위하게 퍼져나가게 될 것이다.

독자들의 창의력과 해석 능력을 기대해 본다.

기텔에 따르면 "인도 명수법에 대한 연구는 수학사에 있어서 매우 중요하다. 왜냐하면 그것은 위치 명수법의 가장 완전한 형태를 전 세계에 보급한 것과 밀접한 연관이 있기 때문이다."[29]

이미 서문에서 밝혔던 것처럼 위치 명수법에서 수의 가치는 수의 기록상의 위치에 따라 결정된다. 이 위치 명수법은 서기 6세기경 결정적인 형태를 갖추게 되었다.

이 위치 명수법은 일 단위, 십 단위, 백 단위, 천 단위 등을 위한 빈 자리를 지시하는 0(완전한 수가 되기 전에 우선 하나의 기호로서)의 탄생을 가져왔다.

예) 0 2 3
    2 0 3
    2 3 0
    2 0 0 3
    2 0 0 0 3

수
의
신
비

0과 인도인의 사상

초기에 이 빈 자리는 숫자들 사이의 단순한 간격을 가리키는 것이었다. 그러나 읽을 때의 모호성 때문에 인도인들은 하나의 기호, 점 또는 원을 사용했다.

0의 발견을 위해서는 '공백'이라는 개념을 수용할 수 있는 사상을 지녀야 했다. 여기서 산스크리트어에 이러한 단어가 있었다는 점에 주목해야 한다. 즉 산스크리트어로 '슈냐shûnya'는 '공백'이면서 '부재'를 의미한다. 이 용어는 수 세기 전부터 인도의 삶과 문화에서 종교 및 신화적 사고의 핵심적 내용을 구성하고 있었다.

공백

초창기부터 '슈냐'라는 단어는 공백, 하늘, 공기, 공간의 의미를 내포하고 있었다. 르누와 필리오자가 밝힌 것처럼 이 단어는 또한 창조되지 않은 것, 비존재, 비실존, 형상화되지 않은 것, 사유되지 않은 것, 비현재, 부재, 무 등을 의미했다.[30]

공백에서 0으로

따라서 일 단위, 십 단위, 백 단위 등과 같은 수의 요소 중 하나로, 부재라는 수학적 개념을 표현하기 위해 인도의 학자들은 '슈냐'라는 단어가 수학적 관점에서뿐만 아니라 철학적 관점에서도 매우 적절하다고 생각했던 것이다. 이 단어는 결국 위치 명수법에서 매우 낯설지만 실용적인 고안물이 되었다. 이것이 바로 오늘날 우리가 0이라고 부르는 것이다!

하늘로부터 온 0

다른 숫자들과 마찬가지로 0 역시 종종 시적이기도 한 많은 동의어를 가지고 있었다. 예를 들어 무한을 의미하는 '아난타ananta', 비슈누의 발을 의미하는 '비슈누파다vishnupada', 물 위의 여행을 의미하는 '쟐라다라파타jaladharapatha', 그리고 완성, 충만, 통합, 전체 등을 의미하는 '푸르나pûma' 등을 들 수 있다.[31]

원

0에 대한 첫 번째 도상

르누와 필리오자에 따르면 하늘, 공간, 공기 또는 창공 등과 같은 개념들은 공백과 0을 나타내는 첫 번째 도상에서 볼 수 있는 것으로, 천상의 궁륭을 표현하는 그림이나 기호를 나타내고 있다. 반원이나 원 또는 아주 단순한 기하학적 원

등이 그 예이다.

이렇게 해서 작은 하나의 원이 0의 개념을 상징하게 되었다.

점 : 0차원의 대상

0에 대한 두 번째 도상

'점'이 또한 0의 상징적 초기 도상 가운데 하나라는 사실은 어디에서 유래했을까?

하나의 비유를 보자. "여러분이 지금 읽고 있는 책은 길이, 넓이, 높이 혹은 두께라는 3차원을 지닌 대상이다. 가령 거인의 손이 이 책을 있는 힘을 다해 찍어 누른다고 상상해보자. 그렇게 되면 큰 사각형과 평면이라는 두 차원만이 남게 될 것이다. 즉, 길이와 넓이만 남게 되는 것이다. 다시 한 번 거인의 손이 이 사각형을 덮치려 한다고 상상해보자. 그러면 1차원의 대상, 즉 선만 남게 된다. 만일 거인이 계속 고집한다면 0차원의 대상만이 남게 될 것이다. 그것이 바로 점이다!"[32]

3차원의 기하학적 공간을 계속해서 줄여나가면 결국 0차원의 대상에 이르게 된다. 바로 그것이 '점'이다!

인도의 네 가지 0의 표현

'슈냐'라는 단어와 그 다양한 동의어들은 십진법에서 중앙이나 처음 또는 마지막의 위치에 어떤 단위가 부재한다는 것을 보여주었다.

오늘날 인도에서 0을 표기했던 네 가지의 모양과 그것에 대한 네 가지의 명칭을 찾아볼 수 있다.

우선 문자 그대로 '빈 공간'을 뜻하는 '슈냐카shûnya-kha'가 있다. 연산을 가능케 하는 0의 이름이었던 이 명칭은 모든 명수법에서 일 단위, 십 단위, 백 단위

등의 부재를 나타내기 위해 빈 공간(빈 칸)을 통해 표기되었다.

그리고 문자 그대로 '빈 원'을 의미하는 '슈냐샤크라shûnya-châkrâ'가 있다. 르누와 필리오자가 보여주고 있는 것처럼 이 명칭은 인도와 남아시아 전역에서 여전히 사용되고 있다.

0의 세 번째 표현은 '슈냐빈두shûnya-bindu'이다. '영-점'을 의미하는 이 명칭은 카시미르의 여러 지역에서 사용되었다. "이와 관련된 고대 인도의 자료는 가지고 있지 않지만, 7세기 말 캄보디아에서 이 명칭이 확인되었다(기텔의 책, 561쪽)."

순전히 기하학적이고 수학적인 양상을 넘어 이 '빈두'는 힌두인들에게 있어서는 창조적 에너지를 공급하며, 모든 것을 잉태하게 할 수 있는 원점으로 여겨졌다. 즉, 이것은 구체적인 모습을 갖추기 이전의 드러나지 않은 형태를 상징하는 원형적 점(루파다투rûpadhâtu)이자 또한 모든 선과 가능한 모든 형태(루파rûpa)를 잉태할 수 있는 점이기도 하다.

0이라는 개념의 발달은 '부재의 정의'라는 단순한 기호를 넘어 무량을 의미하는 완전수로 이어진다. 이것이 바로 0의 네 번째 표현이자 '빈-수'를 의미하는 '슈냐삼캬shânya-samkhya(혹은 산캬sankhya)이다.

이처럼 위치 명수법은 알파벳과 마찬가지로 인류가 고안한 정신적 도구의 아주 중요한 요소들 중의 하나가 되었다. 동양에서 이 두 요소가 발달했던 시기 동안 서양은 여전히 초보적인 단계에 머물러 있었다. 우리는 다음 장들에서 이 새로운 숫자와 혁명적인 명수법을 서양에서 어떻게 받아들이고, 어떻게 널리 보급되었는지를 살펴보게 될 것이다.

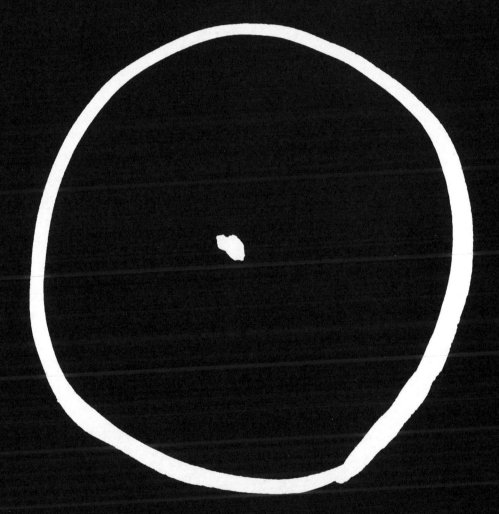

0 샤크라(원)와 0 빈두(점)

제 2 장

동 · 서양에서의
인도 – 아라비아 숫자

(9세기에서 12세기까지)

바그다드로 가는 길

알 자브르와 대수학

인도 숫자에서 '인도–아라비아' 숫자로

바그다드로 가는 길

단 한번의 여행으로도 전 세계를 둘러볼 수 있다. 하지만 세상을 열기 위해서는 무수히 많은 표현들이 필요하다.

_ 에드몽 야베스Edmond Jabès

원형의 도시, 바그다드

과연 사실일까, 아니면 진짜 같은 허구일까?[33]

　"이 이야기는 773년 인도에서 짐을 가득 실은 원정대가 기나긴 여행 끝에 평화의 도시 바그다드의 마디나트 알 살람Madinat Al-Salam 성문에 도착한 어느 날 시작된다. 알렉산드리아처럼(알렉산드리아는 기원전 331년에 건설되어 기원후 640년에 멸망했다) 바그다드 역시 불과 삼년 만에 건설된 신생 도시였다. 바그다드는 두 개의 강, 즉 티그리스와 유프라테스로 둘러싸여 있었으며, 도시를 가로지르는 운하망을 가지고 있었다. 이러한 환경 덕분에 주민들은 개인 마구간에 나귀를 소유하고, 개인 소유의 배를 가지고 있을 정도로 부유했다. 또한 바그다드는 알렉산드리아와 같이 국제적인 도시였다. 하지만 알렉산드리아가 장방형의 도시였던 반면, 바그다드는 둥근 형태로 이루어진 도시였다. 사람들은 바그다드를 '원형의 도시'라고 불렀다.

바그다드는 마치 컴퍼스로 그려놓은 듯 거의 완벽한 기하학적 형태를 이루고 있었다. 그리고 한복판에는 이슬람 사원과 칼리프의 궁이 있고, 그곳으로부터 도시의 사대문四大門을 향해 길이 뚫려 있다. 이 네 개의 문은 도시로 들어오는 유일한 출구였다."

"칼리프(이슬람 국가의 왕) 알 만수르Al-Mansour (754~775)에게 바칠 선물을 가득 싣고 온 원정대가 왕궁을 지나 사대문 가운데 하나인 코라산 Khorassan을 통해 원형의 도시로 들어갔다. 군중들

아랍 도시의 성문. 1548년.

이 이 행렬을 보기 위해 모여들었다. 성 안에서는 칼리프만이 말을 타고 이동할 수 있었기 때문에 원정대는 말에서 내려와서 접견실로 들어갔다.

'오류의 조정관'이라는 공식 직함을 가진 이 칼리프는 마호메트의 망토를 입고 지팡이, 검, 휘장을 지니고 있었으며, 아름다운 붉은색 장화를 신은 채 두 명의 고소인들의 문제를 판결하고 있었다. 하지만 원정대는 그를 알아보지 못했다. 이슬람의 관습에 따라 그는 장막 뒤에 가려져 있었기 때문이다.

마호메트(632년 사망)의 직계 후손인 칼리프는 이슬람 국가의 지도자였다. 따라서 이 칭호는 전 세계 이슬람교도들에 대한 권력을 의미한다."

메디나Médine라는 도시 주변 사막에서부터 시작된 이슬람은 빠른 속도로 퍼져갔다. 이슬람 제국은 피레네 산맥에서 인더스 강 유역에 이르기까지 그 세력을 넓혀갔다. 수십 년 사이에 이베리아 반도, 북아프리카, 리비아, 이집트, 아라비아, 시리아, 터키, 이라크, 이란, 코카서스, 펀잡 그리고 시칠리아 등이 이슬람 제국에 정복당했거나 이슬람으로 개종했다. 알렉산더 제국, 로마 제국에 이어 이슬람 제국이 탄생한 것이다. 하지만 이슬람의 확장은 중국에까지는 이르지

못했다. 또 717년에서 718년까지 이어졌던 비잔틴 제국의 거센 저항으로 콘스탄티노플로도 더 이상의 세력 확장을 할 수 없게 되었다. 또한 732년 프랑크 왕국의 국왕이었던 샤를르 마르텔Charles Martel의 반아랍 문명 정책으로 프랑스의 푸와티에Poitiers에서도 역시 그 뜻을 이루지 못하게 되었다.

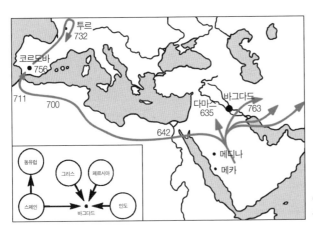

아랍 문명의 정복. 화살표는 아랍 문화의 전파 방향을 나타낸다.

수의 신비

이렇게 몇몇 지역에서 확장과 팽창이 저지당하긴 했지만 아랍 문명은 7세기부터 14세기까지 지리적으로 방대한 지역을 지배하게 되었다. 1236년 서방 아랍 문명의 중심이자 안달루시아 문화권의 요지였던 스페인의 코르도바Cordoue가 카스티유Castille의 왕이였던 페르디낭Ferdinand 3세에 의해 정복당했다. 1258년에는 동방 아랍 문명의 중심이었던 바그다드가 몽골의 침입을 받게 되었다. 하지만 아랍의 과학은 14세기에도 여전히 그 찬란함을 유지하고 있었다. 가령 서양, 특히 스페인(그라나다Grenade 왕조)과 북아프리카에서, 동양 쪽으로는 이집트의 맘룩Mamluks 제국과 가깝게는 마라그하Maragha와 사마르칸트Samarkand의 관측소에 이르기까지 여전히 두각을 나타내고 있었다.

역사의 정수 *La Fine Fleur des histoires*, 루크만Louqman의 미니어처, 1583년 작품. 세계 지도. 지구, 천체의 7개 층, 황도대, 월 중 28일의 위치가 표시되어 있다.

아랍의 언어와 과학

800년경에는 이미 많은 사람들이 이슬람교도가 되었다. 하지만 종교만으로는 사람들을 하나로 묶기 어려웠기 때문에 무엇보다도 공통의 언어가 필요했다. 이것이 아랍어의 역할이었다. 당시에 사막에서 만들어져 소수의 사람들에 의해서만 사용되던 아랍어는 말 그대로 신생어에 불과했다. 하지만 이 신생어가 아랍의 과학을 전파하는 수단이 되었다.

번역의 중요성

아랍의 과학에 대해 이야기할 때 보통 언급되는 것은 오랜 기간에 걸쳐 문인들과 지식인들의 국제어가 된 아랍어로 쓰인 업적들이었다. 과학 분야에서 영향력과 가치를 인정받기 위해서는 모든 기술記述이 반드시 아랍어로 되어 있어야 할 정도였다. 많은 과학 부분의 결실들은 모든 정복 민족들을 결집시키기 위해 충분한 역할을 수행했다. 안달루시아와 베르베르(북아프리카)까지 가해졌던 기독교의 탄압으로 인해 페르시아로 이주했던 그리스 석학들에서부터 시리아인, 유대인, 시바교도, 터키인, 그리고 중앙아시아와 카스피해 유역의 많은 거주자들이 이에 해당되었다.

새로운 과학적 개념들과 행정과 관련된 여러 개념들을 표현하기 위해서는 무엇보다도 언어를 풍요롭게 할 필요가 있었다. 단어에 새로운 의미를 부여하거나 아예 새로운 단어를 만들어내야 했으며, 의미 영역을 확장시켜야만 했다.

이렇게 해서 아랍어는 매우 풍요로운 언어가 되었으며, 각각의 개념과 대상들에 대한 많은 동의어를 가지게 되었다. 그리스어나 시리아어, 라틴어 등으로 기술되었던 과거의 과학 저술들을 번역하는 과정에 있어서 개념에 대한 전문용어와 개념의 정확한 판별과 관련된 문제들이 제기되었다. 깊이 있는 개념적 지식을 얻기 위해서는 무엇보다 이러한 문제들이 해결되어야 했던 것이다. 문헌학자들과 언어학자들이 이 문제의 해결을 위해 노력을 기울였다.

대학의 창설 : 지혜의 전당

하나의 언어를 창조한다는 것은 대단한 모험이다. 이 모험은 책을 통해 이루어진다. 바그다드의 알 카르크Al-karkh 구역에 예전에 없던 큰 서점이 생겨나 점차 확장되기 시작했다. 또한 파피루스나 양피지에 씌어진 많은 서적들이 알렉산드리아, 비잔틴, 시라쿠스Syracuse, 페르가메Pergame, 예루살렘, 안티오크Antioche 등 세계 곳곳에서 들어왔다.

사람들은 이 책들을 아주 비싸게 사들였다. 여기에서 알렉산드리아와 바그다드를 다시 비교해 볼 필요가 있다. 알렉산드리아는 박물관과 큰 도서관을, 바그다드는 박물관의 자매 기관격인 바이트 알히크마Beit alHikma, 즉 '지혜의 전당' 이라는 교육 기관을 가지고 있었다.

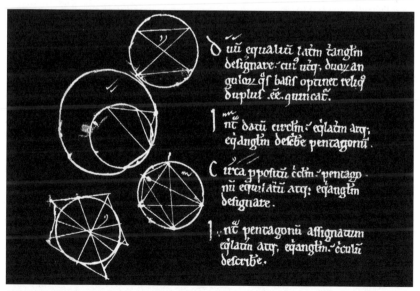

아랍어로 된 유클리드의 『원론 Éléments』의 라틴어 번역본. 일반적으로 아델라르 드 바트Adélard de Bath의 작업으로 여겨지고 있다.

지혜의 전당, 1494년.

바그다드에서처럼 알렉산드리아에도 관측소와 도서관이 세워졌다. 하지만 역사학자들에 따르면 이 두 도시 사이에는 차이가 있었다. 알렉산드리아에서는 박물관이 도서관보다 먼저 지어졌지만, 바그다드에서는 칼리프 하룬 알 라시드 Haroun Al-Rachid에 의해 도서관이 먼저 세워졌고, 그 후 그의 아들 알 마문Al-Ma'mun에 의해 '지혜의 전당'이 지어졌다.

바그다드의 도서관은 알렉산드리아 도서관으로부터 유래한 것이라고 할 수 있다. 정확히 말해, 알렉산드리아에 유입된 책들은 대부분이 그리스어로 된 것이었고, 9세기에 바그다드로 들어온 책들 역시 아랍어로 씌어진 것은 하나도 없었다. 결국 이 책들을 아랍어로 번역하는 일이 필요하게 된 것이다.

번역, 번역, 번역!

특별한 일이 시도되었다!

드니 게디Denis Guedj에 따르면 당시 '지혜의 전당'에는 최고의 번역진이 구성되어 있었다. 이것이 이 전당의 자랑거리였다. 도처에서 온 십여 명의 번역자들이 역시 도처에서 유입된 수십 권의 책과 원고들의 번역을 담당했다. 다양한 언어에서 출발해 그리스어, 소그디니아어, 산스크리트어, 라틴어, 히브리어, 아람어, 고대 시리아어, 콥트어 등과 같은 여러 언어로의 번역이 이루어졌다. 모든 번역가들은 사실상 지식인들이었다. 주로 과학 서적들이나 철학 관련 서적들을 번역해야 했기 때문에 각 분야의 전문가들이 아니면 불가능하기 때문이었다. 무엇보다도 그리스 학자들의 책을 번역하는 것이 급선무였다. 가령 유클리드, 아르키메데스, 아폴로니우스Apollonios, 디오판토스Diophante, 아리스토텔레스 등의 저서들이 주로 번역되었다. 특히 아리스토텔레스의 모든 저작들이 번역되었다. 또한 프톨레마이오스와 같은 지리학자, 히포크라테스와 갈레노스Galien와 같은 의학자들, 헤론Héron과 같은 기계학자 등의 저서들도 번역되었다.

'지혜의 전당'의 커다란 작업실에서는 수많은 필사자들이 쉬지 않고 작업을 계속했다. 특히 아랍어로 씌어진 서적들이 이 전당의 도서관을 빼곡히 채우기 시작했으며, 그 책들의 사본들 역시 많아졌다. 전 세계에서 유입된 지식이 광대한 아랍 제국 곳곳으로 퍼져나갈 준비가 끝난 것이다.

드니 게디에 따르면 사설 도서관도 점점 늘어났다. 그중 가장 위엄 있는 도서관이자 모든 이들의 선망의 대상이 되었던 것은 수학자 알 킨디Al-Kindi의 것이었다. 그가 사망했을 때 사람들은 서로 앞 다투어 그가 소장했던 책들을 차지하고자 했을 정도였다. 결국 아랍 최초의 기하학자들인 바누 무사Banu Musa 삼형제(모하마드, 아메드, 하산)가 이 책들을 차지하게 되었다. 도서관을 얻게 된 이 세 명의 수학자들은 가장 중요한 고대 서적들을 가져오기 위해 외국에서 큰 돈을 주고 개인 번역가들을 고용하기도 했다. 이렇게 해서 진정한 하나의 전문가 집단이 만들어졌다.

수의 신비

전체 역사의 관점에서 볼 때 극히 짧은 시간 동안에 아랍 문명은 엄청난 양의 지식과 전통 문화를 접목시킬 수 있게 되었다. 탈레스와 메네라오스 사이의 7세기보다 더 짧은 기간에 전 아랍 지역에 과학이 발전했던 것이다.

알렉산드리아에 프톨레마이오스가 있었다면, 바그다드에는 예술과 과학을 사랑하는 칼리프가 있었다. 프톨레마이오스학파가 천 년 전에 했던 것과 유사한 고대 서적에 대한 추적이 칼리프에 의해서 이루어졌다. 인도의 사절로부터 여러 서적들을 선물로 받았던 알 만수르 이후 『천일야화』의 주인공이었던 하룬 알 라시드, 그리고 그의 아들 알 마문과 같은 칼리프들에 의해서 이러한 작업이 계속 수행되었다. 그중에서도 특히 알 마문은 합리적인 칼리프로 유명했다. 아리스토텔레스의 신봉자이기도 했던 그는 보수적인 성향을 선호하지 않았으며, 집권 기간 내내 그러한 성향을 배척하려고 노력했다. 그 결과 그는 '지혜의 전당'의 참다운 정신으로 추앙받게 되었다.

여기에는 다음과 같은 유명한 일화가 전해진다. 자신의 군대가 비잔틴 제국에 승리를 거두었을 때, 알 마문은 전쟁 포로와 책을 교환하자고 제안해 비잔틴 제국의 왕을 놀라게 하기도 했다. 이 계약은 아랍인들에 의해 해방된 천여 명의 기독교 전사들이 콘스탄티노플로 돌아간 즉시 체결되었다. 그 대가로 비잔틴 도서관에 있던 가장 중요하고 희귀한 십여 권의 책들을 열렬한 환영 속에서 바그다드에 있는 '지혜의 전당'에 가져올 수 있었던 것이다.

진귀한 선물

다시 원정대 이야기로 돌아가자.

전리품 상자 속에 담겨 온 호화스러운 물품들 가운데 앞에서 지적했던 『시단타 *Siddhântha*』라는 제목이 붙은 아주 중요한 서적이 들어 있었다. 이 책은 브라마굽타가 1세기 전에 쓴 천문학 서적으로 많은 도표들을 포함하고 있는 책이었다. 이 책 속에는 보물이 숨겨져 있었다. 10개의 조그마한 도형들이 바로 그것들이었다. 즉 1, 2, 3……9까지의 아라비아 숫자가 그것들이다. 마지막에 발견된 숫자 '0'을 잊어서는 안 될 것이다.

물론 이 이야기에는 훨씬 더 지적이고, 현실적이며, 단순한 판본들도 존재한다. 그중 가장 신빙성이 있는 이야기는 앞에서 살펴보았듯이 '번역의 열기'에 사로잡혀 천문학과 수학을 포함하고 있는 인도 서적들이 다량으로 수입된 것이었다. 인도에서 바그다드로의 지식의 대이동, 이것이 바로 숫자의 장거리 여행의 첫 번째 단계에 해당되는 것이다.

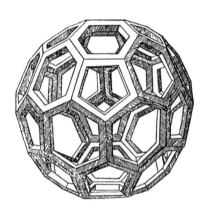

깎은 정20면체(아르키메데스 다면체). 준정32면체라고도 함(레오나르도 다 빈치의 그림으로 추정).

알 자브르와 대수학

예술은 빛이 되는 상흔이다.

_ 조르주 브라크 Georges Braque

아랍의 학자들이 인도의 명수 체계에 고마움을 표시하다

773년 혹은 776년경 칼리프의 밀사인 필사본 연구자들이나 전설적인 대상隊商들의 무리에 섞여 바그다드에 도착한 인도의 학자들은 『브라마스푸타 시단타 *Brahmasphuta Siddhânthâ*』라는 천문학 개론서를 가지고 돌아왔다. 628년 당시 겨우 30세에 불과했던 브라마굽타라는 천재적인 인도인에 의해 씌어진 이 저서의 제목은 말 그대로 '브라마의 수정된 체계'를 의미한다.

칼리프인 알 만수르 Al-Mansûr는 즉시 이슬람교도들이 천체와 계산에 대한 정확한 지식을 얻을 수 있도록 이 저서를 아랍어로 번역할 것을 명했다. 당시 이 책에는 『*Sinhind*』라는 제목이 붙여졌다. 또한 그는 이 저서의 번역 이후로도 아랍의 학자들이 십진법의 원리, 0, 다양한 계산법들, 그리고 인도 대수학의 원칙 등이 지닌 경이로움을 맛볼 수 있도록 또 다른 저서들의 집필을 명했다.

한 저명한 수학자의 초상화 : 알 쿠아리즈미

학자들 가운데에는 아부 자파르 무하마드 이븐 무사 알 쿠아리즈미Abu Jafar Muhammad ibn Musa Al-Khuwarizmi라는 수학자가 있었다. 쿠아리즈미라는 이름은 그리스인들이 코라스미아Khorasmia라고 불렀던, 아랄 해 남쪽에 위치한 코레즘Khorezm이라는 고대 페르시아 지역을 가리키는 이름이었다.

783년 코레즘의 키바Khiva에서 태어나 850년경 바그다드에서 사망한 알 쿠아리즈미는 당대 아랍어권, 그리고 일반적으로 아랍-이슬람 문명으로 일컬어지는 지역에서 가장 유명한 수학자 중 한 명이었다. 그는 칼리프인 알 마문의 궁정에서 생활했으며, 이미 앞 장에서 살펴보았던 '지혜의 전당'과 바그다드 과학아카데미에서 종사했던 수학자들과 천문학자들의 핵심 구성원 중 한 명이었다.

대수학(algèbre)이라는 용어의 고안

알 쿠아리즈미는 여러 권의 저서를 집필했다. 그중에서도 820년경에 펴낸 계산법의 소책자에는 자신이 인도 학자들의 저서들로부터 찾아낸 새로운 인도 숫자와 위치 명수법을 설명해 놓았다.

알 쿠아리즈미의 초상화.

인도식의 명수법을 두고 알 쿠아리즈미는 '가장 풍요롭고, 가장 빠르며, 이해하기 쉬운, 그래서 배우기 용이한 계산법'이라고 거듭 말하고 있다. 이븐 알 아다미Ibn Al-Adami라는 이름으로 보다 잘 알려진 천문학자 알 후세인 벤 무하마드Al-Hussein Ben Muhammad(900년경)는 이와 같은 사실을 충실하게 후대에 전해주고 있다.[34]

또한 알 쿠아리즈미는 대수학의 기초 방법론을 소개하는 『복원과 축소에 관한 책 *Hisab Al-jabr*

이스탄불에 있는 갈라타Galata 탑에 설치된 관측소에서 일하고 있는 천문학자들의 모습(16세기의 미니어처).

w'almuqabala』이라는 제목의 저서를 집필하였다.

방정식(디오판토스적)의 풀이는 두 가지의 기본 원칙을 갖는다. 하나의 방정식 항이 수식 기호의 변화와 더불어 다음과 같이 치환되는 것과,

$$A - X = B \text{ 이므로, } A = X + B \text{ 이다.}$$

피타고라스 정리의 아랍어 판 설명.

또한 다음과 같이 닮은꼴인 방정식 항들의 축소가 그것이다.

$$A + X = B + X \text{ 이므로, } A = B \text{ 이다.}$$

첫 번째 방식을 아랍어로 '알 자브르al-jabr' (복원 혹은 치환)라고 부르며, 두 번째 방식을 '알 무콰발라al-muqabala' (대조 혹은 축소)라고 부른다. 첫 번째 방정식을 지칭하는 '알 자브르'라는 용어로부터 방정식에 대한 계산법을 지칭하는 '대수학'이라는 용어가 유래되었다. 하지만 방정식에 대한 해법을 고안했던 것은 아랍의 수학자들이 아니었다. 그들은 디오판토스Diophante의 저서를 읽었으며, 게다가 그의 이론을 넘어서서 수의 연관 관계에 대한 연구에서 더욱 멀리 나아갔다. 하지만 그들은 여전히 다음의 세 가지 요소들, 즉 미지수의 개념, 방정식의 개념, 그리고 무엇보다도 적확한(특정한 사용을 위한) 상징들을 통해(그것이 지수知數이든 미지수未知數이든) 숫자들을 표상해내는 개념 등을 내용으로 하는 대수학을 완전히 고안해내지는 못했다. 디오판토스의 저서에서도 그러했듯이 특히 이 세 번째 요소가 빠져 있었으며, 이것은 훨씬 나중에 가서야 나타나게 된다.

인도-아라비아 수로 발전하게 되는 인도의 명수법과 수들이 수학 분야에 소개되었던 것은 바로 알 쿠아리즈미의 저작들을 통해서였다.[35]

인도의 수 체계를 이용했으며, 그 보급에 기여했던 또 다른 두 권의 저서를 인용해보도록 하자. 아흐메드 이븐 이브라힘 알 우클리디시Ahmad ibn Ibrahim Al-Uqlidsi가 썼고 953년 다마스Damas에서 출간되었던 『인도 수학에 대한 이야기 책 Kitab al-fusul fi al-hisab al-hindi』과 960년경 출간되었던 『하자리의 인도 수학서 Kitab al-hajari fi al-hisab』가 그것들이다.

어원학적인 관점에서 'al-jabar'라는 말은 '뼈를 맞추는 의사' 즉 '접골사'를 가리킨다. 또한 성경에서 '야곱과 천사와의 씨름'으로 잘 알려진 에피소드 이후, 야곱이 절름발이가 되었으며, 이 절뚝거림이 고쳐지지 않았다는 사실은 흥미롭다.

후세에 전해진 이름

당대에 이미 매우 유명했고 또한 많은 칭송을 받았던 알 쿠아리즈미의 저서는 라틴어로 번역되었고, 이때 그의 이름은 알코아리스미Alchoarismi로 소개되었다. 그 이후 그의 이름은 알고리스미Algorismi, 알고리스무스Algorismus 등을 거쳐 마침내 알고리듬Algorithme, 그리고 알고리즘Algorisme으로까지 변화하게 되었다.

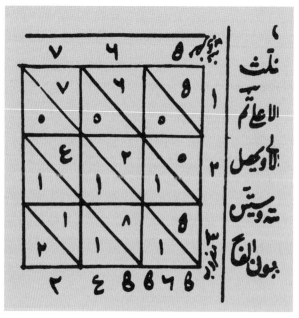

아랍어로 된 방정식과 그 연산. 12세기 아랍 문헌에서 발췌된 것으로 현재 뮌헨의 바이에른 주州 도서관에 소장되어 있다.

알 쿠아리즈미의 이름은 또한 오늘날과 같은 의미가 고정되기 이전까지 아홉 개의 숫자들과 0으로 구축된 수 체계인 인도 계산법과 동의어로 사용되기도 했다. 즉, '알고리듬'은 여러 다른 양상들을 갖고 있는 하나의 방법이기 때문에, 하나의 결과를 도출해내기까지는 그것이 수학이든 다른 것이든 간에 문제를 해결해 나가는 절차를 조심스럽게 따라야만 하는 것이다.

'구바르' 숫자로 된 6의 변이체.

'구바르' 숫자로 된 7의 변이체.

인도 숫자에서 '인도-아라비아' 숫자로

아무 것도 동요시키지 않기 위해 이 땅에 온 것은 고려할 가치도 인내할 가치도 없다.

_ 르네 샤르René Char

이제 문자와 숫자들의 표기상의 변천을 재검토해보자. 구체적으로 아랍인들이 수용한 이래로 어떻게 (인도의) 수들이 아랍 표기법의 두 가지 변용에 따라 상이한 형태들을 취하게 되었는지를 살펴볼 것이다. 그 과정에서 이른바 '구바르 숫자'로 일컬어지는 '동양의 인도-아라비아' 숫자 그리고 '힌디 숫자' '서양의 인도-아라비아' 숫자 등을 살펴볼 것이며, 이어서 이러한 용어들의 의미를 설명하게 될 것이다.

'동양의 인도-아라비아' 숫자들의 형태

힌디 숫자들

스미스와 긴스버그가 『수와 숫자들 *Numbers and Numerals*』에서 보여준 바와 같이, 초기에 아랍인들로부터 물려받은 수들은 몇 가지 변용과 그 본래적인 형태인 나가리 문자로 된 아홉 개의 숫자들을 간직하고 있었다.[36]

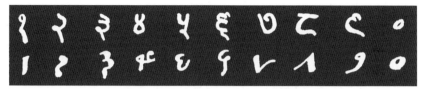

나가리 숫자들과 이른바 '힌디' 숫자라고 지칭되는 동양 아랍 숫자들의 초기 이행 형태(르누와 필리오자의 책 참조).

숫자들의 90도 회전

그 이후 이 숫자들의 형태는 표기상의 기술적인 이유로 말미암아 90도 회전하는 방식으로 진화해 나갔다.

따라서 우리는 다음의 형태들에서 동양의 이슬람 국가들에서 인도 숫자들의 서체가 회전하고 진화하는 것을 확인할 수 있다.

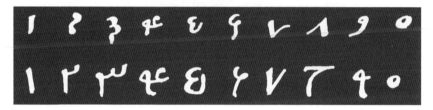

글자의 회전은 특히 숫자 3에서 두드러지게 나타난다.

$$3 \longrightarrow \text{س}$$

가령, 페니키아와 그리스의 문자의 변화 과정에서 볼 수 있는 것처럼, 문자들이 다음에 제시된 알파벳 'E'에서와 같이 회전을 하고 있다는 점은 흥미로운 일이다.

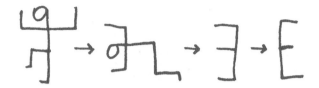

이미 13세기에 정착되어 공식적인 것이 된 것으로 보이는 표기에 따르면, 인도의 숫자들은 다음과 같은 형태로 동양의 아랍권 국가들 사이에서 나타나고 있다.

١ ٢ ٣ ٤ ٥ ٦ ٧ ٨ ٩ ٠

동양 아라비아 숫자.

게다가 아랍의 현자들에 의해 아라카미야 알 힌디araqamiya al-hindi(인도의 숫자들)라 불린, 인도에서 비롯된 아홉 개의 숫자들이 아랍-이슬람 세계의 동쪽 지역 전역에 전파되었던 것도 바로 이러한 형태를 통해서였다.

또한 이러한 '인도-아라비아' 숫자들은 오늘날에도 여전히 이란, 파키스탄, 아프가니스탄 및 심지어 인도 내 이슬람 지역에서도 사용되고 있다. 이와 마찬가지로 이러한 현상은 아랍-페르시아만에 근접한 모든 국가들, 가령 수단, 시리아, 이라크, 이집트, 이스라엘(히브리어 이후에도 아랍어는 존재했었기 때문에, 아랍어는 제2의 국가 공식어이다) 등지에서도 찾아볼 수 있다.

주목할 점

이러한 숫자 기호들의 진화 과정에서 0은 여전히 동그라미의 형태와 점의 형태 사이에서 어느 하나로 정해지지 않고 있었다. 그러나 최종적으로는 점의 형태로 정착되었다. 샤크라châkrâ에 대한 빈두bindu의 승리! 생각해 볼 문제이다!

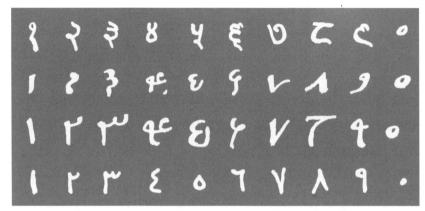

인도 숫자가 힌디 형태의 인도-아라비아 숫자로 변해가는 과정(르누와 필리오자의 책 참조).

게다가 동양의 표기 체계에서 작은 동그라미는 종종 거꾸로 뒤집힌 하트 모양
의 기호로 표기되는 숫자 '5'를 표기하는 데 사용되고 있다.

동양 아랍 숫자로 표기된 1955년 1월 31일(메닝거의 책, 413쪽).

'서양의 인도-아라비아' 숫자들

구바르 또는 구바리(ghubari) 숫자들

'동양의 인도-아라비아' 숫자들과 더불어 마그렙[역1]국가들과 스페인의 이슬
람 지역에는 인도의 숫자들로부터 직접적으로 파생된, 사촌뻘 되는 동양의 숫
자들과는 다른 형태들인 서양의 인도-아라비아 숫자들이 있었다(아랍권에서 '마
그렙'이라는 말은 서쪽, 즉 서양 세계를 의미한다).

ﺍ ﻉ ﺝ ﺹ ﻉ 4 6 7 8 9 0

보엡케의 책에서 볼 수 있는 '구바르' 숫자들.

이러한 '서양의 인도-아라비아' 숫자들은 아랍어로 '아르카미야 알-구바르' Arqamiya al-ghubar' (구바르gubar 또는 고바르gobar)라고 일컬어진다. 이것은 '가루 같은 숫자(chiffres de poussière)'라는 뜻이다. 이와 같은 표현은 글씨를 썼다 지우고, 또 다시 다른 셈을 할 수 있도록 모래나 가루로 덮을 수 있는 계산기로 이용된 서판書板을 빗댄 말이다.[37]

인도에서 마그렙까지, 과연 어디를 통해……

메닝거가 지적하고 있는 것과 같이 인도의 계산법들은 서양의 이슬람-아랍 지역들에도 전해졌다. 이것은 인도 학자들과의 접촉이나 동양 아랍의 학자들과 서양 아랍의 학자들 사이에서 책들이 유통됨으로써 가능했다. 또한 상인들의 교역 역시 중요한 역할을 담당했다. 그들은 인도의 계산법에 정통했을 뿐만 아니라, 다양한 언어에 대한 지식을 가짐으로써 다양한 문화권 사이를 넘나드는

수의 신비

무리지어 움직이는 동양 상인들의 모습.

매개자의 역할을 수행했다. 이것은 우리의 논의 대상인 인도와 마그렙의 경우에서도 마찬가지이다.[38]

아랍어 표기와 인도-아라비아 숫자 표기 사이의 관계

방금 지적한 바와 같이 힌디 숫자들과 구바르 숫자들은 모두 인도의 숫자들에서 비롯되었다. 해당 분야의 연구자들은 그 변이체들이 아랍의 표기 자체가 지닌 다양한 글자체의 결과인 셈이며, 이것은 각 지역 필사가들이 사용한 상이한 장비와 기술에 깊이 관련되어 있다고 본다.[39]

언어, 문자, 그리고 종교

아랍어 문자를 다룬 장의 도입부에서 페브리에는 "아랍어, 아랍어의 문자, 그리고 이슬람이라는 종교를 매우 조심스럽게 구분할 필요가 있다."고 강조하고 있다.[40] 페브리에는 "기초적인 개념들을 상기할 것"을 요구하고 있으나, 그럼에도 그가 말한 개념들은 매우 중요한 것이다. 왜냐하면 이와 같은 기초적인 개념들이야말로 최악의 혼동을 피할 수 있게 해주기 때문이다.

우리는 이러한 구별을 가령 "아랍어가 종종 고대 시리아어 알파벳이나 히브리어 알파벳으로 표기되었다."든지, "아랍어 문자는 아랍어가 아닌 언어들뿐만 아니라 심지어 셈족어[역2]가 아닌 언어들을 표기하는 데도 사용되었거나 혹은 여전히 사용되고 있다."든지, "그리하여 이슬람 종교는 아랍 세계 몇몇 일부 지역에만 불완전하게 침투되었지만, 그 대신 아랍 세계의 경계를 매우 광범위하게 벗어나 있었다."는 등의 예를 들어 설명할 수 있다.[41]

아랍어로 발견된 가장 오래된 비문

이와 같은 지적을 통해 우리는 지금까지 발견된 것 중에서 아랍어로 된 가장

'구바르' 숫자로 된 8의 변이체들.

오래된 비문의 연대가 328년이며, 엔 네마라En-Nemara 지역의 드루즈druze족 국가들로 구성된 시리아 근처에서 발견되었다는 사실을 보다 정확하게 알 수 있다. 이 비문은 그때까지도 아랍어 활자가 아닌 나바테 활자로 되어 있었다. 폴 마리 그린발트Paul Marie Grinevald는 이것을 자신이 쓴 국립인쇄소 안내서에서 이렇게 설명하고 있다. "홍해 북쪽의 도시 페트라Pétra를 둘러싸고 있는 영토를 경계로 하는 나바테 왕조는 점차 팔레스티나 동쪽 지역을 다마스쿠스에 합병시켰고, 메디나Médine 남부에까지 영토를 확장했다. 나바테의 언어는 아람어였으며, 그 문자는 고리 모양, 원, 수결手決 등으로 장식되었던 아람어 문자의 변형체였다." 또한 "한편으로는 극동과 남부 아라비아반도를, 다른 한편으로는 극동과 지중해 지역을 연결짓는 매개자인 나바테 왕국의 중요성은 아라비아반도 내의 고대 로마 지역이 형성된 시기인 기원 후 106년까지 거의 3세기 동안 지속된 이 나라의 정치적 힘에 있었다. 이러한 변화는 민중들의 문자로 존속되어 왔던 나바테 문자의 소멸을 초래하지 않았고, 사실상 시리아 사막의 몇몇 아랍부족들은 자신들의 언어를 옮겨 적기 위해 나바테 문자를 사용했었다." 이것이 바로 엔 네마라 비문이 발견된 연유를 설명하고 있다. 이 비문은 "어떻게 나바테어의 보편적인 형태뿐만 아니라 문자들의 연관 규칙들도 지니고 있었던 아람어 문자가 나바테어의 형태들로부터 비롯되었는지"를 보여주고 있다.

아랍어 문자의 진화

아랍어 문자는 서로를 연결짓는 많은 수의 문자들을 이용해 히브리어처럼 오른쪽에서 왼쪽으로 기록한다. 가장 완벽한 형태의 아랍어는 28개의 문자들, 즉 25개의 자음과 3개의 반모음으로 구성되어 있다.

모음들은 발성법의 부재와 몇몇 문자들에서 나타나는 중복 현상 때문에 자음들의 위나 아래에 놓여진 부호를 통해 표시된다. 이러한 부호들은 코란 경전과 학문적이고 교육적인 저작물에서는 늘 표기되지만, 일상어에서는 표기되지 않는다. 또한 동일한 형태의 문자들을 구별하기 위한 철자 부호들이 있다. 특히 히브리어로 된 경전인 토라Tora에는 구두점을 찍어서는 안 된다는 사실을 기억해야 한다. 아마도 이러한 차이점은 마치 동일한 단어를 다른 모음들과 함께 읽

텍스트

필사

TY NPŠ MR°LQYŠ BR °MRW MLK °L°RB KLH DW °SR°LTG
WMLK °L°SDYN W NZRW WMLWKHM WHRB MḤGW °KDY WG°
BZGV PY ḤBG NGRN MDYNT ŠMR WMLK M°DW WBNN BNYH
°LŠ°WB WWKLHN PRŠW LRWM PLM YBL° MLK MBL°H
°KRY HLK ŠNT 223 YWM 7 BKŠLWL BLŠ°D DW WLDH

번역

Ceci est le tombeau de Imroulqaïs, fils de Amru, roi de tous les Arabes, qui a porté la couronne et a régné sur les deux Asad et sur Nizâr et sur leurs rois; qui a mis en fuite Maḥagg(?) avec puissance(?) et a remporté le succès(?) au siège de Negran, ville de Shammar et a placé ses fils Ma°add et Bannân(?) comme rois sur les tribus et les a organisées comme cavaliers pour Rome. Aucun roi n'a atteint ce qu'il a atteint en puissance(?). Il est mort en l'année 223, le 7 kisloul. Heureux celui qui l'a enfanté!

엔네마라 비문(328). 뒤소R. Dussaud와 마클레르F. Macler, 『고고학 잡지 *Revue d'archéologie*』, 1902. 페브리에의 책, 264쪽에서 재인용.

수의 신비

을 수 있는 자유, 혹은 미드라쉬,[역3] 탈무드, 카발라 등의 토대가 되는 치환과 아나그램이 보여주는 유희의 가능성 등과 같은 해석상의 태도의 차이로부터 유래한다.

아랍의 문자들은 6세기에 이르러서야 비로소 그 결정적인 형태를 뚜렷이 드러내게 된다. 이슬람교의 출현 이래로(헤지라 또는 이슬람 기원의 기점으로 삼는 622년) 문자는 여러 개의 상이한 형태로 진화해 나갔다. 그중에서도 가장 중요하고 널리 통용된 것이 쿠파le coufique 문자, 나스키naskhî 문자, 마그리비maghribi 문자이다.

1) 쿠파 문자는 유프라테스 강 유역의 쿠파Koufa라는 도시('Kufa' 또는 'Coufa'로 표기되는 이 도시는 638년에 건립되었다)의 필사가들에게서 유래한 문자이다. 이 문자는 오늘날까지도 지켜져 내려오는 성스럽고 종교적인 특징을 지니고 있다. 왜냐하면 이 문자는 종교적·법률적인 성격을 띤 텍스트들의 작성, 묘비명과 이슬람 사원의 내부와 외부에 씌어지는 비문들을 위해서 이슬람의 역사가 태동하였던 초반 몇 세기 동안에 걸쳐 사용되었기 때문이다. 쿠파 문자는 때로는 돌로 지어진 건조물 위에 끌로 조각되기도 하고, 또 때로는 나무나 동판에 뾰족한 물건으로 새겨지기도 했다. 그렇기 때문에 이 문자는 각이 지고, 딱딱한 형태를 띠고 있다.

헤지라 초반 몇 세기에 나타난 것으로 추정되는, 지금까지 전해지는 거의 모든 코란 경전들은 쿠파 문자로 작성되었다. 이 문자는 갈수록 아라베스크 장식,[역4] 수많은 연결사들,[역5] 기이하게 헝클어진 글자 형태, 글자들을 거의 읽기 어렵게 만드는 장식들로 인해 점점 더 복잡한 형태를 띠게 되었다. 이처럼 쿠파 문자는 세로획들[역6]이 서로 얽혀져 짜여 있기 때문에 장식 혹은 '신탁信託' 문자라고 불린다. 쿠파 문자는 표제어나 텍스트 혹은 기념비들의 윤곽선을 장식하기 위한

터키의 코나에 있는 13세기에 지어진 에르
주름 치프테 마나렐리 회교 사원의 문 장식
의 세부 모양.

일종의 대형 장식 문자와 같은 순수한 장식 형태로 급격히 변해가게 되었다. 나
아가 모리츠B. Moritz는 이와 같은 쿠파 문자를 기념 문자 혹은 승용僧用 문자[역7](신
관 문자神官文字)로 명명하기도 했다.[42]

　이러한 쿠파 문자의 특징은 높은 곳, 즉 신에게 닿으려는 시각적 인상을 준다
는 데 있다. 따라서 그 형태는 마치 수많은 가옥과 사원의 지붕들이 있는 도시,
즉 쿠파의 이미지를 연상시킨다. 대부분의 문자들은 전체적으로 아래쪽 지지대
역할을 하는 선 바로 위에 위치해 있다.

　2) 쿠파 문자와 이웃한 또 하나의 문자는 나스키 혹은 나스크naskh('필경사의 문
자'라는 뜻) 문자로, 헤지라력 22년 이래로 사용되었다는 것이 일찍부터 입증되
었다. 이 문자는 훨씬 더 많이 휘갈겨 씌어지며, 더욱 둥근 형태를 취하고 있다.
하지만 사용하기에는 더 간편했을(나스키 문자는 뾰족하게 자른 갈대 또는
'calame'[역8]와 진한 잉크로 파피루스 위에 씌어졌다) 이 문자는 오늘날에도 아랍 문
화권 전반에 걸쳐 사용되고 있으며, 특히 동부 지역에서 주로 통용되고 있다. 이
러한 나스키 문자는 쿠파 문자보다도 훨씬 둥근 형태를 지니고 있음에도 여전

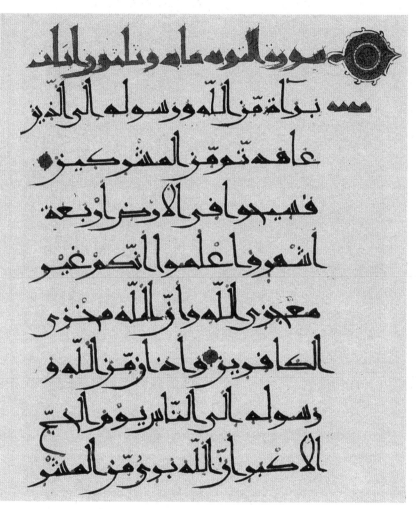

동양 쿠파 문자(6~12세기, 페르시아). 더블린 소재 체스터 비티Chester Beatty 도서관에 소장된 필사본.

أَشْهَدْ بِأَنَّنَا مُسْلِمُونَ ۞ إِذْ قَالَ الْحَوَارِيُّونَ يَا عِيسَى ابْنَ

مَرْيَمَ هَلْ يَسْتَطِيعُ رَبُّكَ أَن يُنَزِّلَ عَلَيْنَا مَائِدَةً مِّنَ السَّمَاءِ

قَالَ اتَّقُوا اللَّهَ إِن كُنتُم مُّؤْمِنِينَ ۞ قَالُوا نُرِيدُ أَن نَّأْكُلَ مِنْهَا

وَتَطْمَئِنَّ قُلُوبُنَا وَنَعْلَمَ أَن قَدْ صَدَقْتَنَا وَنَكُونَ عَلَيْهَا مِنَ

الشَّاهِدِينَ ۞ قَالَ عِيسَى ابْنُ مَرْيَمَ اللَّهُمَّ رَبَّنَا أَنزِلْ

عَلَيْنَا مَائِدَةً مِّنَ السَّمَاءِ تَكُونُ لَنَا عِيدًا لِّأَوَّلِنَا وَآخِرِنَا وَ

آيَةً مِّنكَ وَارْزُقْنَا وَأَنتَ خَيْرُ الرَّازِقِينَ ۞ قَالَ اللَّهُ إِنِّي

مُنَزِّلُهَا عَلَيْكُمْ فَمَن يَكْفُرْ بَعْدُ مِنكُمْ فَإِنِّي أُعَذِّبُهُ عَذَابًا

لَّا أُعَذِّبُهُ أَحَدًا مِّنَ الْعَالَمِينَ ۞ وَإِذْ قَالَ اللَّهُ يَا عِيسَى ابْنَ مَرْيَمَ

أَأَنتَ قُلْتَ لِلنَّاسِ اتَّخِذُونِي وَأُمِّيَ إِلَٰهَيْنِ مِن دُونِ اللَّهِ

قَالَ سُبْحَانَكَ مَا يَكُونُ لِي أَنْ أَقُولَ مَا لَيْسَ لِي بِحَقٍّ إِن كُنتُ

قُلْتُهُ فَقَدْ عَلِمْتَهُ تَعْلَمُ مَا فِي نَفْسِي وَلَا أَعْلَمُ مَا فِي نَفْسِكَ

아흐마드 나이리지Ahmad Nayrizi가 붓으로 쓴 나스키 문자(1126~1714, 페르시아). 마샤드 쉬린Mashhad Shrine 도서관에 소장된 필사본.

히 아래쪽 지지선에 의해 지탱되고 있다. 또한 그 전체 내에 위치하고 있는 글자들은 이 지지선을 기반으로 위쪽을 향해 펼쳐지고 있다.

3) 앞의 두 문자로부터 중세 스페인의 여러 지역들에서 통용되었던 제3의 문자가 유래하게 된다. 우리는 마그렙(아프리카 북서부 지역) 특히 모로코를 중심으로 주로 사용되었으며, 오늘날까지도 진화한 형태로 남아있는 이 문자를 일컬어 '마그리비' 또는 마그렙 아라비아 문자 또는 아프리카 마그렙 문자라고 부른다. 그린발트가 쓴 국립인쇄소 안내서에는 "마그리비 문자는 아주 고풍스런 면모로 인해 철자 부호점을 갖춘 초서 형태의 신新 쿠파 문자의 위상을 갖는다."고 지적하고 있다. 그는 또한 "위로 솟구치는 형태를 하고 있는 글자들이 왼쪽 편으로 둥근 곡선 형태를 이루고 있어(페르시아어는 반대로 오른쪽을 향해 올라간다) 종종 몇몇 글자들의 아래로 쳐진 부분들이 다른 글자들 바로 위로 우아하게 늘어지고 있다."고도 기술하고 있다.

아랍어 문자에서 '인도-아라비아' 숫자들로

이제 아랍어 문자들과 소위 '아라비아' 숫자, 혹은 더 정확히 말해 '인도-아라비아' 숫자들 사이의 계통을 설명할 수 있게 되었다. 수학, 역사 및 고문서학 연구자들은 각 지역의 문자와 숫자 형태들을 서로 비교함으로써 동양의 아라비아 또는 힌디 숫자들이 나스키 초서체 활자의 규칙들을 따르고 있다는 결론에 도달하게 되었다. 반대로 구바르 숫자들은 그 필체와 형태, 그리고 선에 있어서 쿠파 문자로 된 아랍어 철자들에서 볼 수 있는 곡선, 세로획, 각도와 유사한 점을 보여주고 있다.[43]

서양식 장식용 쿠파 문자를 첫 번째 줄에 표기하고 있는 마그리비어로 된 필사본(975~1568). 런던의 브리티쉬 도서관 소장.

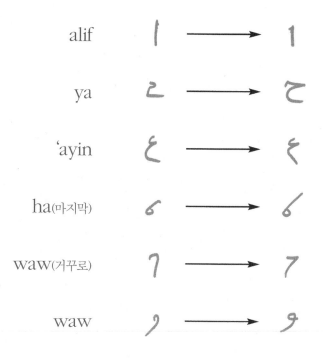

alif		
ya		
'ayin		
ha(마지막)		
waw(거꾸로)		
waw		

마그리비 문자와 구바르 숫자 사이의 대비.

구바르 문자에서 기독교 세계의 서양 숫자들로

우리는 이제야 비로소 숫자들의 대장정의 마지막 단계에 이르렀다. 숫자들이 이슬람 세계와 기독교 세계 사이에서 스페인이 담당했던 경계 역할을 통해 서구 기독교 세계에 도달하게 된 것은 바로 구바르 문자의 형태를 통해서였다. 뒤 이어서는 바로 이 단계에 대해 자세히 살펴보게 될 것이다.

제 3 장

인도 – 아라비아 숫자는 어떻게
기독교가 지배하는 서구에 도달했는가

제르베르 도리약크, 숫자의 교황

십자군 원정의 중요성

피보나치와 『산반서』

숫자와 인쇄술

제르베르 도리약크(938~1003)의 초상화.

제르베르 도리약크, 숫자의 교황

시인은 가해자보다 더 강하다.

_ 에리 데 루카Erri de Luca

수의 신비

놀라운 중세!

드디어 중세로 접어들었다. 이 기간에 이루어진 과학적 지식은 아주 보잘 것 없는 것이었다.

이 시기에 엘리트에게 행해진 교육은 우선 읽기와 쓰기를 가르치는 것에 중점을 두고 있었다. 그 다음으로 문법, 수사학, 변증법이라는 기본적인 세 과목을 가르치는 '트리비움trivium'이 있었다. 그리고 나서 공부를 계속하는 학생들을 위해 산술, 기하학, 천문학, 음악으로 구성된 '카드리비움quadrivium'이 개설되었다. 이 일곱 개의 학문 분야는 당시 '일곱 개의 자유 예술(sept arts libéraux)'이라고 일컬어진 분야를 구성했다. 여기서 '산술'이라는 말은 그 실제 내용에 비해 고상하게 들린다. 왜냐하면 이 당시의 '산술'이란 조약돌이나 서구인들이 로마인들에게서 물려받았던 '아바쿠스abacus', 즉 '계산판'의 알을 이용해 셈과 연산을 배우는 정도였기 때문이다.[44] '산술'은 또한 735년에 세상을 떠난 베드 르 베네라블Bède le Vénérable'에 의해 정착된 손가락을 이용한(손가락을 가지고서, 그리고 손가락 위에다) 셈의 기술을 포함하고 있기도 했다.[45]

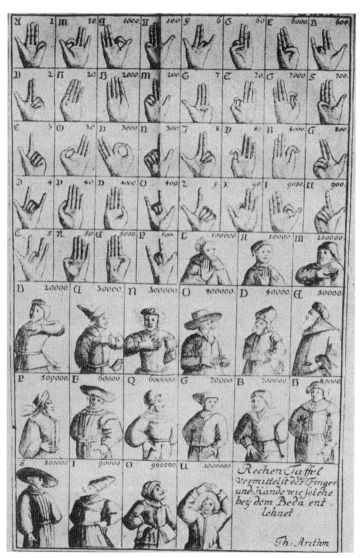

자콥 뢰폴드Jacob Leupold, 『산술-기하학 극장 *Theatrum Arithmetico-Geometricum*』, 1727.

인도-아라비아 숫자는 어떻게 기독교가 지배하는 서구에 도달했는가

요컨대 중세에는 산술에 대한 지식, 계산과 셈의 기술은 그렇게 널리 퍼져 있지 않았으며, 아주 낮은 수준에 머물러 있었다. 산술이 비약적으로 발전하기 위해서는 후일 교황 실베스트르 II세가 된 제르베르 도리야크에 의해 이루어진 혁명을 기다려야만 했다. 이러한 비약은 인도의 위치 명수법과 1, 2, 3, 4, 5, 6, 7, 8, 9라는 숫자의 전승을 통해 이루어졌다.

새로운 교황이 추대되다 : 제르베르 도리야크

뤼시앵 제라르댕Lucien Gérardin은 "천재의 놀라운 운명!"이라는 표현을 사용하고 있다. 그러면서 다음과 같은 이야기를 들려주고 있다.

"오베르뉴 지방 출신인 한 젊은 양치기의 놀랄 만한 지능이 도리야크 수사修士의 관심을 끌었다. 938년에 태어난 제르베르 도리야크는 성 제로 수도원의 수련 수도사였다. 그는 그곳에서 전수되는 모든 것을 배웠다. 그 이후 그의 상관은 그를 카탈루냐에 있는 비쉬 수도원으로 보냈다.

스페인 교구의 주교인 하톤Hatton은 수학과 천문학에 열중하고 있었다. 그는 젊은 제르베르의 재주와 재능을 높이 평가했으며, 그를 자신의 비서로 삼았다. 그는 그에게 명수 체계뿐만 아니라 인도에서 건너온 셈법도 가르쳤다. 분명 주교 자신은 이 셈법을 이슬람의 지배를 받았던 스페인을 방문했을 때 배웠던 것이다."

(이 이야기의 다른 판본에 의하면 제르베르 도리야크는 인도-아라비아 셈법을 익히기 위해 본인이 직접 세빌리아, 페스, 코르도바 등을 여행했으며, 이슬람 학자로 변장하고서 여러 아랍계 대학에 출입하기도 했다.) [46]

주교는 965년에 제르베르를 로마로 데리고 갔다. 그곳에서 제르베르는 훌륭한 수학자가 되었을 뿐만 아니라 노련한 술책가가 되었다. 기독교의 수도였던 그곳에서 그는 강한 힘을 가진 친구들을 사귀었고, 또 정치에 관여하면서 위그 카페의 왕위 등극을 돕기도 했다. 제라르댕은 이렇게 적고 있다. "이 두 가지 엇 비슷한 일로 인해 왕조는 이 옛 양치기를 프랑스의 도시 렝스Reims의 주교로 임명했다."

제르베르는 렝스를 잘 알았다. 왜냐하면 그곳에서 972년부터 987년까지 교구의 신학교를 운영했기 때문이었다. 그는 또한 이탈리아의 보비오 수도원의 원장을 지냈으며, 나중에는 교황 그레구아르 5세의 자문위원이 되기도 했다. 분명 자신의 능력과 재능보다는 친교 관계의 덕을 본 것이긴 했지만, 그는 계속해서 높은 직분을 맡게 되었으며, 라벤느의 주교가 된 이후 1000년을 바라보는 999년 4월 2일에 교황의 자리에 앉게 되었다. 그 이후 그는 63세의 나이로 1003년 5월 12일 세상을 떠났다.[47]

랭스에서건, 보비오에서건, 라벤느에서건 제르베르의 가르침은 당시 여러 학교에 중요한 영향을 끼쳤으며, 서구에서 수학의 부흥을 가져왔다.

중요한 사실은 기독교 세력권 하에 있던 서구에 '인도-아라비아' 숫자를 처음으로 도입한 장본인이 바로 제르베르 도리약크였다는 점이다! 그럼에도 놀랄 만한 사실은 그가 0의 존재도, 이 0이 가져왔을 숫자의 세계, 즉 위치에 따른 인도식 명수법도 받아들이지 않았다는 점이다!

물론 우리는 이와 같은 0의 부재가 갖는 의미와 인도식 명수법의 의미에 대해 모종의 판단을 내리는 데 주저할 수도 있다. 제르베르가 심사숙고한 결과였을까? 아니면 로마인들로부터 물려받은 고전적인 방법 속에 너무나 깊이 빠져 있던 당시의 시대적 압력의 결과였을까?

역사학자들에 의하면 당시의 분위기는 그처럼 혁명적인 변화를 받아들일 준비가 되어 있지 않았다. 수학, 특히 산수에 새로운 피를 수혈하고자 했던 강한 의지에도 불구하고 제르베르는 보수적인 사회의 우둔함, 즉 쉬운 계산법을 통한 셈법의 민주화로 인해 자신들의 특권을 잃을 것을 두려워했던 수학자들의 우둔함에 정면으로 부딪쳤던 것이다.

계산판(아바크)

제르베르는 자신이 주도하는 혁명이 점진적이고도 치밀하게 이루어져야 한다고 생각했다. 그는 새로운 사고방식과 새로운 계산 도구의 사용을 강요하는 것이 아니라 그저 제시했을 뿐이다. 그는 새로운 주판식 계산기구 모델을 고안했다. 그는 이 기구를 위해 '아피세스_{apices}'(오늘날 프랑스어로 'apicèsses'로 사용되는 말)로 불리며, 고전적인 로마식 기구를 더욱 간편하게 해주는 나무나 뿔로 된 주판알 위에 새겨진 9개의 인도-아라비아 숫자를 이용했다.

숫자와 수학의 역사에서 중요한 위치를 차지하고 있는 이 '아바크'라는 단어를 조금 더 자세히 살펴볼 필요가 있다. 원래 아바크는 모래나 미세 먼지가 뒤덮인 조그만 나무판을 가리켰다. 숫자는 날카로운 필기구로 쓰였고, 셈을 하면서 필요한 경우 손가락으로 지울 수 있었다. 이 모래판이 나무판으로 대치되었으며, 이 나무판 위에 수를 표시하고 계산을 가능케 하는 선에 따라 배치된 주판알이 놓여 있다. 이 '아바크'는 17세기 초까지 통용되었으며, 어떤 지역에서는 훨씬 더 나중까지 사용되었다.

제3의 아바크도 존재했었다. 이 기구에는 선이 새겨져 있으며, 구슬이나 조그마한 구형 물체가 굴러갈 수 있게끔 되어 있었다.

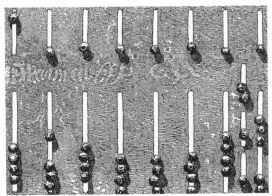

구리로 된 옛 주판. 영국박물관 소장.

'아바크'란 말의 어원에 대해서는 여전히 논란이 있으며, 여러 가지 해석이 제시되었다. 라틴어 '아바쿠스abacus'는 그리스어 '아박스abax'에서 파생되었으며, 이 그리스어는 아마도 '먼지'를 의미하는 히브리어 '아바크abaq'에서 유래한 것으로 보인다(가령 창세기 32장에서 야곱이 천사와 싸우는 에피소드를 볼 것). 스미스는 다른 어원을 제시하고 있다. '아바쿠스'는 그리스어 '아바시스abasis'(a+basis)에서 유래했을 수 있다는 것이다. 이 말은 '토대가 없는'이라는 뜻을 가지고 있으며 받침이 없는 나무판을 지칭한다. 또 다른 하나의 가능성은 'a, b, ax' 즉 '1, 2, ax'에서 유래했을 수도 있다는 것이다. 이것은 '1과 2의 가치를 지칭하는 것'을 의미한다. 따라서 숫자에서 이 말이 갖는 의미는 글자에서 '알파벳'이라는 말이 갖는 의미와 같은 것일 수 있다.

아피세스

근대 숫자의 '트로이의 목마'

중세 초에 로마의 셈법을 물려받았던 유럽의 수학자들은 아주 복잡한 주판알 시스템을 통한 자신들만의 셈법을 실행하고 있었다. 이 주판알들은 십진법의 여러 자리 수에 따라 선과 칸으로 나뉜 부분을 갖고 있는 나무판에서 이용되었다.

로마의 전통적 아바쿠스 모델에서는 각 칸마다 수의 단위에 해당하는 작은 구슬이나 주판알을 해당 수만큼 놓았다. 예를 들어 4를 표시하고자 한다면 1단위를 나타내는 칸에 4개의 주판알을 놓았다. 또한 30이라는 수를 표시하고자 한다면 10단위를 나타내는 칸에 3개의 주판알을 놓았다.

제르베르 도리약크는 주판알의 수를 간단하게 함으로써 고전적인 아바크의 불편함을 줄이는 획기적인 생각을 제시했다.

제르베르 도리약크는 한 자리수 값을 갖는 주판알을 없애는 대신 나무나 뿔로

쾨벨Köbel의 『계산판 Rechenbiechlin』 (Augsburg, 1514년)에서 발췌한 주판식 계산 기구.

수의 신비

된 단 하나의 주판알로 대치했으며, 이것을 미리 표시된 각 칸에다 위치시켰다. 그리고 그 위에다 스페인에서 체류할 때 익혔던 인도-아라비아의 아홉 개의 숫자를 적어 넣었다. 그러니까 이 '아바크'는 위치에 따른 인도 명수법에 따라 기능했던 것이다. 하지만 초창기 인도식 명수법에서 빈 칸에 의해 표기되었던 0을 나타내는 주판알은 아직 없는 상태였다.

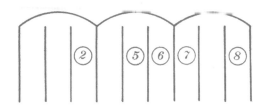

제르베르의 아바크 위에 표시된 2 056 708이라는 수. 이 '아바크'는 각 칸 위에 위치한 상부 현에 의해 쉽게 알아볼 수 있다.

사람들은 이 주판알들에 '아펙스apex' (단수)와 '아피세스apices' (복수)라는 이름을 부여했다.

각각의 숫자는 개별적인 이름을 부여받았으며, 이 이름의 기원은 라틴어, 아랍어, 그리고 그리스어의 혼합인 것으로 보인다.

(아랍어 발음 '4'는 '아르바스arbas', '8'은 '테메니아스temenias'. 라틴어 발음 '5'는 '키마스quimas'. 그리스어 발음 '2'는 '안드라스andras'. 메닝거는 '조그마한 조약돌'을 의미하는 그리스어 'pséphos'에서 파생된 '시포스sipos'라고 불리는 0의 존재를 소개하고 있다. 보통 다른 저자들은 '아피세스'에서 0이 존재한다는 사실을 말하지 않고 있다.) [48]

$$Igin = 1$$
$$Andras = 2$$
$$Ormis = 3$$
$$Arbas = 4$$
$$Quimas = 5$$
$$Caltis = 6$$
$$Zenis = 7$$
$$Temenias = 8$$
$$Celentis = 9$$

이처럼 획기적인 '아바크'의 사용으로 이루어진 수학 교육 덕택에 제르베르와 그의 제자들은 9개의 '인도-아라비아' 숫자와 새로운 위치에 따른 명수법 체계를 보급할 수 있게 되었다. 제르베르가 고안한 '아바크'는 수학자들의 저항과 그들이 옛날 방식으로 셈하는 습관을 극복하게끔 해주었으며, 이와 같은 의미에서 그것은 수학에 있어서의 진정한 '트로이의 목마'였다고 할 수 있다.

주목할 점

오랜 동안 '아피세스'에서 발견된 숫자의 형태는 '보에체Boèce의 아피세스'라는 이름을 부여받았다. 흔히 이 숫자를 만들어낸 장본인으로 서기 5세기 경의 라틴 수학자였던 아니시우스 만티우스 세베리누스 보에티우스Anicius Mantius Severinus Boetius(보에체)가 거론되었기 때문이다.

또한 이 숫자들이 칸으로 나뉜 '아바크'를 사용한 고대 그리스인들과 관계된 피타고라스학파의 발명품이라는 주장도 있다.

수의 신비

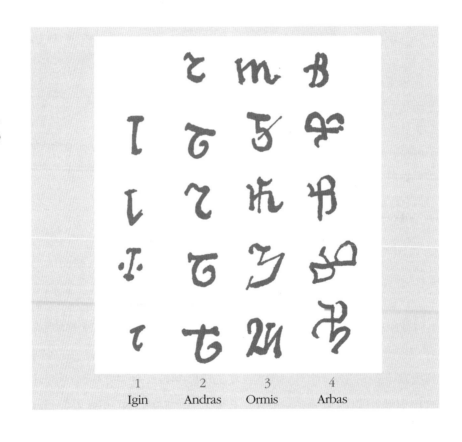

문자 형태의 영향

인도-아라비아 숫자 '구바르'를 계승한 이 '아피세스' 위에 새겨진 숫자들은 각 지방의 알파벳 스타일에 따라 다양한 형태를 취하고 있다. 서체적인 습관과 미적 기준에 따라 독창적 형태의 숫자들이 고안되었다. 모든 것은 아랍 세계에서처럼 이루어졌다. 아랍 세계의 서기와 필사자들은 바로 뒤에서 살펴보게 될 쿠파 문자, 즉 '나스키'와 '마그리비'에서처럼 아랍 문자 형태의 숫자를 채택했다.

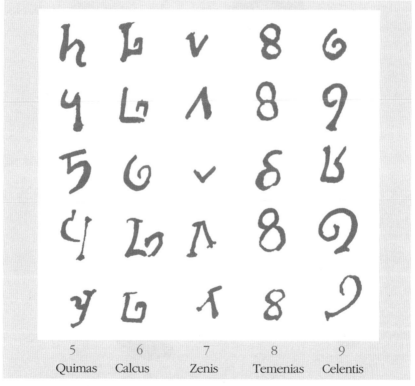

5	6	7	8	9
Quimas	Calcus	Zenis	Temenias	Celentis

아피세스. 여러 원고에 의한 표기. 인도와 아라비아 숫자가 혼합되어 있는 것을 알 수 있다. 서로 다른 계열에 속하는 숫자들의 모든 형태를 볼 수 있다. 『수학자들 Les Mathématiciens』, (Paris, Belin, 1966), 11쪽.

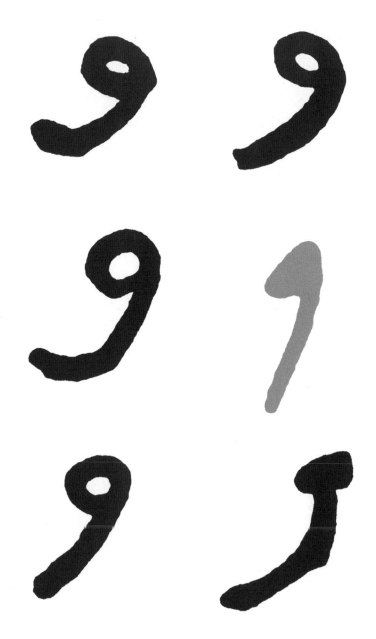

'구바르' 숫자로 된 9의 변이체들.

십자군 원정의 중요성

모든 사람들을 나의 형제로 만들어주는 다른 지방에 뜨는 같은 해여 축복받으라. 왜냐하면 하루의 같은 순간 모든 사람들은 나와 같이 그 태양을 보기 때문이다. 그리고 이 순수하고 차분하고 부드러운 순간에 모든 사람들은 비탄 속에서, 거의 느껴지지 않을 정도의 한숨을 쉬며 진정하고도 본원적인 '인간'에게로 되돌아간다. 태양이 뜨는 것을 바라보는, 아직 이 태양을 찬양하지 않은 그 사람에게로. 왜냐하면 이것은 자연스러운 일이기 때문에, 금과 신과 예술과 도덕 등을 찬양하는 것보다 더 자연스러운 일이기 때문이다.

_ 페르난도 페소아Fernando Pessoa

세 단계

역사적으로 보아 '인도-아라비아' 숫자가 유럽에 유입된 것은 다음과 같은 세 단계를 거쳐서 가능했다.

첫 번째 단계는 앞에서 살펴본 대로 제르베르와 숫자에 있어서의 '트로이의 목마'의 단계, 즉 '아바크'의 새로운 모델과 '아피세스'에 대한 새로운 지칭이라는, 부분적으로나마 성공을 거둔 혁명의 단계이다.

두 번째 단계는 '십자군 원정'이라는 인류 역사에 있어서 아주 중요한 사건과 일치한다.

조금 뒤에서 살펴보게 될 세 번째 단계는 라틴어로 된 그리스, 아랍, 인도 저서들의 번역과 피보나치Fibonacci의 저서들이 번역되는 단계에 해당한다.

예수의 무덤과 0

아랍 문화와 기독교 서구 문화가 만나고 섞였던 1000년이 되기 전의 두 세기 동안(아랍이 패권을 잡았던) 십자군 원정은 '스페인 시대' 이후 두 번째로 동·서양이 만나는 중요한 계기가 되었다.

십자군 원정은 전쟁이라는 의미를 넘어서 기독교 학자들과 아랍 학자들 사이의 사회적이고 지적인 만남을 만들고, 또 문화적 교류(분명 강제된)를 가능케 해 준 전혀 예기치 않았던 하나의 대사건이었다. 물론 이와 같은 문화적 교류를 통해 '인도-아라비아' 숫자와 위치 명수법(0과 함께)이 기독교가 지배하는 서구에 도입된 것도 사실이다.

또한 십자군 원정은 신학적인 면에서 볼 때도 경이적인 대변화의 계기였다. 기독교가 지배하는 서구의 숫자 발전의 과정을 들여다보면 뚜렷한 대립이 있었음을 알 수 있다. 역사학자들은 이와 같은 대립을 강한 보수주의적 경향을 가지고 있고, 하나의 사회 계층으로서의 특권을 보존하고자 하는 강한 의지를 가졌던 수학자들의 탓으로 돌리고 있다. 우리는 이미 앞에서 제르베르가 0을 제외한 9개의 숫자만을 도입했다는 사실을 강조한 바 있다.

여기에 새로운 명수법과 '빈 자리' 위에 세워진 '인도-아라비아' 숫자들에 대한 반대의 기원이 처음에 생각했던 것보다 훨씬 더 신학적이고 철학적일 수 있다는 사실을 덧붙일 수 있다.

간단히 말하자면, 그 시대는 충만함으로 특징지워지는 기독교 신학 즉 신이 '하늘과 땅을 가득 채우시는', 예를 들어 인도에서와는 달리 '공空'과 '무無'라는 개념이 들어설 자리가 전혀 없었던, 그러한 충만함의 신학이 유행하던 시대였다!

따라서 0은 사람들을 두려움에 떨게 했다! 당시에는 0에 대해 생각하고, 그것을 받아들인다는 것은 불가능했다. 정신적으로 그럴 만한 준비가 되어 있지 않았던 것이다.

그런데 그때 대부분의 연구자들이 알지도 못했고 또 공식화시키지도 못했던 하나의 현상이 발생하게 된다. 바로 십자군 전쟁이 야기시킨 0에 관계된 인식론적 중요성이다.

토비아스 단치히는 아주 훌륭한 텍스트의 한 부분을 보여주고 있다. 필자의 판단으로는 이 부분이 갖는 중요성은 아직 충분히 평가받지 못하고 있는 것 같다.[49] 그는 이 부분에서 수학자 칼 자코비Carl Jacobi(1804~1851)의 생각을 전하고 있다. 실제로 이 수학자는 『데카르트 서설 *Discours sur Descartes*』이라는 책에서 간단하게 '유럽의 르네상스'라는 이름으로 알려진 역사의 한 시대를 분석하고 있다.

자코비는 이렇게 쓰고 있다.

"마침내 희생자들의 유골 앞에서 기도를 하는 데 지친 기독교도들은 구원자의 무덤을 단체로 방문해 그 무덤이 비어 있다는 사실과 예수가 부활했다는 사실을 확인하기에 이르렀다. 그렇게 해서 인류는 죽음에서 깨어났던 것이다. 인류는 다시 활동을 재개했으며, 생활 전선으로 되돌아갔다. 예술과 학문 분야에서 뜨거운 활기가 되살아났다. 인간 공동체는 다시 활기를 띠기 시작했다. 시마뷔Cimabue는 활기를 잃었던 회화 예술을 다시 발견했으며, 단테는 시의 예술을 재발견하게 되었던 것이다. 이 시기에 아벨라르와 성 토마스 아퀴나스와 같은 용감한 정신을 가진 자들이 기독교에 아리스토텔레스로 대표되는 논리학을 도입할 생각을 품게 되었다. 바야흐로 스콜라 철학이 시작되었던 것이다.

결국 여명이 밝아왔고, 다시 안심을 한 인류는 자신의 헌신으로부터 어느 정도의 이득을 끌어내기로 결심했으며, 사유의 독립성에 기초한 자

콜란토니오Colantonio, 『예수의 무덤 주위에 있는 세 명의 마리아와 예수의 부활 *Les Trois Marie autour de la tombe et le résurrection du Christ*』(1470년경), 나무판에 그린 그림(40,6X24,1cm).

연과학을 확립하기로 마음먹게 되었다. 역사에서 이 순간이 바로 르네상스 또는 새로운 학문의 도약기라는 이름으로 불리는 순간이다."[50]

이 인용문에서 우리는 "예수의 무덤이 비어 있다."라는 표현, 즉 "그렇게 해서 인류는 죽음의 마비상태로부터 깨어났다."라는 훌륭한 논리적 인과관계로 연결되는 표현을 볼 수 있다.

분명 신학 텍스트들은 신자들로 하여금 '비어 있는 무덤'이라는 생각에 익숙해지도록 유도했다. 하지만 이 사실을 직접 체험하는 것, 체험한 이야기와 신앙의 텍스트를 일치시키는 것은 실존적이고 신학적인 시각으로 볼 때 혁명적인 충격을 가져다주었다. '비어 있는 무덤'은 공백의 발견, 그것을 받아들일 수 있는 가능성, 그리고 마침내는 공백이 존재한다는 생각 자체와 일치할 수 있었던 것이다.

공백은 계속 존재해 왔으며, 이제 더 이상 사람들에게 두려움을 주지 않게 되었다. 왜냐하면 이 개념은 체험을 통해 예수의 부활한 삶과 직접적으로 연결되었기 때문이었다. 그리고 만약 공백이 이처럼 가능하고, 생각할 수 있고 또 용인될 수 있다면 0의 개념 역시 그러할 것이며, 또 동시에 거기에 연결된 위치 명수법 역시 그러할 것이다!

바로 이 사건을 계기로 '인도-아라비아' 숫자들이 서구에 받아들여졌다. 특히 0과 동시에 인도에서 기원했던 계산법도 함께 받아들여졌다. 아바크 대신 펜을 들고 작업을 했던, 그리고 새로운 숫자를 쓰면서 작업을 했던 유럽의 새로운 수학자들은 이렇게 해서 빈 자리수를 표시하게 되었다. 그러니까 그들은 수의 표기와 계산 양 측면에서 오는 모든 혼동을 피하기 위해 0을 받아들였던 것이다. 실제로 아바크가 계산의 보조 기구인 한에서 0은 따로 필요하지 않았다. 아바크에서는 주판알을 없앤 칸이 0의 기능을 대신했기 때문이었다.

서구에서 14세기와 16세기 사이에 출현한 결정적인 형태를 갖기 이전의 근대 숫자.

'아바크 사용자들'과 '연산학자들' 사이의 논쟁

이 시기 이후에 '아바크'를 사용해 계산을 하는 것을 옹호하는 사람들과 새로운 명수법과 '인도-아라비아' 숫자들을 받아들인 사람들 사이에 상당한 논쟁이 있었다.

첫 번째 방식에 따라 계산을 하는 사람들을 '아바크 사용자들'로, 두 번째 방식에 따라 계산을 하는 사람들을 '연산자들'(알고리스트. 인도 숫자를 이용하고 발전시켰으며 전파시켰던 알 쿠아리즈미의 이름을 따라서 이러한 명칭이 부여되었다. 이 수학자에 대해서는 앞부분을 참고할 것)로 불렀다.

이 투쟁은 그 시대의 문화 담당자들에게 커다란 영향을 주었으며 이들의 모습은 꽤 많은 도상 그림에 나타나 있다.

아바크 사용자들과 연산학자들 사이의 논쟁. 그레고르 라이쉬|Gregor Reisch|의 『철학 헌장 *Margarita Philosophica*』(1503년)에서 발췌한 계산 장면.

16세기 산술 교과서에서 발췌. 이 원고는 베니스에서 가르쳤던 호노라투스Honoratus 수사의 한 제자의 작품이다.
페뇨의 책, 123쪽에 재수록.

피보나치와 『산반서』

아름다움이란 무엇이겠는가? 그 안에서 새롭고도 풍요로운 삶의 가능성이 발견되었을 때 자연을 가로지르는 이 특별한 기쁨의 반사를 알아차릴 수 있는 이미지가 아니라면?

_ 프리드리히 니체Friedrich Nietzsche

우리는 앞에서 서구 유럽으로 숫자가 유입되는 과정에서 세 단계, 즉 중요한 세 순간이 있다는 것을 보았다. 제르베르의 활동, 십자군 원정, 그리고 지금부터 살펴볼 번역 작업이 그것이다. 바로 이러한 지평 속에서 피사의 레오나르도 Léonard de Pise, 소위 피보나치라고 불리는 사람을 떠올리고 이야기해야 한다. 그의 번역서, 공식을 담고 있는 저서, 교육적 목적으로 씌어진 저서는 그 자체로 '인도-아라비아' 숫자와 인도 명수법 전파의 역사에서 아주 중요한 한 계기가 되고 있다.

'0'이라는 개념 역시 피보나치에게 빚지고 있는 것이다. 우리는 이 문제에 대해서도 한 부분을 할애하게 될 것이다.

번역의 시대, 대학의 창설(12~13세기)

서구 유럽으로 숫자가 유입되는 세 번째 단계는 번역을 통한 아랍 문화와의

대학에서의 수업(양피지로 된 14세
기의 축소물).
00이 서구에 도입될 시기에 세워진
대학들 : 1200년에 세워진 소르본
느, 1214년에 세워진 옥스퍼드,
1222년에 세워진 파도바, 1224년
에 세워진 나폴리, 1231년에 세워
진 캠브리지 등……

만남의 단계였다.

　이와 같은 재건(르네상스)의 첫 번째 요인은 전 유럽의 지식인들이 아랍어로 번역된 고대 그리스의 텍스트들과 원래 아랍어로 된 텍스트들을 라틴어로 번역하기 위해 모여들었던 것에서 찾아볼 수 있다. 앞에서 살펴본 바와 같이 제르베르 도리야크는 이슬람의 세력권에 있던 스페인을 방문했으며, 철학자 아델라르 드 바드Adélard de Bath는 지식에 대한 애착 때문에 이슬람교로 개종하기도 했다. 아랍어로 된 텍스트에 따르면 우리는 유클리드의 『원론』의 첫 번역을 아델라르 드 바드에게 빚지고 있다. 그는 또한 알 쿠아리즈미의 저서도 번역했다.

피보나치

　보나치오Bonaccio의 아들이자 피보나치라는 이름으로 불리는 피사의 레오나르도가 수학을 공부하게 된 것도 이와 같은 유럽 재건의 지적 분위기에서였다.

　1170년경에 태어난 그는 성 도미니크St. Dominique와 나이가 같았으며, 성 프랑수아 다시즈St. François d'Assise보다는 십 여세 위였다. 우리는 그가 수학에 입문한 초기 과정과 1202년에 완성된 그의 첫 번째 저서인 『산반서 Liber Abaci』에 이르는 초기 단계에 대해서 많은 자료를 가지고 있다.

이때는 살라딘Saladin과 사자의 심장을 가진 리차드Richard가 이름을 드높이던 시대였다. 이 용감한 기사들을 따라 피사, 제노바, 베네치아의 상인들이 영향력을 지중해와 흑해의 여러 항구들에까지 확장시켰다.[51]

위대한 교역 상인

피사의 상인 협회를 대신해 알제리에 있는 부지Bougie라는 도시의 세관사무소 일을 관장하고 있던 피보나치의 아버지는 소년 피보나치를 자기가 있는 도시로 불러들였다. 아버지는 아들에게 그곳에서 인도-아라비아 셈법에 대해 가장 훌륭한 강의를 듣게 했다. 이렇게 해서 피보나치는 수학에 입문하게 되었다. 피사 상인들의 협회를 대신해 직업적인 목적으로 자주 여행을 하면서 그는 이집트, 시리아, 프로방스, 그리스, 시칠리아 등에서 많은 수학자들을 만나게 되었다. 그는 아바크 사용자들과 연산학자들 사이의 논쟁이 진행되는 동안 어려운 수학 문제를 풀었으며, 유클리드의 『원론』을 심도 있게 공부했다. 그는 이 책을 항상 문체나 논리적인 엄격성의 모델로서 간주했다.

이처럼 피보나치는 수차례 여행을 하며 탔던 피사의 노예선의 흔들림 속에서 『산반서』, 즉 중세 수학의 지식을 총체적으로 모아 놓은 첫 번째 저작을 쓰게 되었던 것이다. 그가 세운 목표는 산수와 기하에서 자신이 알고 있는 모든 지식을 로마 시민들이 이용할 수 있게끔 하는 것이었다.

『산반서』는 수학에 있어서 새로운 '트로이의 목마'였다. 왜냐하면 제목에도 불구하고 이 책은 제르베르 학파와는 상관없이 연산술(정수학)을 완전히 갱신 했기 때문이다. 이 책은 처음으로 서양의 학자들을 위해 '인도-아라비아'의 9개 숫자, 0, 그리고 위치 명수법에 기초한 셈의 모든 규칙들을 라틴어로 설명하고 있다.

위대한 교육자

파치올리Luca Pacioli까지 3세기 동안 토스카나 학교의 교수들과 학생들은 이론과 셈이 잘 조화를 이룬 『산반서』로 수학을 배웠다. 피보나치는 심지어 이렇게 적고 있다. "나는 책에서 다루었던 거의 모든 문제들을 직접 증명했다."

이 책은 쉬운 책이 아니었고, 지금도 여전히 쉬운 책이 아니다. 피보나치는 계속해서 독자들에게 응용을 권하고 있다. 이와 같은 완전에 대한 욕망을 통해 그는 예외적인 수학자, 후세 사람들로부터 여전히 존경받고 있는 위대한 교육자가 되었던 것이다. 14세기에 안토니오 데 마징기Antonio de Mazzinghi는 이렇게 적고 있다. "오! 피사의 레오나르도! 연산술에서 이탈리아를 밝혀준 당신은 위대한 과학자였도다!"

피보나치의 두 번째 책의 출간 : 『실용기하학 *Pratica geometrie*』

마징기는 계속해서 적고 있다.

"1202년에서 1220년까지 피사의 레오나르도는 더 이상 집필을 하지 않았다. 이 20년은 유럽 문화와 역사에서 아주 중요한 시기였다. 1204년 콘스탄티노플을 점령한 후 제4차 십자군 원정대에서 축출당한 자들은 동로마 제국을 건설했으며, 그리스어로 씌어졌던 새로운 교과서들이 유럽에 들어왔다. 알비Albi를 점령하기 위해 떠났던 다른 십자군 원정대가 프랑스의 남부 지방을 쓸어버렸고, 이교도가 아닌 자들에게 신의 가호가 있기를 기도하면서 이 지역 주민들을 대량으로 학살했다. 파리에서는 아리스토텔레스의 저서를 읽는 것이 금지되었다. 이 금지를 어기게 되면 추방을 당할 위험에 처하게 되었다. 1212년에 스페인에서는 알모하드Almohades 왕조가 멸망했다. 2년 후 영국왕은 프랑스에서 자신의 영지를 잃게 되었고, 장 상 테르Jean sans Terre는 귀족들에게 대헌장(Grande Charte)을 양도해야만 했다. 철학자들이 이미 아리스토텔레스의 우주 모델에 따라 설명했던 해와 달, 별들을 성 프랑수아 다시즈는 종교적으로 설명했다. 바로 이 무렵에 이탈리아와 유럽의 역사에서 미래 서구의 황제인 프레데릭 드 수아브Frédéric de Souabe가 등장하게 된다. 조금 더 개방적인 정책을 폈던 그는 여러 나라에서 온 철학자들과 조국의 공중인들과 대법관들을 요직에 기용했다."

프레데릭 왕궁의 철학자들 가운데 한 명이자 친구였던 도미니쿠스 사제 (Maître Dominicus)의 개입이 없었더라면 피사의 레오나르도의 수학자로서의 활동은 아마도 한계가 있었을 것이다. 이들은 실제로 절친한 사이였다. 그 사제는 피보나치로 하여금 두 번째 저서인 『실용기하학』을 쓰게끔 했고, 또 몇 년 후에는 황제에게 그를 소개하기도 했다. 223쪽에 이르는 이 책은 1220년에 완성되었다. 책의 내용은 『산반서』보다는 덜 독창적이었고 덜 풍부했다. 하지만 이 책은 아주 예외적인 교육적 가치를 가진 자료로서의 모습을 보여주고 있으며, 이것은 근대 교육에서도 통용되었다. 피사의 레오나르도는 이론적으로 '미묘한 사항들'에 대해서 수학에 대해 열정적인 사람들뿐만 아니라 실제로 교육을 담당하는 이들에게도 유용하며 완벽한 자료를 제공하기를 원했다. 이 목표는 실제로 달성된 것으로 보인다.

『실용기하학』은 피사의 수학자인 피보나치가 프레데릭 데 수아브 왕에게 바친 간접적인 경의의 표시였다. 이 왕은 1220년 말에 26세의 나이로 황제의 관을 썼다. 프레데릭 2세는 게르만 황제들 가운데 가장 교양 있고, 가장 강한 군대를 가진 왕이었다. 『실용기하학』은 『산반서』와 마찬가지로 커다란 성공을 거두었으며, 파올로 다바코Paolo d'Abbaco에서부터 베네데토Benedetto와 루카 파치올리에 이르는 토스카나 학파의 교수들에게 있어서도 기초 자료가 되었다.

『실용기하학』이 한창 맹위를 떨치고 있을 때 이븐 알 아티르Ibn Al-Athir가 "세계가 창건된 이후 그와 같은 일은 보지 못했다."라고 표현했던 불행이 동양과 아랍 세계에 닥쳤다. 칭기즈칸은 코레즘Khorezm 지역(유명한 알 쿠아리즈미가 태어난

『산반서』의 여기에서부터 시작해 그 유명한 피보나치 수열에 이르는 토끼에 대한 문제가 제기된다. 피보나치의 수열은 1,1,2,3,5,8,13,21,34,55······ 등으로 이어졌는데, 이 수열에서 각 항(첫 번째 두 항을 제외하고)은 앞선 두 항의 합과 같다.

곳)의 군주국과 페르시아 지방을 점령했으며 2년 동안에 여러 세기 동안 이루어졌던 문화를 완전히 파괴시켜 버렸다.

마지막 출판 : 『제곱근의 책 *Liber Quadratorum*』

피보나치는 세 번째이자 마지막 저서인 『제곱근의 책』(1225)을 출간했다. 우리는 이 마지막 저서를 통해 레오나르도가 디오판토스의 여러 사유思惟를 알고 있었다는 사실을 알 수 있다. 그가 사라진 위대한 그리스 수학자의 위대한 저서(이 책은 르네상스에 와서야 다시 발견되었다)를 읽었기 때문이 아니라, 디오판토스의 책을 읽고 거기에 대해 주석을 더했던, 그리고 그를 뛰어넘었던 아랍 수학자들에 대해 알고 있었기 때문이었다.

피보나치와 0이라는 말의 기원

0에 할애된 부분에서 메닝거는 0이라는 이 기이한 창조물이 거쳐 온 과정을 설명하고 있다. 물론 이 0의 발명(근대적 형태와 기능)은 원래 인도인들에 의해 이루어졌던 것이다.

앞에서 살펴보았듯이 인도인들은 0을 '슈냐' '빈두' 또는 그 형태에 따라 '샤크라'라는 이름으로 불렀다.[52] 0뿐만 아니라 인도 숫자를 계승했던 아랍인들은 이 0을 '공백'을 의미하는 아랍어 'sifr'라는 말로 번역했다. 기독교가 지배하는 서구에 와서 이 'sifr'는 라틴어의 다음과 같은 여러 이름으로 바뀌었다.

cephirum, cifra, tzyphra, cyphra, sifra, cyfra, zyphra, zephirum 등

메닝거의 설명에 따르면, 영어로 'cipher'는 오랜 동안 '공空'을 의미했다. 오늘날 영국인들은 'zero'라는 용어를 사용하고 있다(독일어에는 하나의 숫자와 하

나의 수를 의미하는 'Ziffer'라는 용어가 있다).

피보나치는 라틴어로 'zephirum'이라는 단어를 도입했으며, 이 말은 이탈리아어로 'zefiro'가 되었고, 나중에 축약되어 'zéro'가 되었다.

메닝거는 『산반서』의 다음 구절을 인용하고 있다. 이 구절에서 피보나치는 새로운 숫자를 다음과 같은 용어로 말하고 있다.

"아홉 개의 인도 숫자는 9, 8, 7, 6, 5, 4, 3, 2, 1이다. 따라서 이 새로운 아홉 개의 숫자와 아랍어로 'zephirum'(어떤 원고에는 'cephirum'이라는 이름이 붙어 있다)이라고 불리는 0이라는 기호를 가지고 사람들이 원하는 모든 수를 표기할 수 있다."

'Zephirum'은 이탈리아어로 'zefiro', 그 다음에는 'zefro' 'zevero'가 되었으며, 결국 베네치아의 방언으로 축약되어 'zero'가 되었다('libra'라는 단어가 후일 'livra' 그리고 'lira'가 되었듯이 말이다).[53]

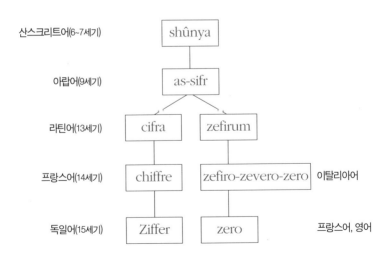

산스크리트어(6~7세기)　　shûnya

아랍어(9세기)　　as-sifr

라틴어(13세기)　　cifra　　zefirum

프랑스어(14세기)　　chiffre　　zefiro-zevero-zero　이탈리아어

독일어(15세기)　　Ziffer　　zero　　프랑스어, 영어

'토끼들의 사나이'

따라서 0을 서양에 가져온 사람은 피사의 레오나르도였다. 그러나 피보나치라는 이름을 후세에 전하게 된 것은 특히 그가 『산반서』에서 던지고 있는 조금은 유치해 보이는 다음과 같은 문제 덕분일 것이다.

농부가 한 쌍의 새끼 토끼를 가지고 있다고 가정하자. 이 새끼 토끼들이 두 달 걸려 커서 매월 초에 또 한 쌍의 토끼를 낳게 된다. 또 이 토끼들이 커서 계속해서 똑 같은 새끼들을 낳게 된다면 매월 몇 쌍의 토끼를 얻게 될 것인가?

첫 달에는 한 쌍의 토끼들을 갖게 될 것이다. 왜냐하면 아직 다 크지 않아서 새끼를 낳을 수가 없기 때문이다. 두 달 째에도 여전히 한 쌍의 토끼만이 있을 뿐이다. 그러나 세 번째 달 초기부터는 첫 번째 한 쌍이 새끼를 낳게 된다. 그렇게 되면 두 쌍의 토끼가 있게 된다. 네 번째 달초에 첫 번째 쌍이 다시 새끼를 낳는다. 그러나 두 번째 쌍은 아직 너무 어리다. 따라서 세 쌍의 토끼가 있게 된다. 그 다음 달에는 첫 번째 쌍과 두 번째 쌍이 동시에 새끼를 낳게 된다. 두 번째 쌍 역시 그럴 나이가 되었기 때문이다. 그러나 세 번째 쌍은 새끼를 낳지 못한다. 그렇게 해서 두 쌍의 토끼가 늘어나게 되며, 총 다섯 쌍이 있게 된다. 토끼는 다음과 같은 식으로 늘어나게 된다. 1, 1, 2, 3, 5, 8, 13, 21, 34, 55······.

어떤 달이라도 상관없이 당신이 얻게 된 토끼의 수는 지난 두 달 동안 얻었던 토끼들의 합과 같다.

피보나치 수열과 황금수

수학자들은 즉각 이 수열의 중요성을 이해했다. 어떤 수든 한 수를 선택해서 이 수를 그 이전의 수로 나누어보라. 예를 들어 $8:5 = 1.6$, $13:8 = 1.625$, $21:13 = 1.61538······$이다. 이 결과는 흥미로운 수인 황금수, 즉 $1.61803······$과 차이가 거의 나지 않는다. 우리는 이 책의 뒷부분에서 이 수가 갖는 중요성에 대해 다시 살펴보게 될 것이다. 이 수열이 피보나치의 이름을 유명하게 해주었다. 하지만 인류 역사상 그를 아주 중요한 인물로 만들어준 것은 바로 0의 도입, 인도-아라비아 숫자의 도입, 그리고 위치 명수법의 도입이었다.

숫자의 역사는 이렇게 막을 내린다. 거의 그렇다는 말이다. 왜냐하면 마지막 한 단계가 남아있기 때문이다. 그것은 인쇄술의 발명에 의해 숫자 형태가 공식화되는 결정적 시기의 단계를 말한다.

수의
신비

숫자와 인쇄술

화가나 시인의 도식처럼 수학자의 도표는 아름다워야 한다. 색깔이나 단어처럼 사고 역시 조화롭게 한데 모아져야 한다. 아름다움은 첫 번째 시험이다. 이 세계에는 추한 수학자가 오래 머물 그런 자리는 없다.

_ 하디G. H. Hardy

서구 유럽에 숫자들이 완전히 정착하고 난 후 이 숫자들이 형태를 갖추는 데 크게 기여한 것은 인쇄술, 특히 인쇄업자들의 노력에 의해 이루어진 글자 모형의 창조를 통해서였다. 그래서 이 숫자들은 인도식 모형이나 아라비아식 숫자의 모형을 상실하고 현대 숫자의 모형을 갖추게 되었다.

'구바르' 숫자 이후,

모든 숫자를 나타내고 있는 옛 아랍 원고(970년)의 발췌본.

그리고 거기서부터 파생된 '아피세스' 이후,

11세기의 아피세스. 힐G.H. H의 『고고학 Archoeologia』, LXII(1910년)에 따름.

피보나치와 더불어 근대 숫자들이 탄생하게 되었다. 이 숫자들은 약 1300년으로 추정되는 영어로 된 텍스트에 처음으로 나타났다.

수의 신비

수학을 다루고 있는 가장 오래된 영어 원고 가운데 하나인 이거튼Egerton의 『숫자의 책 *Livre des nombres*』(런던 대영박물관 소장)의 첫 쪽.

인쇄술이 발명되었다고 공식적으로 인정된 1492년에 숫자는 거의 결정적인 형태를 가지게 되었다. 이러한 사실은 다음 원고를 통해 확인된다.

SCYTHIE INTRA IMAVM MON
TEM SITVS

SCYTHIA intra Imaũ montem terminatur ab occasu Sarmaria Asiati ca scđm lineã expositã A septentrione terra in cognita. Ab oriẽte Ima o monte ad arctos vergente scđm meridia nã ferme lineã q̃ a p̃dicto oppido vsq; ad terrã incognitam extenditur. A meridie ac etiam oriente Satis quidẽ & Sugdianis & Margiana iuxta ipsorũ expositas lineas vs q; ostia oxe amnis in hyrcanũ mare exeũtis ac etiã parte q̃ hinc est vsq; ad Rha amnis ostia q̃ gradus habet 87 ½ 48 ½ ⅓. Ad oc casum aũt vergitur in gradib9 89 44 ¼

Rhymmi fl' ostia	91	48	¼
Daicis fl' ostia	94	48	¼
Iaxarti fl' ostia	97	48	
Istai fl' ostia	100	47	⅓
Polytimeti fl' ostia	103	49	½
Aspabotis ciuitas	102	44	

레오나르 올Léonard Holle의 원고, Ulm, 1482년. 페노의 책, 67쪽에 재수록.

인쇄업자들은 점차 숫자에 대해 형태와 아름다움을 부여하게 되었다. 이 숫자들의 여러 형태들은 오늘날에도 여전히 숫자라고 하는 이 기이하고 매혹적인 창조물이 일깨워준 인간의 창조성과 지능을 보여주고 있다.

낭만주의 시대의 '고딕체' 숫자. 페뇨의 책, 88쪽.

낭만주의 시대의 '고딕체' 숫자. 페뇨의 책, 88쪽.

수의 신비

1234567890

로만체 디도활자로 인쇄된 숫자. 『국립 인쇄소의 활자들』, 103쪽.

1234567890

이태릭체 디도활자로 인쇄된 숫자. 『국립 인쇄소의 활자들』, 102쪽.

Parti 53497 per 83

Vienne
53497 ——— 83
00644 - $\frac{45}{83}$

534
498 |83
369
332
3>>
332
45

0 $\frac{45}{83}$

Parti $\frac{3}{8}$ p 60   Parti 13>$\frac{1}{2}$ p 1~

$\frac{3}{8}$ —— 60   13>$\frac{1}{2}$ —— 1~

0 $\frac{3}{8}/\frac{60}{1}$ 13>$\frac{1}{2}/\frac{1}{1}$

0 $\frac{3}{480}$ Vienne 11 $\frac{1}{4}$

vienne $\frac{3}{480}$

Parti 60 p $\frac{3}{8}$ Parti $\frac{3}{7}$ p $\frac{3}{5}$

60 —— $\frac{3}{8}$ $\frac{3}{7}$ —— $\frac{3}{5}$

480   13 $3\frac{3}{7}/\frac{3}{5}$ 1>

vienne 160   Vienne 0 $\frac{5}{21}$

53497/83. 처음으로 인쇄된 근대식 나눗셈. 칼랑드리|Calandri, 『정수론 Arithmétique』, Florence, 1491년.

제 4 장

카발라, 이좁세피와 알라의 이름

우리 조상들은……

카발라, 숫자와 문자

이좁세피

우리 조상들은……

마치 '진실'과 '거짓'이 지적인 실존의 유일한 두 가지 방식인 것과 같이!

_ 모리스 메를로 퐁티Maurice Merleau-Ponty

앞에서 살펴보았던 근대 숫자의 역사 이외에도 수와 숫자들을 표기하는 또 다른 방식들이 존재한다. 예를 들면 바빌로니아, 이집트, 중국, 일본, 마야의 표기법이 그것들이다. 이들 문화권은 독창적이고도 풍부한 수의 표기법을 가지고 있으며, 그에 상응하는 수학적 문화도 가지고 있다.

이들 고대 문화권의 표기법과 명수법은 여기에서 그 세세한 부분까지 살펴보기 어려울 만큼 매우 방대하고 복잡하다. 그중에는 아직까지 사용되는 표기법도 있다. 여기에서는 몇 가지 중요한 부분만을 소개하고자 한다. 그중에서도 오늘날 숫자, 문자와 수에 대해 관심을 가지고 있는 사람들이라면 틀림없이 흥미로운 주제로 생각할 카발라에 대해서는 조금 더 자세히 살펴보게 될 것이다.

(동일 문화권에서 문자와 명수법이 변화해 온 경우에는 한 단계만을 소개할 것이다. 이 장의 내용은 증명하는 것보다는 예시하는 데 목적을 두고 있기 때문이다.)

바빌로니아

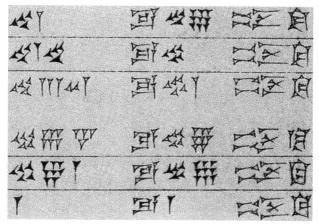

라르사Larsa의 서판. 고대 바빌로니아 설형문자. V자를 옆으로 한 모양은 10자리의 수를 나타내며, 선은 한 자리 수를 나타 낸다. 첫 번째 계산은 $40 \times 60 + 1 = 492$, 두 번째 계산은 $41 \times 60 + 40 = 502$을 의미한다. 『수학자들의 여명』, 11쪽.

이집트

| 1 000 000 | 100 000 | 10 000 | 1 000 | 100 | 10 | 1 |

기수들. 페뇨의 책, 13쪽.

고대 이집트어로 된 27529의 표기.

마야

1	hun	•	11	buluc	
2	ca	• •	12	lahca	
3	ox	• • •	13	ox lahun	
4	can	• • • •	14	can lahun	
5	ho	▬	15	ho lahun	
6	uac	•	16	uac lahun	
7	uuc	• •	17	uuc lahun	
8	uaxac	• • •	18	uaxac lahun	
9	bolon	• • • •	19	bolon lahun	
10	lahun	▬▬			

마야 명수법으로 사용된 숫자들. 기텔의 책, 403쪽.

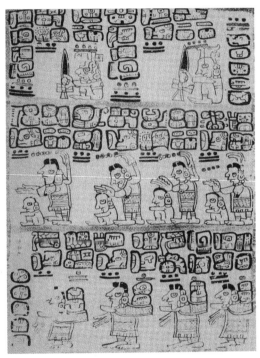

수를 포함한 마야의 필사본. 페뇨의 책, 31쪽.

중국

0	一	二	三	四	五	六	七	八	九
0	1	2	3	4	5	6	7	8	9

『산학과예算學課藝』의 발췌본. 1880년에 편찬된 이선란李善蘭의 수학 교습서. 대수 표기에 유럽식 기호들(등호 표시, 분수의 분할선, 괄호, 제로)과 중국 문자가 함께 사용되고 있다. 『수학자들』, 157쪽.

1	2	3	4	5	6	7	8	9
10	20	30	40	50	60	70	80	90
100	200	300	400	500	600	700	800	900
1000	2000	3000	4000	5000				

중국 고대 화폐의 수 표기. 니담J. Needham의 책 3권. 기텔의 책 483쪽에 재수록.

일본

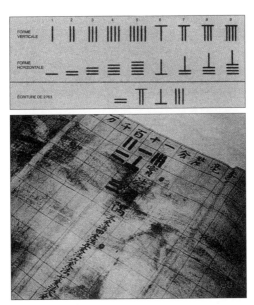

막대 표시를 이용한 수의 표기. 중국에서는 전국시대(기원전 453~221)에 이 표기법이 사용되었다. 수가 10진법과 위치 명수법의 체계에 의해 기록되었으며, 수를 구별하기 위해 붉은 색과 검은 색의 두 가지 종류의 막대 표시가 사용되고 있다. 『수학자들』, 145쪽.

관효화關孝和(1642-1708)의 초상화. 일본 수학의 전설적인 인물. 『수학자들』, 143쪽.

로마

I	V	X	L	C	D	M
1	5	10	50	100	500	1 000

루카니Lucanie의 포필리아Popilia 가도街道에서 발견된 석판 비문. 비문의 내용은 다음과 같다. "레지움Regium에서 카푸아 Capua에 이르는 길과 모든 다리, 석판, 역참들을 건설했다. 여기에서부터 노브세리아Novceria까지는 51마일이며, 카푸아까지는 84마일, 무라눔Muranum까지는 74마일, 콘센티아Consentia까지는 123마일, 발렌시아Valencia까지는 180마일, 바닷가에 세워진 조각상까지는 231마일, 레지움까지는 237마일, 카푸아에서 레지움까지는 321마일이다. 시칠리아 총독인 나는 917명의 이탈리아 탈주자들을 추방했다……"

카발라, 숫자와 문자

분명히 말해서 구현되지 않은 신, 이를테면 문자들 속에서, 행과 행 속에서, 그것을 해석하는 사람들의 사고의 교환
속에서 자신의 삶 혹은 삶의 일부를 사는 신 (……)

_ 엠마뉘엘 레비나스Emmanuel Levinas

'카발라kabbale'라는 단어는 유대의 신비주의 전통을 지칭한다. 이론적 철학이
자 명상에 가까운 실천을 의미하는 카발라는 무엇보다도 영적인 고양의 길을
나타낸다.

주로 스승과 제자 사이에 구전되어 내려오다가 시간이 흐른 뒤 문집으로 정리
된 이 전통은 그렇기 때문에 오늘날에는 접근하기가 더욱 어려운 성격을 가지
고 있다. 카발라 전통 중에서도 널리 알려진 것으로는 조하르Zohar의 책을 꼽을
수 있다.

'카발라'라는 단어

'카발라'는 히브리어 'qabbala'에서 유래된 말이다. 이 말은 또한 '수용하다'
혹은 '맞이하다'를 의미하는 동사 'leqabbel'과 어근 'QBL'에서 파생되었다.
따라서 '카발라'라는 용어 역시 '수용'을 의미하게 되었다.

히브리어의 형태를 따른다면 이 단어를 'qabbale'라고 표기해야 할 것이다. 실제로 학자들에 따라 'qabbale' 'cabbale' 'cabale' 'kabale' 'kabbale' 등 다양한 표기가 사용되고 있기도 하다. 이 중에서도 오늘날 가장 전통적인 표기로 받아들여지는 것은 'cabale' 또는 'kabbale'이다.

이처럼 카발라라는 단어의 표기를 자세히 살펴보는 것은 카발라와 수학 사이에 존재하는 근본적인 관계를 강조하기 위해서이다. 사실, 수학 자체는 애초에 '연구'와 '가르침'이라는 의미를 동시에 가지고 있었다. 이것은 곧 무엇인가를 전달하는 행위의 실천이자 그것에 대한 성찰에 다름 아니다. 우리는 '수학(mathématique)'의 어원을 '전달하다, 가르치다, 교육하다'를 의미하는 그리스어 동사에서 찾아볼 수 있다. 이러한 점에서 볼 때 카발라의 의미 역시 기존에 흔히 사용되던 '신비적인 것'보다는 '수학'이라고 보는 것이 더욱 타당할 수도 있다.

카발라 : 숫자와 문자

카발라에 따르면 세계는 알파벳 문자들과 함께 창조되었다. 문자들은 세계에서 맺어지는 모든 관계의 중심에 위치한다. 따라서 '살아간다는 것' 역시 텍스트를 읽고 해독하고 해석할 수 있는 것을 의미한다. 문자는 또한 영혼의 해방이나 육체의 치료 과정에도 힘과 역할을 가지고 있다. 이러한 점에서 정신분석학과 카발라, 그리고 카발라와 일반 치료법 사이의 관계들을 생각해볼 수도 있다.

히브리어 알파벳은 22개의 자음과 10개의 모음을 포함한 한 가지의 발음 체계로 이루어져 있다. 오직 자음들만이 의무적으로 표기되어야 하며, 모음의 첨가는 임의적으로 이루어진다. 모음은 읽기에 편리하도록 하는 역할을 한다. 원래 양피지에 씌어졌던 토라 텍스트에는 구두점이 찍혀 있지 않았으며, 모음을 찾아볼 수 없었다. 이러한 특징은 텍스트 내에서 문자들이 서로 간에 자유롭게 결합하고, 언어 자체가 살아 움직일 수 있도록 했으며, 따라서 해석에도 상당한 유연함을 제공해주었다. 바로 여기에 토라 텍스트가 가지는 역동성의 열쇠가 있는 것이다.[54]

한편, 히브리어 문자들은 동시에 숫자들이기도 하다. 따라서 텍스트 역시 하나의 숫자화된 문서가 된다. 카발라는 '숫자로 하여금 말하게 하는 기술'인 것이다.

이와 같은 숫자와 문자 사이의 관계를 '게마트리아 guématria'라고 한다.

문자 혹은 알파벳으로 이루어진 명수법

성서와 히브리 문명에서 수학은 동시대의 이집트와 바빌론에서의 수학과 거의 비슷하다. 이것은 이들 문명 사이에 상호적인 영향이 있었음을 의미한다. 우리는 이들 문명에서 같은 기하학적 지식을 찾아볼 수 있는데, 'π'의 값이 그 좋은 예를 보여준다. 성서 텍스트에서도 π의 값이 3으로 제시되고 있다.

이 밖에 10진법과 60진법을 사용한다는 점을 제외하면 히브리의 명수법은 이집트나 바빌로니아의 그것과는 차이가 있다. 오히려 히브리의 명수법은 문자적 명수법이라는 점에서 그리스에서 사용된 명수법과 유사성을 보여주고 있다. 이 명수법에서는 알파벳 문자가 수의 표기를 담당한다. 즉, '문자'가 동시에 '숫자'이기도 한 것이다.

히브리 알파벳의 명수법은 기본적으로 10진법을 따른다. 그것은 22개의 히브리어 알파벳과 5개의 어미로 이루어지는데, 이들을 이용하여 다음과 같은 표기법이 구성된다.

— 처음 아홉 개의 문자들이 1부터 9까지의 단수들을 표시한다.
— 다음 아홉 개의 문자들이 10부터 90까지의 십 자리 수를 표시한다.

Aleph	א	a	1
Bèt ou *vèt*	ב	b	2
Guimèl	ג	c	3
Dalèt	ד	d	4
Hé	ה	e	5
Vav	ו	f, u, v, w	6
Zayin	ז	g, z	7
Hèt	ח	h	8
Tèt	ט	t	9
Yod	י	i, j, y	10
Kaf ou *khaf*	כ	k	20
Lamèd	ל	l	30
Mèm	מ	m	40
Noun	נ	n	50
Samèkh	ס	x	60
Ayin	ע	o	70
Pé ou *phé*	פ	p	80
Tsadé	צ	*tsé*	90
Qof	ק	q	100
Rèch	ר	r	200
Chin ou *sin*	שׁ	s ou *ch*	300
Tav	ת	t	400
Kaf final	ך	k	500
Mèm final	ם	m	600
Noun final	ן	n	700
Pé final	ף	p	800
Tsadé final	ץ	*tsé*	900

히브리 알파벳 조응표.

— 마지막 네 개의 문자들은 100, 200, 300, 400을 표시한다.

— 다섯 개의 어미들은 500, 600, 700, 800, 900을 표시한다.

게마트리아 철학

게마트리아는 단순한 숫자와 문자 사이의 유희가 아니라 사고를 개방하여 역동적이게 하는 해석의 방법이다.

게마트리아는 텍스트들의 의미를 깨우치고 해석하기 위한 도구이며, 스스로를 다른 것에 대해 개방하는 방법, 즉 계기와 발판, 이행으로서의 방법을 말한다. 여기에서는 단지 방정식을 세우고 등식을 증명하는 것으로는 충분하지 않다. 의미 자체가 출발어나 도착어에 있지 않고, 이 둘 사이의 역동적인 움직임 속에 있기 때문이다.

따라서 게마트리아는 사유 자체라기보다는 사유를 위한 출발점을 구성한다. 여기에서 중요한 것은 글을 읽는 사람이 수의 차원보다는 수적인 등가성에 따라 서로 관계를 맺는 단어들에 더욱 주의를 기울여야 한다는 점이다. 이와 같은 문자들 사이의 관계 맺음은 항상 중요한 철학적 의미를 함축하고 있다. 바로 그러한 관계 맺음으로부터 의미가 발생하는 것이나.

예를 들어, '인간'을 의미하는 '아담Adam'이라는 단어는 'ADM(aleph, dalét, mèm)'으로 쓰어지며, 1+4+40=45라는 게마트리아를 가지고 있다. 수 45는 'mèm'과 'hé'라는 두 문자로 쓰어지고, 'ma'라고 읽히며, '무엇을?'을 의미한다. 철학자들과 카발라 학자들은 이와 같은 숫자와 문자 사이의 유희를 통해 인간의 본질에 대한 성찰을 진행시킨다. 인간의 본질은 본질이 없다는 데 있을 것이다. 또한 그의 본질은 프로그램으로부터 벗어나기 위해 프로그램화된, 그럼으로써 자유를 향해 개방된 데 있을 것이다.[55]

'문자로 된 단어'에서 '숫자로 된 수'로, 그리고 다시 문자들로 형성된 단어로 되돌아오는 이러한 이행은 더 이상 총계가 아니라 열림과 역동화의 과정이 중요한 지식으로 우리를 안내한다. 게마트리아는 번역이 아니라 하나의 제안이자 알지 못하는 길로의 초대이다. 레비나스가 적절하게 표현했던 바와 같이 그것은 '언어 너머로' 나아갈 수 있도록 해준다.

주목할 점

고전적인 게마트리아와 동일한 수의 값들을 사용하지만 오직 한 자리의 수들만을 다루는 조그마한 게마트리아도 존재한다. 여기에서는 10과 100은 1이 되고, 20과 200은 2, 30과 300은 3이 된다. '아담(ADM)'의 예를 보면, 이 게마트리아에서는 1+4+4=9가 된다. 결과적으로는 원래의 게마트리아와 같은 답에 이르게 되는데, 1+4+40=45 역시 4+5=9가 되기 때문이다.

0보다 더 멀리

게마트리아에서 수의 등가성은 단어에서 수로의 이행을 통해 탈의미화된다. 이 과정을 통해 독자는 이미 존재하는 하나의 의미가 갖는 무거움으로부터 벗어날 수 있다. 존재하는 한 가지의 의미란 말하는 말이 아닌 말해진 말이 되는 데 그치기 때문이다.

이러한 탈의미화 과정 속에서 독자는 곧바로 새로운 의미를 발견하는 것이 아니라 스스로가 의미의 중지中止 속에 처해 있다는 사실을 발견하게 된다. 즉, '의미의 영도零度' 속에 있다는 사실을 깨닫게 되는 것이다. 정신의 근본적인 침묵의 한 형태를 나타내는 '의미의 영도'는 이렇게 하여 명상에 적합한 형태, 즉 '의미화의 영도'로의 길을 열어준다. 그것은 일종의 전前의미론적인, 혹은 후後의미론적인 순간으로, 이것을 통해 의미의 바깥으로 벗어날 수 있다. 또한 반드시 그래야만 한다.

이때 인간은 모리스 블랑쇼Maurice Blanchot가 말했던 이른바 '0보다 더 멀리'에 다다르게 된다. 그것은 "상상적인 선이자 기하학적 0의 지점이면서도, 스스로의 무無를 통해 이 영도를 정확히 재현해내는 것이다. 이상적인 지표에 이르고자 하는 인간은 바로 이 영도를 향해 나아간다고 말할 수 있다. 그렇게 되면 인간은 자기 자신과 자신의 선입견, 신화, 우상들로부터 자유로워져서 변화된 시선과 새로운 확신을 가지고 자신에게로 되돌아올 수 있을 것이다."

수
의
신
비

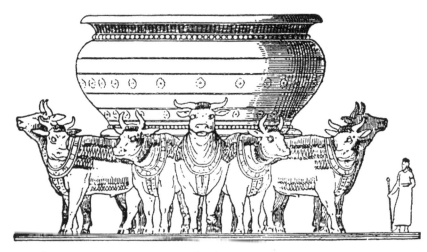

솔로몬 성전의 청동 용기. 이것의 크기가 약 3에 해당하는 π의 값을 보여주고 있다. 히브리어로 기록된 문자들은 열왕기상(Premier Livre des Rois) 7장 23절에서 인용한 구절이다.

이줍세피

32가지 경이로운 지혜의 방법들과 SFR이라는 어근의 세 가지 의미를 통해 신은 세계를 설계하고 창조하셨다.

SFR이라는 어근은 씌어진 책, 수, 이야기를 나타내며, 32가지 경이로운 지혜의 방법들이란 10개의 세피로sefirot와

22개의 알파벳 문자들, 즉 22개의 알파벳 문자와 10개의 모음들을 나타낸다.

_ 세페르 예치라Séfer Yetsira

그리스에서도 게마트리아와 동일한 방식이 사용되었다. '동일한'이라는 의미를 가진 'iso'와 '셈'이라는 의미의 'pséphos'가 합쳐진 '이줍세피isopséphie'가 그것이다. 히브리의 게마트리아와 마찬가지로 이줍세피는 하나의 단어를 구성하는 문자들이나 문자들의 묶음의 수적 가치를 사용하고, 얻어진 수치에 따라 그것을 다른 단어와 연결짓는 방식을 가지고 있다.[56]

A	1	H	7	N	13	T	19
B	2	Θ	8	Ξ	14	Υ	20
Γ	3	I	9	O	15	Φ	21
Δ	4	K	10	Π	16	X	22
E	5	Λ	11	P	17	Ψ	23
Z	6	M	12	Σ	18	Ω	24

고대 그리스 명수법. 기텔의 책, 241쪽.

1	α	alpha
2	β	bèta
3	γ	gamma
4	ϛ	delta
5	ε	epsilon
6	ϛ	[digamma]
7	ζ	zèta
8	η	èta
9	θ	thèta
10	ι	iota
20	κ	kappa
30	λ	lambda
40	μ	mu
50	Υ	nu
60	ξ	xi
70	ο	o micron
80	π	pi
900	ϡ	[sadé]
90	ϙ	[koppa]
100	ρ	rho
200	σ	sigma
300	τ	tau
400	υ	upsilon
500	φ	phi
600	χ	khi
700	ψ	psi
800	ω	oméga

1	ا	ʼ	ʼalif
2	ب	b	ba
3	ج	ǧ	gim
4	د	d	dal
5	ه	h	ha
6	و	w	waw
7	ز	z	za
8	ح	ḥ	ha
9	ط	ṭ	taʼ
10	ي	y	yaʼ
20	ك	k	kaf
30	ل	l	lam
40	م	m	mim
50	ن	n	nun
60	س	s	sin
70	ع	ʿ	ʼayn
80	ف	f	faʼ
90	ص	ṣ	sad
100	ق	q	qaf
200	ر	r	raʼ
300	ش	š	sin
400	ت	t	sin
500	ث	t	taʼ
600	خ	h	haʼ
700	د	d	dal
800	ض	ḍ	dad
900	ز	ẓ	zaʼ
1000	غ	ġ	gayn

고대 그리스어 알파벳. 기텔의 책, 243쪽.

아랍어 알파벳, 기텔의 책, 277쪽.

공들여 씌어진 알라의 이름(수치로는 66에 해당함).

제 2 부

여러 가지 수

수의 대가족

제 1 장

수에 열중하는 사람들과
수많은 수

한 수학자의 추억

결과들의 구습에 머물지 말라.

_ 르네 샤르René Char

"다섯 살 때였다. 공책의 표지에 그려진 정수들의 분포도를 보다가 나는 수의 군#들이 일정한 규칙성을 가지고 있다는 사실을 직감할 수 있었다. 5의 경우에서 이러한 사실을 알게 되었다. 5의 모든 배수들은 교대로 5와 0으로 끝난다. 2의 경우는 조금 더 복잡했다. 2의 배수는 모두 짝수로 끝났다……

$$5^7 \quad 2 \quad 3$$

이후 플룅Melun 중학교에 들어간 나는 수직선들의 교차점, 삼각형의 중선中線, 이등분선, 삼각형의 수직이등분선 등을 접하게 되었다. 그리고 이것을 통해 수학에서 기하학으로 관심의 영역을 확장시킬 수 있었다. 몇 개월, 몇 년 동안 나는 오직 정수들을 여러 가지 법칙에 적용시키는 일에 몰두했다. 예를 들면 각각의 수를 제곱하여 그 지수가 원래의 수와 같은 수가 되도록 하는 것 등이다.

유년시절에 정수들의 놀이에 관심을 가진 이후 나는 소수들에 관심을 갖게 되었다. 반면 내가 대분수라고 불렀던 유리수들은 별다른 흥미를 끌지 못했다. 오히려 'π'와 같은 무리수들이 더욱 관심을 끌었다. 하지만 학교에서는 $\sqrt{20}$이나 대수와 초월수 사이의 차이까지는 배우지 못했다."

$$\sum_{i=0}^{\infty} \frac{1}{16^i(8i+k)} = \sqrt{2}^k \sum_{i=0}^{\infty} \left[\frac{x^{k+8i}}{8i+k} \right]_0^{1/\sqrt{2}}$$

$$= \sqrt{2}^k \sum_{i=0}^{\infty} \int_0^{1/\sqrt{2}} x^{k-1+8i}\, dx$$

$$= \sqrt{2}^k \int_0^{1/\sqrt{2}} \frac{x^{k-1}}{1-x^8}\, dx$$

π의 소수에 관한 시몬 플루프Simon Plouffe의 공식 증명의 첫 부분.

"나는 관심을 끄는 모든 수들을 수첩에 기록하기 시작했다. 대학을 졸업할 무렵, 이 목록은 양적으로 늘어난 것뿐만 아니라 질적으로도 매우 정교하게 다듬어져 있었다. 수첩에는 100가지 이상의 원리들이 기록되었으며, 제2차 세계대전이 시작되기 직전에는 거의 수의 색인표 형태를 띠게 되었다. 몇몇 수들은 서로 다른 속성들을 가지기도 했다.

$$\sqrt{2}$$

곧 나의 흥미를 끌었던 대부분의 수들이 분류될 수 있는 정수들로 구성되어 있음을 알게 되었다. 대수나 초월수에 속하는 몇몇 실수들 역시 올바른 순서로 정리될 수 있었다. 안타깝게도 1944년 4월 프렌느Fresnes 감옥과 도라Dora 수용소로 이송되면서 나는 이 수첩을 가져갈 수 없었다. 하지만 나는 수첩에 기록된 내용들을 정확히 기억하고 있었다. 음악, 시, 역사, 과학과 더불어 내가 애착을 가졌던 수들이 수용소 생활의 외로움을 달래주었다.

1945년 5월 수용소에서 풀려났지만 수첩은 찾을 수 없었다. 나는 몇 가지 새로운 용어들을 사용해 수첩의 내용을 다시 기록했다. 나는 이 수들을 '주목할 만한 수들(Nombres remarquables)'이라고 불렀다. 이렇게 해서 나는 그동안 주관적으로 생각했던 '주목할 만한 수들'의 범주를 다시 정리할 수 있었다. 그 이후로 나는 수학적 사고의 역사에 있어서 중요한 의미를 가지는 수들에 같은 이름을 붙이게 되었다."

프랑스의 위대한 수학자인 프랑수아 르 리오네François Le Lionnais의 회고담에서 접하게 되는 이 '주목할 만한 수들'이라는 표현을 우리도 역시 사용하게 될 것이다. 그와 마찬가지로 우리도 역시 이 이름을 수학사에서 중요한 위치를 차지

수의 신비

하는 수들에 부여할 것이며, 그중에서도 과거뿐만 아니라 현재에도 여전히 수학, 철학, 카발라 등의 세계에서 중요한 영향력을 행사하는 수들을 이 용어로 부르게 될 것이다.

또한 너무 자주 접하기 때문에 종종 그것의 정의와 정확한 의미를 잊곤 하는 일상적인 고전수에 대한 자세한 사항들도 검토하게 될 것이다.

수의 이론에 있어서 가장 위대한 선구자로 인식되고 있는 피타고라스에 대해서도 별도로 한 장을 할애하게 될 것이다. 그의 전기적 사실들과 그 자신이 "모든 것이 수이다."라고 말했던 세계에 대한 그의 열정도 또한 살펴볼 것이다.

요한 세바스찬 바하(1685~1750)의 캐논. 바하의 캐논은 종종 수들 사이에 맺어지는 특별한 관계들에 따라 작곡되었다.

수에 열중하는 사람들과 수많은 수

수와 수의 이론들

우리는 조약돌과 나무들을 만난다. 하지만 결코 세 개의 조약돌과 두 그루의 나무를 만나지는 않는다. 그러기 위해서는 그 사이에 연산이 들어가야만 한다.

_ 장 투생 드장티Jean-Toussaint Desanti

'수'의 어원

'수'라는 단어는 라틴어의 'numerus'에서 유래했다. 그리스어에서는 'arithmos'라는 단어가 수를 가리킨다. 또한 이것으로부터 흔히 정수론을 의미하는 단어들, 즉 그리스어의 'arithmêtiké', 라틴어의 'arithmetica', 불어의 'arithmétique' 등이 파생되었다.

'Arithmos'는 '크기' '리듬' '많음'이나 '양'을 가리키는 말로 사용되기도 했다. 이 단어의 접두사 'a'는 부정의 의미를 나타내는 것이 아니다. 음성학적으로 이 단어는 다른 무엇보다도 '리듬'과 유사하게 들릴 수도 있다. 실제로 오랫동안 시에서 보게 되는 '운(rime)'이라는 단어를 통해 이 두 단어 사이에 일정한 관계가 성립된 것도 사실이다. 하지만 이 두 단어의 기원은 엄연히 다르다.

게오르그 칸토어(Georg Cantor(1845~1918)와 그의 부인의 1880년경 모습. 칸토어는 집합론의 아버지이자 무한집합의 원소 수효를 나타내는 초한수의 발견자이기도 하다.

정의의 어려움

'수'가 무엇인지를 정의하기란 참으로 어려운 일이다. 이 어려움은 고대로부터 존재해 왔으며, 수많은 수학자들의 과제이기도 했다. 하지만 오늘날에 이르기까지 그 누구도 수의 본질이 무엇인지를 정확히 이야기하지 못하고 있다.

수에 대한 몇 가지 개념들이 제안된 적은 있다. 종교적, 마술적, 물리학적, 형이상학적, 논리학적, 형식주의적, 집합론적 개념들이 그것들이다.

처음에 수는 사물이나 동물, 사람의 무리를 헤아리기 위한 매우 구체적인 방법으로 그 모습을 나타냈다. 인류의 초기 시절에는 수는 단지 '무엇의 수'라는 위상만을 가지고 있었다. 이후 추상적 개념의 출현과 더불어 '무엇의 수'가 아닌 수 자체로서의 위상을 갖게 되었다.

'수'의 이론

고대로 거슬러 올라가 보면 우리는 두 가지 종류의 정수론을 만나게 된다. 첫 번째로는 실용적이고 공리적인 것으로서, 계산과 셈을 하는 방법과 관련된 것이다. 개인이나 집단의 재산을 관리하거나 그 재산의 가치를 매기는 일, 물건의 교환을 가능하게 하고 노동의 가치를 매기는 일 등이 이에 해당된다. 이것을 바탕으로 무게나 부피의 체계와 상품의 가격 결정, 교환의 체계화가 이루어진다. 말하자면 이것은 양적인 정수론, 상업과 소유의 관리를 위한 정수론이라고 할 수 있다.

다른 하나의 정수론은 사람들의 소유 대상과는 아무런 관련이 없다. 이것은 재산의 관리를 위한 것이 아니라 정신적인 활동, 즉 학문적이고 사변적인 활동과 관계된다. 처음에 이 정수론은 주로 종교적인 정신과 관련되었으며, 오늘날에는 순수하게 추상적인 성격을 띠게 되었다. 이 정수론 중 몇몇은 음악이나 천문학과 같은 분야의 발달과 더불어 생겨났다. 하지만 대부분의 경우는 순전히 수들 사이의 관계를 연구하는 즐거움에서 비롯되었다고 할 수 있다. 이렇게 해서 어떠한 도구나 기술로서의 수가 아닌 진정한 유희, 수에 대한 학문으로서 오늘날 '수의 이론'이라고 불리는 정수론이 생겨난 것이다.

주목할 점

수를 이용한 기술과 수의 학문 혹은 이론을 구분하기 위해 그리스인들은 두 가지 다른 용어를 사용했다. 전자는 '계산법(logistique)'으로, 후자는 '정수론'으로 명명한 것이다(이 구분은 기원전 4세기 플라톤에서부터 시작된 것으로 보인다).

바빌로니아에서는 서로 다른 두 가지의 명수법을 통해 이와 같은 두 종류의 정수론을 구분했다. 전자에 대해서는 10진법을 사용했으며, 후자에 대해서는 60진법을 사용한 것이다. 우리는 다음과 같은 두 가지의 범주를 통해 수의 이론에 대한 기초적인 연구로부터 생겨나는 '주제'들을 간략하게 정리해 볼 수 있다.

— 각각의 수를 개별적으로 다루어 그것들의 형태와 속성들을 연구하고 이러한 방법을 통해 수를 분류하고자 하는 시도.
— 두 개, 세 개, 혹은 여러 수들 사이의 관계를 연구하고자 하는 시도.

수의 이론은 거의 20세기 동안 수많은 수학자들을 매료시킨 주제들의 보고寶庫였다. 여러 문제들을 해결하는 과정에서 하나의 정형화된 이론이 생겨나면 항상 그에 대해 또 다시 풀어야 할 문제가 생겨나는 특징을 보여 온 것이다.

수에 열중하는 사람들과 수많은 수

수메르에서 사용했던 염소와 양의 계산을 위한 작은 판. 길이 7.8cm, 폭 7.8cm, 두께 2.4cm로 이루어진 진흙 판. 고대 앙
조 시기 텔로Tello(메소포타미아 지역)에서 사용됨. 라가쉬Lagash의 왕 우루카기나Urukagina 5년(기원전 2351~2342).

택시의 일화

라마누잔Srinivasa Ramanujan(1887~1920)과 관련된 매우 유명한 일화는 그가 수를 마치 '사람'처럼 생각했다는 것, 즉 수의 특징과 결점들을 알고 있었다는 점을 흥미롭게 보여준다. 수학자 하디에 따르면 그때의 상황은 다음과 같다.

"그가 푸트네이Putney에 살고 있을 당시 그의 집을 방문했을 때의 일이었다. 1729라는 번호판을 단 택시를 탄 나는 이 번호가 그다지 흥미로운 번호가 아니라고 생각했다. 하지만 이 이야기를 들은 그는 이렇게 이야기했다.

— 아닙니다. 그것은 매우 흥미로운 수가 될 수 있습니다. 1729는 서로 다른 두 가지 방식의 세제곱으로 분해될 수 있는 가장 작은 수입니다.

자연히 나는 그에게 네제곱의 문제도 해결할 수 있는지를 물었다. 한동안 생각에 잠겨 있던 그는 이에 대한 예를 생각해 낼 수 없다고 말하고, 여기에 덧붙여 그가 보기에 이 부류의 첫 번째 수는 매우 큰 것이 될 것이라고 이야기했다."

1729는 사실상 두 가지의 세제곱으로 분해 될 수 있는 가장 작은 정수이다. 그 예는 다음과 같다.

$$1729 = 12^3 + 1^3$$
$$= 10^3 + 9^3$$

스리니바자 라마누잔의 초상화. 1887년 인도에서 태어난 그는 거의 혼자서 수 이론의 체계를 재구성했으며, 독창적인 공식들과 정리들을 선보였다.

수의 신비

    두 가지 방식의 네제곱으로 분해될 수 있는 가장 작은 수는 635 318 657로 오일러Euler에 의해 발견되었다.

$$635\ 318\ 657$$
$$= 158^4 + 59^4$$
$$= 133^4 + 134^4$$

피타고라스와 수의 조화

지식의 새로운 요구는 수학적인 요구이다. 칸트의 다음과 같은 말은 여전히 제대로 이해되지 못한 채 남아 있는 것이 사실이다. "자연에 대한 각각의 이론 속에서 이른바 학문을 발견할 수 있다면 그것은 그 속에서 수학을 찾을 수 있을 때뿐이다."

_ 마르틴 하이데거Martin Heidegger

세계의 비밀들을 이해하기

자연을 이해하는 데 수적인 기초를 제시하는 것, 바로 이것이 피타고라스학파의 목표였다. 피타고라스와 그의 제자들은 모든 사물들을 통일시키는 질서와 조화를 추구했다. 이 목표에 이르기 위해 그들은 수 자체를 연구해야만 했다. 이렇게 해서 순수한 계산법과 구분되는 수의 이론, 즉 정수론이 토대를 마련하게 되었다. 이와 같은 구분을 통해 그들은 정수론을 상인들의 필요를 넘어서는 차원으로 올려놓았다. 우리가 수 이론의 근간을 제공한 몫과 수학의 체계화와 수 사이의 관계에 대한 첫 번째 연구의 몫을 피타고라스와 그의 제자들에게 돌릴 수 있는 것도 이러한 이유 때문이다.

피타고라스와 그의 제자들, 그리고 조화

피타고라스학파는 피타고라스가 살았던 시대보다 1세기 후인 기원전 5세기

상상을 토대로 그린 피타고라스의 초상화.

에 그의 제자들과 더불어 전성기를 맞이했다. 이 전성기를 이끌었던 인물로는 크로토네Crotone의 필로라오스Philolaos, 메타폰티온Métaponte의 히파스Hippase, 키오스Chios의 히포크라테스Hippocrate, 원자론자였던 데모크리토스Démocrite, 이탈리아 남부 도시 엘라이아Élée 출신의 파르메니데스Parménides와 제논Zénon, 엘리스Élis의 궤변론자이자 기하학자인 히피아스Hippias 등이 있었다.

여행자 피타고라스

사모스Samos의 피타고라스는 몇 년간 탈레스Thalès 밑에서 수학했다. 이후 여행을 통해 많은 수학 지식들을 습득하게 되었다. 학자에 따라서는 그가 인도와 영국까지 갔었다는 주장을 하기도 한다. 하지만 그가 습득한 여러 수학적인 기술과 도구들이 대부분 이집트와 바빌로니아에서 배운 것이라는 주장이 더욱 설득력이 있어 보인다.

실제로 이집트와 바빌로니아 사람들은 이미 초보적인 정수론의 한계를 넘어서 있었다. 또한 그들은 복잡한 계산을 수행할 수 있는 능력을 바탕으로 진보된 양립성의 체계들을 발전시켜 나갔고, 높은 건물을 세울 수도 있었다.

물론 이집트와 바빌로니아 사람들은 수학을 실용적인 문제들을 해결하기 위

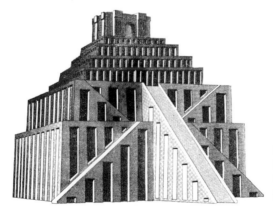

에테메난키Etemenanki라고 불린 바빌로니아의 탑 모형의 재구성. 에테메난키는 '하늘과 땅의 토대를 이루는 탑'이라는 뜻으로, 성경에 기록된 '바벨탑'이 이것이다.

한 단순한 도구로 간주했던 것이 사실이다. 즉 기하학의 기초적인 규칙들을 연구해 나감으로써, 해마다 있는 나일강의 홍수로 인해 물에 잠기는 밭의 한계를 획정하고자 하는 목적을 가지고 있었던 것이 한 예이다.

첫 번째 제자

20여년의 여행 끝에 알려진 세계의 모든 수학 법칙들을 습득하기에 이른 피타고라스는 에게 해에 있는 고향인 사모스 섬으로 되돌아간다. 그곳에서 그는 철학과 그가 발견한 여러 수학 법칙들을 연구할 학파를 만들고자 했다. 그는 그를 도와 진보적이고 새로운 철학들을 발전시켜 나갈 수 있는 개방적인 정신을 가진 여러 제자들을 모았다. 하지만 그가 여행을 하던 기간 동안 폴루크라테스 Polycrate라는 전제군주가 이 섬의 성격을 완전히 바꾸어 버렸다. 예전에는 매우 자유로운 분위기였던 섬이 이제는 비타협적이고 보수적으로 변해버린 것이다. 폴리크라테스는 피타고라스를 자신의 궁정으로 초청했다. 하지만 자신의 입을 다물게 만들려는 모종의 책략이 있음을 간파한 피타고라스는 왕의 초청을 거절하고 그 도시를 떠난다. 도시에서 멀리 떨어진 곳에 위치한 한 동굴 속에 자리 잡은 그는 누구의 방해도 받지 않은 채 명상에 전념할 수 있게 된다.

하지만 오래된 고립 생활로 고통을 느낀 피타고라스는 그와 동일한 이름을 가진 한 소년에게 돈을 주면서 제자가 될 것을 제안한다. 스승 피타고라스는 이 제자에게 하나의 과정을 가르칠 때마다 3오볼obole(6분의 1 드라크마에 해당하는 고대 그리스의 화폐)을 지불했다. 하지만 몇 주가 지나고 나자 이 소년의 학문에 대한 반감이 점차 열정으로 바뀌어 가기 시작했다. 교육의 성과를 알아보기 위해 피타고라스는 더 이상 제자에게 줄 돈이 없으며, 따라서 교육도 그만두어야 할 것이라고 이야기했다. 그러자 이 제자는 오히려 돈을 지불하며 가르침을 받겠다는 뜻을 밝혔다. 소년이 진정한 제자가 된 것이다.

이렇게 해서 피타고라스학파가 탄생하게 되었다. 그후로 거의 150년 동안 지속되었던 이 학파는 수많은 제자들을 배출하게 된다.

이탈리아로의 피신

사회 개혁에 대한 자신의 가르침이 더 이상 받아들여질 수 없음을 깨달은 피타고라스는 어머니와 제자를 동반하고 섬을 떠나기로 결심한다. 그는 당시로는 그리스에 속해 있던 남부 이탈리아 지역에 도착해 크로토네Crotone에 정착한다. 그곳에서 그는 이상적인 후원자를 만나게 된다. 이 후원자는 밀론Milon이라는 이름을 가진 사람으로 그 도시의 부유한 권력자 중 한 명이었다.

후원자 밀론과 피타고라스 형제회의 창설

'사모스의 현자'로 알려진 피타고라스의 명성은 아주 빠른 속도로 그리스 전역으로 퍼져나가기 시작했다. 하지만 여전히 밀론은 그가 감히 넘볼 수 없는 큰 명성을 갖고 있었다. 힘이 대단히 센 사람이었던 밀론은 올림픽 경기와 아폴론의 기념 축제에서 12번이나 우승을 차지했던 인물이었다. 하지만 그는 육상 선수로서의 능력보다는 철학과 수학을 연구하는 데 더욱 큰 관심을 갖고 있었다. 그는 집을 개조해 피타고라스가 학교를 만드는 데 부족함이 없도록 해주었다. 그는 정말로 가장 창조적인 정신과 가장 튼튼한 육체가 하나로 결합된 인물이었다.

새로운 후원자의 안전한 보호 아래서 피타고라스는 피타고라스 형제회(Fraternité pythagoricienne)를 만든다. 이 모임은 그의 가르침을 이해할 수 있을 뿐만 아니라 여러 가지 새로운 사실들과 생각들을 통해 그의 가르침을 더욱 풍요롭게 해줄 수 있는 600명의 제자들로 구성되었다.

레비나스(1904~1996).
후설(1859~1938)과 하이데거(1889~1976)의 제자이자 20세기의 가장 중요한 철학자 가운데 한 명이다. 그는 철학을 '지혜의 사랑'으로서 뿐만 아니라 '사랑의 지혜'로 생각할 것을 요구했다.

'철학'이라는 단어

형제회를 구성한 지 얼마 되지 않아 피타고라스는 '철학'이라는 말을 고안해 자기 학파의 목표로 삼았다. 철학자는 자연의 비밀들을 발견하기 위해 노력하는 사람을 의미한다.

오늘날 철학이라는 단어는 두 가지 의미를 가지고 있다. 그리스어로 이 단어는 '사랑하다'를 의미하는 'philein'과 '지혜'를 의미하는 'sophia'가 합쳐져 구성된 것이다. 일반적으로 우리는 철학을 '지혜의 사랑'이라는 표현으로 번역하는데, 거꾸로 레비나스가 주장했던 바와 같이 '사랑의 지혜'로도 번역할 수 있다.

어떻게 제자가 되는가?

피타고라스의 제자로 받아들여지는 일은 결코 쉬운 일이 아니었다. 피타고라스가 즐겨 사용한 표현에 따르면 무엇보다 중요한 것은 지원자가 '하고 싶은 말을 참을' 능력이 있는가를 관찰하는 것이었다. 강의를 통해 들은 것을 침묵하고 자신만의 것으로만 간직할 수 있는지가 중요하게 여겨졌다. 첫 번째 시기에서는 말보다 침묵이 더욱 중요시되었던 것이다.

강의가 이루어지던 방은 휘장에 의해 두 부분으로 나뉘어져 있었다. 피타고라스가 휘장의 한편에, 제자를 지원하는 이들이 다른 편에 위치했다. 지원자들은 오직 청각으로만 그의 가르침을 받을 수 있었다. 그들은 피타고라스의 말을 듣지만, 그를 볼 수는 없었다. 이러한 수련 과정이 5년이나 지속되었다. 피타고라스학파의 일원들에게 있어서 이 휘장은 매우 큰 중요성을 가지고 있었다. 이 휘장을 넘을 수 있다는 것은 곧 수련 과정을 성공적으로 통과했음을 의미하기 때문이었다. 이 학파의 일원들은 그들이 휘장의 어느 편에 위치하느냐에 따라 두 가지 부류로 구분되었다. 피타고라스가 위치한 곳의 바깥쪽에는 비교적 공개적인 강의의 참가자들이 위치했고, 안쪽에는 회의적이고 어려운 문제에 접근하는 자들이 위치했다. 바로 안쪽에 위치할 수 있는 사람들만이 피타고라스를 직접 볼 수 있었다.

플라톤과 그의 제자들. 19세기 크닐레O. Knillé의 판화.

비밀의 전수

피타고라스학파의 텍스트들 역시 비밀의 간직을 원칙으로 했다. 두 가지 의미를 가진 언어로 편찬된 텍스트들은 두 가지 층위에서의 해석이 가능했다. 하나는 모든 사람들이 이해할 수 있는 의미이고, 다른 하나는 오직 전문가들만을 위한 것이었다. 이처럼 피타고라스학파는 상징과 수수께끼에 대해 이야기했다.

대부분의 지식은 입에서 귀로 전해졌다. 이러한 지식의 전달 방식은 제자들을 구분짓는 또 다른 방식을 보여주었다. 결과는 알게 되지만 그 결과의 증명을 전수받지 못하는 '귀로만 듣는 자들'과 결과와 증명을 모두 전수받는 '수학자들'의 구분이 그것이다.

'귀로만 듣는 자들'의 수업에서는 오직 말로 행해지는 가르침만 있을 뿐, 글로 씌어진 텍스트는 존재하지 않았다.

이로 인해 학교의 모든 구성원들은 자신들의 기억을 십분 활용해야만 했다. 아침마다 학생들은 전날 밤에 있었던 일들을 기억해내지 않고는 자리에서 일어나지 않았다. 그들은 전날 보았던 것, 이야기했던 것, 만났던 사람들에 대해 정확히 기억하고자 노력했다.

귀, 음악, 조화

피타고라스가 선택한 교육 방식은 단지 제자들에게 장애물로서만 작용하는 것은 아니었다. 그것은 오히려 교육 방법에 대한 본질적인 성찰의 산물이었으며, 스승과 제자 사이에 설정된 관계는 '수학'의 본질 그 자체와 맥을 같이 하는 것이었다.

스승을 보지 못한다는 것은 시각을 대신하는 청각적 관계를 형성시킨다. 이러한 상황은 제자들로 하여금 전해지는 단어들과 소리의 음조에 더욱 집중하게 만들었다. 이렇게 하면서 그들은 자신들의 청각을 훈련시키고 정교하게 만들었으며, 조화에 더욱더 가까이 갈 수 있도록 준비했다. 히브리어로 귀를 뜻하는 'ozène'가 '균형'을 의미한다는 사실은 이러한 점에서 매우 흥미롭다(해부학적인 관점에서 귀가 균형을 유지하는 기관이라는 것은 오늘날 잘 알려진 사실이다). 이러한 사실을 바탕으로 우리는 피타고라스에 대한 서로 다른 전설들이 하필이면 왜 음계, 즉 음악적인 조화의 발견과 관련된 일화를 중심으로 형성되어 있는지를 이해할 수 있다.

여성들의 위치

피타고라스 형제회에 가입하기 위해서는 자신이 가진 모든 재산을 공동의 소유로 기부해야만 했다. 누군가 모임을 떠날 경우 그는 자신이 가입할 때 기부했던 것의 두 배를 받았으며, 그를 기념하는 비碑가 세워졌다. 형제회는 평등을 원칙으로 하는 기관이었으며, 모임에는 다수의 여성들도 포함되어 있었다. 피타고라스가 가장 아꼈던 제자는 다름 아닌 밀론의 딸이었던 아름다운 처녀 테아노Théano였다. 그들은 나이차에도 불구하고 결국 결혼하기에 이른다.

입문의 어려움과 위험, 증오와 복수

피타고라스 형제회에 가입하기 위한 수많은 지원자들이 있었지만, 실제로 받아들여지는 경우는 매우 뛰어난 정신을 가진 소수에 지나지 않았다. 모임에 들지 못하고 떨어진 사람들 중에는 실론Cylon이라는 사람이 포함되어 있었다. 매우 감정이 상한 그는 20년 후에 이에 대한 복수를 하게 된다.

기원전 510년 67회 올림피아드가 개최되는 동안 이웃한 도시인 시바리스Sybaris에서 폭동이 일어났다. 폭동의 주동자였던 텔리스Telys는 이전 정권의 지지자들에 대항해 이방인들을 박해했으며, 이로 인해 많은 사람들이 이웃해 있는 크로토네로 피신해 왔다. 텔리스는 반역자들에게 합당한 죄값을 치르게 하기 위해 그들을 다시 시바리스로 추방할 것을 요구했다. 하지만 밀론과 피타고라스는 크로토네 시민들을 설득해 압제자에 맞서 난민들을 보호하도록 했다. 이에 분노한 텔리스는 30만의 군사들을 모아 크로토네로 진군했으며, 밀론 역시 10만의 무장한 시민들과 함께 도시를 지키고자 했다. 70일 동안의 전쟁 이후 밀론 측이 승리를 쟁취했으며, 복수를 위해 크라티스Crathis 강의 수로를 변경시켜 시바리스에 홍수가 나도록 했다.

피타고라스의 죽음

전쟁은 끝났지만 크로토네 시는 전리품의 분배를 두고 분열되었다. 많은 땅이 피타고라스학파에게 돌아갈 것을 두려워한 시민들이 이에 맞서 일어서기 시작

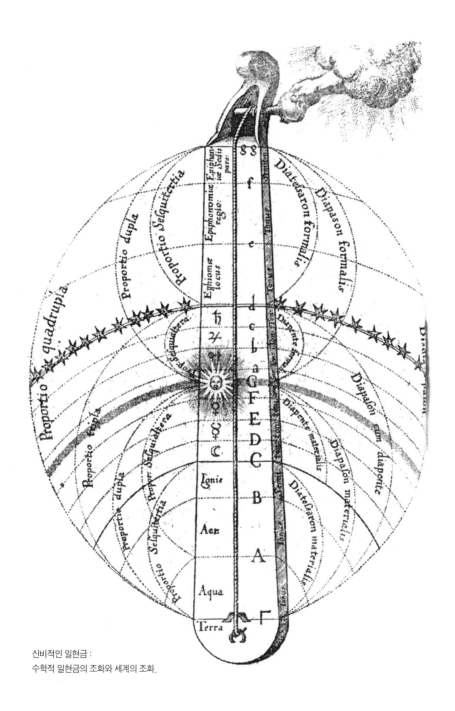

신비적인 일현금 :
수학적 일현금의 조화와 세계의 조화.

했다. 자신들의 학문적 발견을 철저히 비밀에 부쳐온 피타고라스 형제회에 대해 이미 오래 전부터 시민들은 좋지 않은 감정을 갖고 있었다. 여기에 더해 앞에서 언급했던 실론이 스스로 시민의 대변자임을 자처하기 시작하면서 문제가 더욱 심각해졌다. 군중들의 두려움과 욕망을 선동해 실론은 역사상 가장 뛰어났던 수학 학파에 대해 공격을 감행했다. 그들은 밀론의 집과 인접해 있는 학교를 포위했으며, 바깥으로 빠져나갈 수 있는 출구를 봉쇄한 채 건물들에 불을 질렀다. 밀론은 화염으로부터 빠져나올 수 있었지만, 피타고라스와 그의 제자들 중 여러 명은 목숨을 잃고 말았다.

크로토네의 밀론(기원전 540-516), 로자 살바토레Rosa Salvatore의 갈색 잉크화(1615~1673).

제 2 장
고전수

무리수의 이해

무한에의 욕망

짝수와 홀수

소수

무리수의 이해
정수, 유리수, 무리수, 초월수

어른들은 숫자를 좋아하지. 네가 새 친구 얘기를 하면, 어른들은 절대 중요한 것은 묻지 않아. 절대 다음과 같은 질문을 던지지는 않아. "친구 목소리는 어떠니? 그 애가 좋아하는 놀이는 뭐지? 나비 수집을 하니?"

반대로 어른들은 이렇게 질문할 거야. "그 애는 몇 살이니? 형제는 몇이나 되지? 몸무게는 몇이니? 그 애 아버지는 얼마나 벌지?"

_ 앙투안 드 생텍쥐페리 Antoine De Saint Exupéry

몇 가지 주목할 만한 수를 살펴보기 전에 간략하게나마 수의 대가족을 구성하는 몇 가지 요소들을 알아보는 것이 좋겠다. 이러한 설명을 통해서 우리는 수학에서 사용되는 수의 주요한 유형들과 접하게 될 것이다.

소수, 분류의 기준
수의 다양한 분류는 하나의 수가 소수를 지니거나 그렇지 않거나에 따라 다르게 기능한다. 소수를 지닌 경우에는 이 소수의 기능에 따라 설명할 수 있다.

소수점 없는 수들
자연수
숫자들 중 가장 단순한 것은 자연수이다. 예를 들면 다음과 같다.

$$1 \qquad 2$$

$$25 \qquad 4589$$

또는

$$4537685909432$$

가장 단순한 수에는 두 가지 특성이 있다.

― 이 수에는 소수가 없다. 즉, 소수점 이후에 수가 없다. 그러니까 소수점이 없는 것이다. 이러한 이유로 이 수는 자연수라고 불린다.

― 또한 이 수에는 부호가 없다. 그것을 자연수라 칭한다. '자연적인' 이라는 형용사는 이 수들이 예를 들어 사과나 양 같은 자연 대상의 수량을 표현할 수 있음을 나타낸다. 양을 셀 때 우리는 자연수를 사용한다.

이 수의 집합은 덧셈과 곱셈을 통해 달라지지 않는 특성을 지닌다. 실제로 덧셈이든 곱셈이든 두 개의 자연수로 또 다른 자연수를 얻게 되는 것이다.

아주 단순할지라도 자연수들은 수학에서 기초가 되는 역할을 담당하고 있다. 이 수들을 기초로 다른 수들이 구축되는 것이다.

고전수

상대 정수

이것은 부호를 갖춘 숫자들로 다음의 예와 같다.

$$-253 \qquad -48 \qquad +39 \qquad +15$$

우리가 부호를 갖춘 수를 검토할 때는 먼저 0이라는 수를 생각해야 한다. 양의 수와 음의 수를 가르는 이 0은 부호를 갖고 있지 않다. 부호는 0과 비교해 수들의 위치를 정해주기 때문에 중요한 가치를 지닌다. 마이너스(−)는 0보다 작은 수를, 플러스(+)는 0보다 큰 수를 의미한다. 이러한 수들을 규정짓기 위한 형용사 '상대적'이라는 말은 바로 이 사실로부터 유래한 것이다.

자연수는 부호를 갖지 않은 수이기 때문에 반드시 양의 수라고는 할 수 없다. 그러나 관례상 부호 없이 기록된 정수는 상황에 따라 자연수로 또는 플러스 상대 정수로 해석할 수 있다. 반대로 마이너스 상대 정수를 기록하려면 의무적으로 부호 '−'를 사용해야 한다. 그렇지 않으면 문제의 수를 플러스 정수로 혼동할 수 있다.

이러한 식별을 통해 자연수 집합은 상대 정수 집합 속에 포함되어 나타난다.

소수점이 있는 수

수의 다양성은 무한하다.

실제로 소수점이 있는 수는 무한하든 유한하든 간에 양적으로 소수들을 지닐 수 있게 된다.

유한 소수의 예

2.9673
042058
337456
236214
495

무한 소수의 예

1/3 = 0.3
3333333
3333333
333333······

위의 소수에서 점들은 소수 3이 무한히 반복됨을 나타낸다.

소수점을 가진 숫자에는 3개의 부류가 있다.

유리수

만약 자연수를 취해 그것을 다른 자연수로 나눈다면, 결과는 유한 소수나 무한 소수로 나타날 수 있다.

무한 소수는 다시 두 개의 범주로 구분된다. 첫 번째는 소수점 이하의 숫자로부터 주기적으로 소수가 반복되는 것이다(이것이 유리수다). 두 번째는 소수가 주기적으로 반복되지 않는 것이다. 따라서 이것은 우선 계산을 예측할 수 없다.

유한 소수를 다룬 예는 다음과 같다.

$$2/1 = 2$$
$$3/2 = 1.5$$
$$5/16 = 0.3125$$
$$173/64 = 2.703125$$

위의 수들은 각각 소수점 이하에 0, 1, 4, 6개의 정해진 자리수를 포함하고 있다.

무한 소수의 예는 다음과 같다(이 예에서는 주기 그룹이 바로 쉼표 이후에 시작된다).

$$1/11 =$$
$$0.09090909\cdots\cdots$$

$$55/111 =$$
$$0.495495495\cdots\cdots$$

아래에서 보는 무한 소수에서는 39 이하에서 285714라는 수들이 계속해서 반복된다.

$$11/28 =$$
$$0.39$$
$$285714$$
$$285714$$
$$285714\cdots\cdots$$

주의할 점

우리는 이와 같은 속성을 더 간단한 방법으로 규정해 볼 수 있다. 사실 유한 소수를 포함한 수들은 그것에 0을 한없이 붙일 수 있는 무한 소수로 간주될 수도 있다. 예를 들면 다음과 같다.

$$3.478 =$$
$$3.478000000000000000$$
$$0000000000\cdots\cdots$$

이러한 사실을 고려해 본다면, 앞에서 설명한 속성은 다음과 같이 좀더 간단하게 요약될 수 있다.

"다른 수로 나눈 자연수의 소수는 어느 열부터는 주기적이 된다."

상대 정수의 나눗셈은 자연수의 나눗셈처럼 이루어진다. 유일한 차이점은 결과가 부호를 지닌 수로 나타난다는 점이다. 이 부호는 나눗셈에 포함된 정수의 부호에 달려 있다. 소수 주기성의 속성은 부호로부터 독립적이지 못하기 때문에, 다른 수로 나눈 상대 정수의 나눗셈 결과와 같은 값을 갖는다.

정의

어느 열부터 주기적인 소수를 지니는 수들은 유리수라 칭한다. 반복되는 숫자들의 묶음(142857)은 주기적으로 이어지며, 이것은 그 다음 소수들을 예견하게 해준다. 이러한 주기적인 전개를 예견할 수 있는 수가 곧 유리수이다.

수의 신비

$$1/7 =$$
$$0.142857$$
$$142857$$
$$......$$

유리수의 소수 표기가 독특한 속성을 보여주긴 하지만 그것에 주의를 기울이기보다는, 편의상 다음과 같은 분수를 예로 들고자 한다.

$$1/7$$

플러스 정수를 자연수와 동일시함으로써 상대 정수 속에 자연수를 포함시키는 것과 같은 방법으로, 유리수 속에도 상대 정수를 포함시킬 수 있다. 그렇게 하려면 상대 정수 'p'를 유리수 'p/1'에 일치시켜야 한다.

예를 들면 다음과 같다.

$$3 = 3/1$$
또는
$$-4 = -4/1$$

이러한 수의 정의를 통해, 그리고 이러한 수의 분수 표기법을 통해 추정할 수 있는 것처럼, 유리수는 나눗셈과 잘 어울린다. 두 유리수의 나눗셈의 결과는(나눈 숫자가 0이 아니라면) 항상 유리수이다.

유리수의 합, 차이, 또는 곱의 결과 역시 항상 유리수이다. 유리수 집합은 따라서 4개의 계산법에서 변하지 않는다.

반대로 자연수는 모든 자연수로 다 나누어지지는 않는다. 가령 25마리의 젖소가 있고, 3명의 어린아이가 있다고 하자. 똑같은 마리 수(살아있는 젖소!)의 젖소를 각각의 아이들에게 주려고 한다. 하지만 이것은 불가능하다!

나눗셈을 통해서 얻어진 소수의 특성의 역도 또한 사실이다.

"만약 수의 소수 표기가 유한하다면, 또는 어느 열에서부터 주기적이라면, 그 수는 유리수이다."

달리 말해, 유리수는 주기적 소수 표기법을 가지고 있는 유일한 수이다. 따라서 주기성은 유리수를 특징짓는 것이다.

하나의 수는 다음과 같은 경우에 유리수이다.

즉, 이 수의 소수의 전개가(어떤 진법에서나)

어떤 숫자를 기준으로 주기적으로 나타나는 경우가 그것이다.

$$135/11$$
$$=$$

12. 27 27
27 27 27
27 27 27
27 27 27
27 27 27
27

수의 신비

무리수

무리수는 분수를 통해서는 (그것이 아무리 복잡한 형태의 분수라 할지라도) 결코 표현될 수 없다. 하지만 1의 제곱의 대각선 $\sqrt{2}$와 같은 기하학적 형태로 표현될 수 있다. 더군다나 그것에는 어떤 주기성이 있다 하더라도 유리수처럼 수의 주기적 회귀나 수의 그룹을 규정할 수 있는 어떠한 법칙도 없다.

가장 유명한 무리수는 $\sqrt{2}$다. 이것의 소수 표기는 예견할 수 없는 무한 소수로 나타난다.

$$\sqrt{2} =$$

1.41421356237309504
88016887242097······

예를 들면 다음과 같다.

연속되는 1 사이에 점점 더 0이 주기적으로 더 삽입되는 수를 쓰고자 한다면, 우리는 다음과 같이 해야 할 것이다. 먼저 1을 쓰고 나서 0을 쓸 것이고, 그 다음에 또 1을 쓰고 나서는 두 개의 0을 쓸 것이며, 다음에는 1을 쓰고 그 다음에 세 개의 0을 쓰고, 또 그 다음에는 네 개의 0을 쓰는 식으로 반복할 것이다. 결국 소수 1은 규칙적인 간격으로 반복될 수 없게 된다.

$$0.10$$
$$100 \ 1000 \ 10000 \ 100000$$
$$1\cdots\cdots$$

또 다른 예를 들면 다음과 같다.

$$0 \ . \ 1 \ 2 \ 3 \ 4 \ 5 \ 6 \ 7 \ 8$$
$$9$$
$$10 \quad 11 \quad 12 \quad 13$$
$$14 \quad 15 \quad \cdots\cdots$$

여기에서는 소수가 계속되는 자연수의 형태를 보여주고 있다. 소수 1이 주기적이지 못하기 때문에 이 표기법 역시 주기적이지 않다.

주의할 점

무리수의 속성들 가운데 하나는 대수방정식의 근이 되는 것이다. 따라서 이것은 대수학적 수이다.

가령, 대수학적 방정식 $x^2 - 2 = 0$의 답은 $+\sqrt{2}$와 $-\sqrt{2}$이다. 따라서 $\sqrt{2}$는 대수학적 수이다.

초월수

초월수는 대수학적 수가 아닌 무리수이다.

가장 잘 알려진 것은 'π'이다. 소수들이 무리수이며, 예측 불가능하기 때문에, 이것은 무리수다. 따라서 π는 대수방정식으로는 그 답을 구할 수 없다. 또 다른 초월수로는 $e(=2.718)$, 오일러의 상수$(=0.577215)$, e^{π} 또는 π^e 등이 있다.

3의 무리수근이 지배하는 8면체(레오나르도 다 빈치의 것으로 추정되는 도형).

무한에의 욕망
매혹적인 수 'π'

내 존재는 그 자신에 반하여 온 몸으로 절규한다. 실존이란 분명 선택이다.

_ 죄렌 키에르케고르Soren Kierkegaard

초월수는 소수가 주기적이지 않으며, 대수학적 방정식으로 해解를 찾을 수 없는 무리수이다. 그중 가장 잘 알려진 예가 바로 'π'이다. π는 분명 수학에서 가장 유명한 수일 것이다. π와 이것의 역사에 대해 과거에 많은 책들이 씌어졌고, 지금도 많은 연구가 행해지고 있다. 오래 전부터 수학자들을 매료시킨 것은 기하학적 형태로부터 정의된 이 π라는 수가 원과 마찬가지로 간단하지만 아주 많은 신비함과 복잡함으로 가득하다는 사실이다.

π는 수로 정의되는 것이 아니라, 원의 면적과 이 원의 반지름을 토대로 이루어진 사각형 사이의 넓이의 비율로 정의된다.

기원전 3세기에 아르키메데스는 이 비율이 주어진 원의 반지름과는 상관이 없으며, 이 원의 원주와 지름의 비율과 같다는 사실을 밝혀냈다. 그리스인들은 무한한 규모의 비율을 증명하지는 못했지만, 이것이 측정 불가능한 넓이들 사이의 비율이라고 가정했다. 17세기에 들어 넓이들 사이의 비율이 수로서의 지

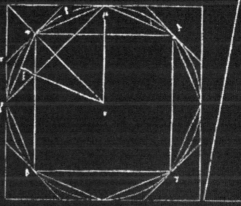

아르키메데스의 구적법(그리스어로 된 원고).

아르키메데스의 초상화(기원전 287~212).

위를 얻게 되자, π 역시 하나의 수가 되었다. 하지만 사람들은 여전히 이 수를 증명하지 못한 채 단지 무리수일 것이라고 생각했다.

π의 표기가 최초로 출현한 것은 1663년 영국인 아우트레드Oughtred의 책에서였다. 이것은 그리스 단어 'periphereia(주변)'의 첫 글자를 딴 것이었다.

1761년에 스위스인 랑베르Lambert는 연분수를 사용해 π가 무리수라는 사실을 증명하는 데 성공했다.

π는 무리수이며 초월수이다

20세기 초반에 사람들은 특히 소수의 통계학적 보급에 관심을 기울였다. 즉, 계속되는 소수에서 0부터 9까지의 수가 나타나는 방식에 관심을 가졌던 것이다. π는 무리수이기 때문에 그것의 소수 전개가 주기적이지 않다는 것을 우리는 알고 있다. 그렇다면 π의 소수들을 통해 어떤 특징들을 찾아낼 수 있을까?

우리는 이 소수들의 어떤 열例부터는 어떤 수를 찾아볼 수 없다는 것, 또는 더이상 수의 유형이 단일하지 않을 수도 있다는 등등의 특징을 생각해 볼 수 있다. 이러한 유형의 특징은 이론적 차원에서 해석될 수 있을 정도로 강한 것일 수도 있다.

그러나 모든 통계학적 연구에도 불구하고 현재까지 발견된 것은 아무 것도 없다. 이것은 아주 놀라운 사실이다. 왜냐하면 사람들은 보통 π가 특별하게 정의되는 수라고 생각하기 때문이다. 이러한 사실을 통해 우리는 π의 소수들과 무작위로 취한 일련의 수 사이에 어떤 차이가 있는지를 자문해 보게 된다. 하지만 무작위로 취한 일련의 수는 어떤 특징을 가지고 있을까? 그리고 이처럼 연속되는 수를 어떻게 특징지을 것인가? 이러한 유형의 문제는 우연의 개념에 대해서까지 질문을 던지도록 하며, 따라서 우리는 이 문제와 더불어 아주 중요한 이론으로 향하게 된다.

고전수

π의 계산

π의 계산 또는 π의 근사값 계산은 고대로까지 거슬러 올라간다.

π에 대한 첫 번째 계산은 바빌로니아 문명에서부터 볼 수 있다. 기원전 약 4000년경의 것으로 추정되는 작은 계산판에서 우리는 원주와 그것에 내접한 6각형의 둘레(직경을 세 번 그은 것과 같은) 사이의 비율에 대한 언급을 볼 수 있다. 이것이 곧 3 + 1/8인 π에 해당되며, 그 값은 다음과 같다.

$$3.125$$

수
의
신
비

설형문자로 기록된 바빌로니아 계산판에서 우리는 π = 3+1/8이라는 근사값을 볼 수 있다. 바빌로니아인들은 원주와 원에 내접한 6각형의 둘레(원의 직경의 세 배에 해당하는)를 비교함으로써 이 수치에 이르렀다.

오늘날 우리가 알고 있는 π의 소수값의 첫 부분과 비교해 볼 때 이 수치의 발견은 아주 대단한 것이라고 할 수 있다. 오늘날 π의 값의 첫 부분은

$$3.14159$$

이다.

π에 대한 또 다른 계산은 기원전 1650년경으로 추정되는 그 유명한 린드Rhind 파피루스에서 볼 수 있다. 이집트의 서기관 아메스Ahmes는 이 파피루스에서 이렇게 기록하고 있다. 원의 면적은 한 변의 길이가 지름의 8/9, 즉 반지름의 16/9과 같은 사각형의 둘레와 같다. 이것을 계산하면 π의 값으로 $(16/9)^2$, 즉 약 3.16에 해당되는 값을 얻게 된다.

아메스는 이러한 결과를 얻게 된 경위에 대해서는 자세히 밝히고 있지 않다. 하지만 오늘날 우리는 이 결과가 한 원의 면적을 당시의 바둑판 무늬에서 볼 수 있는 형상인 8각형의 면적으로 나눈 근사값에서 유래했을 것이라고 추정한다. 그 당시 이러한 계산은 실용적인 목적을 가지고 있는 것이었다. 예를 들어 원형 토지의 일부 면적 계산이나 원기둥형의 곡식 보관 창고 안의 용량을 구할 수 있

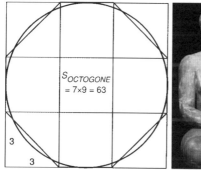

오른쪽에서 승용문자로 기록된 린드 파피루스의 문제 48에서 $\pi=(16/9)^2$를 구할 수 있다. 이 값은 왼쪽 그림에서 볼 수 있는 원의 면적을 8각형의 면적으로 나눈 값과도 비슷하다.

는 방편으로 쓰였던 것이다. 하지만 바빌로니아인들이나 이집트인들은 π의 값을 정확하게 계산하는 일에 대해서는 별다른 관심을 갖고 있지 않았다.

그리스인들에 이르러 수학적 정확성에 대한 의지가 나타났다. 아르키메데스는 기하학적 방법으로 정96면체의 다면체 둘레를 계산해냈고, π의 범위를 다음과 같이 규정했다.

$$3.1410369 < \pi < 3.1427201$$

이 계산은 아주 정확한 것이었다. 이 설정치의 상위 한계인 간단한 분수인 22/7는 오랜 동안 π의 실용적 추정치로 사용되어 왔다. 이 값은 구체적인 문제들을 풀기에도 충분한 것이었다. 16세기 이후에 다음과 같은 소수가 출현함으로써 위의 추정치를 대신하게 되었다.

$$3.14 \text{ 또는 } 3.1416$$

아르키메데스 이후 모든 나라의 수학자들은 π의 근사값을 구하고자 노력했다. 그 방법은 오랫동안 기하학적인 것에 머물러 있었고, 아르키메데스처럼 정다면체를 이용하곤 했다. 서기 2세기에 중국인들이 142/45라는 값을 발견해냈다. 이것은 곧 다음의 값에 해당한다.

$$3.155$$

인도인 아리아바타는 498년에 62832/20000이라는 값을 추정해 냈다.

수의 신비

3.1416

이 값은 9세기에 아랍인들에 의해 재발견되었다. 서양에서는 16세기에 독일인 반 쾰렌Van Ceulen이 변이 2의 62승 개인 다각형, 약 40억×10억에 해당되는 변을 가진 다각형을 이용해서 π의 37자리 소수값을 계산해냈다. 반 쾰렌이 평생 이룩한 이 어마어마한 계산은 말 그대로 영광스런 업적이라 할 수 있다. 하지만 이 방법은 아르키메데스의 방법을 통한 π의 값 계산에 종지부를 찍는 결과를 가져왔다. 이 방법으로는 어느 누구도 반 쾰렌보다 더 멀리 나갈 수 없었다. 그에 따라 새로운 분석적 방법을 통해 π의 새로운 값을 계산할 수 있게 되었으며, 따라서 전통적으로 사용되었던 기하학적 방법은 금세 사라졌다.

1719년에는 프랑스인 라니Lagny가 π의 소수 127자리까지를 계산해냈다. 이 기록은 1794년에 140자리까지 계산한 오스트리아인 베가Vega에 의해 갱신되었다. 1844년에는 다즈Dahse가 205자리까지를 계산해냈다. 1874년에는 클로젠Clausen이 248자리까지, 1853년에는 루터포드Rutherford가 440자리까지, 같은 해에 샨크스Shanks가 530자리까지, 1873년에는 또 다시 샨크스가 707자리까지를 계산해냈다. 샨크스가 계산해낸 소수 707자리는 오랜 동안 π의 소수값의 기록으로 남아있었다. 이 계산을 위해 샨크스가 20년이라는 세월을 바쳤다는 점을 밝혀야 할 것이다. 샨크스가 계산해낸 이 707자리의 소수는 파리에 있는 팔레 드 라 데쿠베르트Palais de la découverte의 천장에 새겨져 있다. 1947년 페르귀송Ferguson이 사무용 계산기를 이용해 소수 710자리를 계산해냄으로써 이 기록을 갱신했다.

한 일화로 샨크스의 소수가 528번째부터 잘못되어 있음을 이 기회를 통해 알 수 있게 되었다. 이는 소수값에 포함된 숫자 하나를 깜빡했기 때문이었다. 결국 이로 인해 파리 팔레 드 라 데쿠베르트의 책임자는 천장의 일부에 적힌 숫자를

235

고전수

다시 고쳐 써야만 했다.

컴퓨터 시대

1948년 뢴치Wrench와 퍼거슨Ferguson은 π의 소수값을 사무용 계산기의 도움을 빌려 808자리까지 계산해냈다. 이들이 계산해 낸 808자리는 π의 소수값을 '손으로' 계산하던 시대에 종지부를 찍었다. 컴퓨터의 출현으로 계산 가능한 π의 소수값은 급속히 늘어났다. 1949년 필라델피아에서는 라이트비스트너Reitwiestner가 프로그래밍한 컴퓨터가 70시간에 걸쳐 2037자리의 소수값을 계산해내기도 했다. 1954년 역시 미국에서는 니콜슨Nicholson과 지넬Jeenel이 프로그래밍한 컴퓨터로 10분만에 3092자리를 계산해냈다.

최초의 전자 컴퓨터인 ENIAC은 1949년에 π의 소수값 계산 기록을 경신했다. 이 컴퓨터는 2037자리까지 계산해냄으로써 같은 해에 수동 계산기의 도움으로 얻어낸 기록의 거의 두 배에 이르는 성과를 거두었다.

1958년 파리에서는 쥬뉘Genuys가 프로그래밍한 컴퓨터가 100분 동안에 10000
자리의 소수값을 계산해냈다. 1961년 워싱턴에서는 샨크스Shanks와 뢴치Wrench가
100000자리를 넘어섰다. 그리고 1973년 파리에서는 기유Guilloud와 마르틴 부예
르Martine Bouyer가 백만 자리를 돌파했다. 1976년에는 브렌트Brent와 살라맹Salamin이
창안한 새로운 유형의 고속 연산법이 출현했다. 이렇게 해서 π의 소수값 산출
의 신세기가 열리게 되었다. 훨씬 효율적인 새로운 연산법의 출현으로 그 성과
는 눈부시게 확대되었다. 그리고 오늘날엔 2조가 넘는 자리의 소수값이 계산되
기에 이르렀다.

샤를르 바바쥬Charles Babbage(1791~1871)가 고안한 분석 기계. 이 기계는 주어진 π의 값으로부터 배수를 계산해내는 역할
을 담당했다.

19951	41908	16682	24900	74207	11186	48815	47728	91718	65359	67765
19952	39579	93350	33427	28214	60541	69649	60098	47069	79585	59264
19953	30428	70363	66471	30713	14782	33061	15764	19913	22242	06460
19954	99898	83076	26858	36055	52740	99047	84676	10760	42417	84215
19955	06285	17557	35299	96478	62552	95428	36742	98706	64579	43375
19956	80101	40740	21161	86144	84329	76574	42634	28528	70477	85563
19957	08309	63143	52787	83041	94501	97029	46575	77773	28167	46858
19958	08745	39316	03937	25331	58992	80579	43463	14087	35860	86177
19959	88263	34927	74615	11849	11655	13068	18467	13677	34882	33410
19960	85136	40394	79392	08876	88633	63394	61382	35834	47940	81569
19961	61091	42938	77347	13893	42377	36191	09646	05642	44474	77908
19962	20760	49660	27135	61689	54106	44483	21365	98082	93890	97296
19963	18912	11834	29149	06163	89638	61069	37520	89534	68839	83344
19964	46718	98212	43478	07238	74074	57697	55450	74368	46747	13502
19965	48588	18399	66556	81963	44528	81194	18331	72636	82505	06118
19966	64900	39412	55205	74571	20360	35578	02514	19043	52671	83721
19967	92138	48299	05803	22469	58424	32315	89844	32510	39654	43535
19968	05354	32292	16747	04077	86146	84859	76255	74461	53511	88003
19969	14305	69954	92784	71674	54497	26976	128 39	33251	83819	72223
19970	28360	70752	27812	92813	01065	69412	62948	73063	42688	37338
19971	18174	21706	08647	54827	63942	42391	40275	32180	42951	90341
19972	16351	70469	80742	33515	56057	85756	24509	99253	20178	74996
19973	36640	47347	70389	85587	30650	76038	70997	73184	31281	09897
19974	89882	08543	55955	09432	53902	37189	52168	20233	44245	57257
19975	53078	79263	39855	09016	45594	23733	96625	22335	16487	50589
19976	55694	21729	72448	95998	82508	92321	12034	79589	41546	54603
19977	03787	86175	91571	66139	88693	26873	74968	47305	49653	29378
19978	21475	64810	57938	08285	30053	24470	80506	56929	42234	00109
19979	59348	29461	45390	78890	66162	64021	50130	73533	00331	92074
19980	56372	63770	77099	93999	22886	21224	32488	02062	63485	08885
19981	30360	10723	43689	01360	64275	81425	28398	78594	91799	79611
19982	21963	79757	65192	45218	67096	08809	21371	11977	50008	78159
19983	30430	72934	48839	30957	57415	92413	75285	97779	72918	93453
19984	85050	80383	19867	74590	02518	65791	72370	80857	41642	97153
19985	80788	40607	13068	68036	19824	19715	77476	38950	72534	68404
19986	56919	27595	31937	22370	22290	15580	06560	76047	38547	35990
19987	44779	96748	74996	97694	27137	66869	55331	95125	33776	40985
19988	87096	68386	32639	26164	94560	86841	40374	56842	07194	05950
19989	70174	30354	69182	13090	06464	93998	55174	13893	85197	57312
19990	15682	61622	86223	18810	96729	74760	60130	28331	19371	61140
19991	87472	70676	25585	67775	11995	66674	86151	96491	29701	93318
19992	08499	41096	18139	29649	27893	60902	12535	44332	73750	64260
19993	62429	94120	32736	25582	44174	98385	09473	09453	43661	59072
19994	84163	19368	30757	19798	06823	15357	37155	57181	61221	56787
19995	93642	50138	87117	02327	55557	79302	26678	58031	99930	81083

장 기유와 마르틴 부예르가 계산해 낸 π의 소수값 백만 자리를 담고 있는 책의 마지막 페이지. 이 책은 종종 '세계에서 가장 지겨운 책' 으로 여겨진다. 이 페이지에는 997501에서부터 1000000자리에 이르는 2500자리가 기록되어 있다.

무한에의 욕망

"그렇다면 왜 이처럼 π의 소수값을 계산해내려고 하는지 의문을 제기해 볼 수 있지 않을까? 우리는 이 계산에서 π의 본질을 드러내주는 심오한 특성을 연속되는 소수 자리수를 통해 발견하고자 하는 이론적 동기를 찾아볼 수 있다. 특히 계속해서 확장되는 π의 소수값의 발견은 소수 자체에 대한 통계학적 분포 연구를 더욱 활성화시켰다. 또한 π의 소수값에 대한 이와 같은 탐구가 갖는 의미는 그 과정 자체에 있다고 할 수 있다.

π의 복잡한 소수값의 발견은 수학 발전의 커다란 원동력이 되었다. 'π'의 복잡성은 수학자들로 하여금 수의 본질에 관련한 다양한 개념 및 수학의 본질 자체에 대해 숙고하게 만들었다. 그것은 여러 가지 기능에 적응할 수 있으며, 수학적으로 큰 관심을 불러일으킬 수 있는 연산 속도의 조정을 불러왔다. 또한 효율적인 계산 실행은 컴퓨터 용량을 테스트 할 수 있는 훌륭한 도구가 되었다."[57]

물론 π의 소수값에 집착하는 추종자들은 종종 이성적으로 잘 이해되지 않는 동기를 보여주기도 한다. 하지만 이것이야말로 인간이 영원에 대한 욕망을 표현하는 여러 형태들 가운데 하나가 아니겠는가?

고전수

짝수와 홀수
카오스와 코스모스의 변증법

오늘 저녁 하나님 아버지의 식탁에는 모두를 위한 자리가 마련될 것이다. 매일 같이 포도밭에서 다른 일꾼들과 섞여

일한 그 누군가는 빵을 나누어 모두에게 은총을 베풀 것이다.

_ 피에르 엠마뉘엘Pierre Emmanuel

수의 신비

    피타고라스학파 사람들은 우주 전체가 조화 속에 펼쳐져 있다고 생각했다. 하늘의 질서 또한 음감音感으로 표현될 수 있었다. 천계들이 펼치는 음악으로 말이다! 이렇게 말하려면 하나의 단어가 필요하다. 피타고라스가 그것을 창안해냈는데, 그것이 바로 '코스모스cosmos'로 질서 정연함과 아름다움을 뜻한다. 세계의 역사는 '카오스chaos'에 대한 코스모스의 투쟁으로 상징된다.

    이러한 질서와 코스모스 개념은 수학자들의 주요 활동 중 하나를 방향짓게 했다. 가령 분류법이 그것으로, 수를 처음으로 분류한 사람이 바로 피타고라스였다. 이 분류는 지금 보면 아주 자연스러워 보이고 늘 그렇게 존재해왔던 것처럼 보이지만, 사실상 이것은 위대한 첫 걸음이었다. 이것은 정수를 짝수와 홀수라는 두 개의 범주로 분류한 것이었다. 즉, 2로 나누어질 수 있는 수와 그렇게 할 수 없는 수의 분류였던 것이다.

2는 첫 번째 '짝수'이며 유일한 '첫' 짝수이다.

3은 첫 번째 '홀수'이다.

이렇게 하여 패리티parité(두 정수 사이에 짝수, 홀수가 일치하는 관계) 계산 규칙이 성립된다.

덧셈에 있어서는 다음과 같다.

짝수 + 짝수 = 짝수

홀수 + 홀수 = 짝수

짝수 + 홀수 = 홀수

하지만 곱셈일 경우는 다음과 같다.

짝수 × 짝수 = 짝수

홀수 × 홀수 = 홀수

짝수 × 홀수 = 짝수

테트락티스Tetraktys

피타고라스 이론의 핵심은 '테트락티스'이며, 이것은 '카데르니테quaternité' 즉 연속된 4개의 요소를 의미한다. 피타고라스 선언문의 첫 구절은 전문가들의 눈에도 아주 커다란 중요성을 가지고 있다.

"아니다. 나는 테트락티스를 우리들의 영혼에 전해준 사람의 이름으로 '테트락티스에 영원한 자연의 근원과 뿌리가 있다'고 맹세한다."

숫자 1, 2, 3, 4와 이의 연속 합(1+2+3+4=10)은 유추를 통해 우주를 이해하는 피타고라스학파의 우주 이해 방식을 보여주고 있다. 그들에게 있어서는,

$$1 = 창조자$$
$$2와 3 = 물질$$
$$4, 5와 6 = 영혼$$
$$7, 8, 9와 10 = 감각의 표명$$

이었던 것이다.

10이라는 수

테트락티스의 합인 10은 신성한 역할을 맡고 있다. 실제로 피타고라스는 10을 가장 아름다운 수라고 가르쳤다. 왜냐하면 10은 다음과 같은 내용을 담고 있기 때문이다.

— 짝수만큼의 홀수 :

1, 3, 5, 7, 9는 홀수

2, 4, 6, 8, 10은 짝수

— 소수(자기 이외의 수로 나누어지지 않는 수)만큼의 합성수 :

1, 2, 3, 5, 7은 소수

4, 6, 8, 9, 10은 합성수

테트락티스와 공간

피타고라스학파의 주요 가르침 가운데 하나는 바로 모든 것이 수로 되어 있다는 것이며, 또한 수를 사용하지 않고서는 그 무엇도 이해되거나 인식될 수 없다는 것이다. 테트락티스는 우주의 여러 차원들을 잉태하는 데 필요한 여러 가지를 상징한다.

1은 점이며, 0차원이자 다른 차원들을 생성한다.

2개의 점은 선분으로 결정되며, 1차원이다.

3개의 점은 삼각형을 이루며, 2차원이 된다.

4개의 점을 서로 이으면 각뿔이 되며, 3차원이 된다.

피타고라스학파는 테트락티스를 자신들의 상징으로 삼았다. 그들은 수의 신비주의를 극단으로 몰아 수가 수학적, 신비주의적 기능을 지닌 것으로 여겨지는 세계를 구축했다.

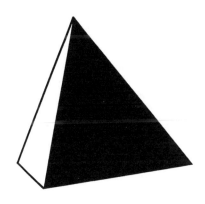

테트락티스의 기하학적 형상인 각뿔.

이중의 테트락티스

『이시스와 오시리스에 대해 *Sur Isis et Osiris*』라는 글에서 플루타르크 역시 테트락티스에 대해 언급하고 있다(76절).

"피타고라스 학파는 그들 나름대로 신의 명칭을 기하학적 수나 도형으로 정했다……

테트락티스라고 하는 수, 즉 모든 사람들이 어디에서나 반복하듯이 자신들의 가장 성스러운 수인 36을 피타고라스학파는 '우주' 라고 불렀다. 이 수는 첫 번째 4개의 짝수의 합과 첫 번째 네 개의 홀수의 합으로 이루어진다."

그리스인들에게는 다음처럼 등호가 상징적 방법으로 여겨졌다.

$$(1 + 3 + 5 + 7) + (2 + 4 + 6 + 8) = 36$$

그리스인들은 짝수와 홀수의 대립 속에서 남성과 여성의 대립을 보기도 했다. 이와 마찬가지로 우주 창조에서 4명의 남신과 4명의 여신이 거론되듯이, 이 '이중의 테트락티스'에서도 역시 남성 4분자와 여성 4분자가 통합된다. 그들은 36이라는 숫자 속에서 우주의 출현을 보았던 것이다.

수의 신비

소수

땅과 하늘 사이에 사다리가 있다. 사다리 꼭대기엔 침묵이 펼쳐져 있다. 아무리 설득력 있는 말이나 글이라도 그저 중계의 단계일 뿐. 거기에는 발을 아주 가볍게 살포시 얹어놓아야 할 뿐이다. 말하기란 빠르게든 늦게든 그저 이목을 끌어보려는 것일 뿐. 글쓰기란 빠르게든 늦게든 그저 이목을 끌어보려는 것일 뿐. 언제든 간에. 도리 없이. 어쩔 수 없이. 오직 침묵만이 간교함이 없는 것. 침묵은 처음이요 끝이다. 침묵은 사랑이다. 그것이 사랑이 아닐 때, 그것은 소음보다 더 비참해진다.

_ 크리스티앙 보뱅Christtian Bobin

소수와 복합수의 정의

양의 정수에는 두 종류가 있다. 소수와 복합수가 그것이다.

— 양의 정수가 그 자신이나 1을 제외한 다른 수로는 나누어질 수 없을 때, 우리는 그것을 소수라고 부른다.

예를 들어 7은 오직 7과 1로만 나눌 수 있다.

$$7 \div 1 = 7$$
$$7 \div 7 = 1$$

— 양의 정수가 두 가지 이상의 수로 나누어질 수 있을 때, 우리는 그것을 소수가 아닌 수, 또는 합성수라고 부른다.

예 :

24는 1로 나눌 수 있다(= 24)

24는 24로 나눌 수 있다(= 1)

그러나 이 수는 그 자신과 1 이외에도 나눌 수 있는 다른 수를 갖고 있다. 24는 2, 3, 4, 6, 8 그리고 12로도 나눌 수 있는 것이다.

1에 대해 주의할 점

1이 이 두 종류 수 가운데 어느 것에도 속하지 않는다는 점에 주목해야 한다. 대부분의 경우 1을 소수로 간주하는 것은 합당하지 않다. 이것은 소수의 속성이 항상 수 1에 적용될 수 있지는 않기 때문이다.

쌍을 이루는 소수

수세기 전부터 수학자들은 소수의 잠재된 소재를 찾아내려 노력해 왔다. 그러나 어쩌면 여기에는 아무런 도식도 존재하지 않을 수 있다. 어떤 소수들은 둘 사이의 차이가 2로만 구성되는 짝을 가지고 있는데, 우리는 그것을 짝을 이루는 소수라고 부른다.

만약 서로 다른 두 개의 소수의 차이가 2이고, 그 이상 이 두 수가 서로 가까워질 수 없다면, 이 수들은 쌍을 이루는 소수가 된다.

쌍을 이루는 소수들의 몇 가지 예를 소개해 보면 다음과 같다.

(3, 5) (5, 7) (11, 13) (17, 19) (29, 31)

오랜 시간에 걸쳐 정립된 수학적 가설에 따르면 쌍을 이루는 소수는 무한히 존재할 수 있다. 아직까지 이 가설은 완전히 증명될 수도, 그렇다고 폐기될 수도 없는 가설로 남아있다.

쌍을 이루는 소수들의 차이는 오직 2라는 점, 즉 2가 두 개의 소수가 접근할 수 있는 상한선이라는 점을 기억해 두자. 만약 둘 사이의 차이가 1이라고 하면, 이때 두 가지 수 가운데에서 하나는 반드시 짝수, 즉 2로 나누어질 수 있는 수일 것이다.

골드바흐Goldbach의 가설

골드바흐는 1742년 오일러에게 보낸 편지에서 다음과 같은 사실을 밝힌 바 있다.

2보다 큰 짝수는 항상 두 소수의 합이다.

예 :

$$34 = 29 + 5$$
$$48 = 31 + 17$$
$$18 = 7 + 11$$
$$20 = 17 + 3$$
$$30 = 17 + 13$$

이 주장은 두 세기 반이 지난 지금도, 수 억 개의 짝수를 다룰 수 있는 컴퓨터의 도움으로 증명을 시도한 이후에도 여전히 완전히 증명되지 않은 채 현대 수학자들에게 풀어야 할 문제로 남아있다.

이 가설이 5 이상의 홀수에도 그대로 적용될 수 있다는 점은 매우 흥미로운 사실이다.

1보다 큰 홀수는 항상 세 소수의 합이다.

예 :

$$55 = 31 + 19 + 5$$

아주 멋진 가설이 아닐 수 없다. 누구도 그 정확한 이유를 증명해낼 수 없다 하더라도 여전히 이 가설은 사실로 남아있다.

소수의 수열

그렇다면 과연 얼마나 많은 소수가 존재하는 것일까? 이것이 바로 소수에 대해 품게 되는 첫 의문점이라고 할 수 있다. 소수가 모든 자연수의 기본 재료를 구성하며(골드바흐의 가설 참조), 이러한 자연수가 무한히 교차된다는 점에서 이와 같은 의문이 제기될 수 있다. 모든 수를 하나씩 조사해 그것들의 수열 또한 무한하게 구성될 수 있다는 사실을 증명할 수 있겠는가?

100 이내의 소수들 :

2 3 5 7

11 13 17 19

23 29 31 37

41 43 47

53 59

61 67

71 73 79

83 89

97

소수의 수열은 무한하다

유클리드로부터 내려온 이 정리는 매우 중요하다. 우리는 특히 연속되는 소수들 사이의 차이가 다양하다는 점에 주목해야 한다. 가령, 위에 제시한 소수들의 목록에서는 각각의 수 사이의 차이가 1, 2, 2, 4, 2, 4, 2, 4, 6, 2, 6, 4, 2, 4, 6, 6…… 식으로 이루어져 있다. 그리스의 수학자 유클리드는 소수가 무한히 많다는 사실을 증명했다. 하지만 이 숫자들은 규칙적인 방식으로 나타나지 않으며, 그것들을 생성하기 위한 공식도 존재하지 않는다. 결과적으로 대소수의 발견은 수백만 개의 수들에 적용해서 시험해보아야 한다는 것을 의미한다.

예를 들면 다음과 같다.

170 141 183 460 469 231 731 687 303 715 884 105 727

39개의 숫자로 이루어진 위의 수는 오랫동안 가장 큰 대소수로 여겨져 왔다. 이것은 '(2의 127제곱) − 1'에 해당하는 것으로, 126개의 칸으로 이루어진 체스가 있다면, 이 게임의 발명자에게 주어졌어야 할 곡식의 수와 같은 것이다.[58]

'에라토스테네스Eratosthène의 체'(기원전 276~194)

100 이내의 소수를 파악하는 것은 어렵지 않다. 2의 배수인 모든 수, 즉 짝수를 제외하고 난 후, 3의 배수를 제외하고, 5나 0으로 끝나는 5의 배수, 그리고 7의 배수를 제외하면 된다.

소수만을 통과시키도록 하는 이러한 방법은 고대부터 알려진 것으로, 이것을 '에라토스테네스의 체'라고 부른다. 에라토스테네스는 기원전 3세기 경의 그리스 수학자로 아르키메데스의 친구였다.

주의할 점

소수(2를 제외한)는 두 그룹으로 나뉠 수 있다.

— 첫 번째 그룹(5, 13, 17, 29……)은 4로 나누어 1이 남는(4k+1이라고 표기하는) 수로 형성된다.

— 두 번째 그룹(3, 7, 11, 19, 23……)은 4로 나누어 3이 남는(4k+3이라고 표기하는) 수로 형성된다.

이렇게 해서 다음과 같이 정리해볼 수 있다.

— 첫 번째 그룹의 모든 수는 두 제곱수의 총합으로 표현될 수 있다. 그리고 이것은 한 가지 방법으로만 존재할 수 있다.

— 두 번째 그룹에 속한 어떠한 수도 위와 같은 방식으로는 표현될 수 없다.

수의 신비

제 3 장

주목할 만한 수

완전수

6과 28의 신비

'우정수'

완전수

말을 삼간 채 램프 곁에 머물러 있자. 말로 할 수 있는 모든 것은 체험된 침묵의 고백만큼 값진 것이 못 된다.

침묵이란 신의 손에 있는 구멍과도 같은 것이다.

_ 라이너 마리아 릴케Rainer Maria Rilke

피타고라스와 그의 제자들은 1, 2, 3······과 같은 자연수들과 그것들의 분수에 특별한 관심을 기울였다. 자연수는 온전수라고도 불리며, 사람들은 유리수라는 칭호 아래 산술적으로 분수에 대해서도 관심을 가지기 시작했다. 여기서 유리수라는 것은 온전수들 사이의 비율 관계를 말한다. 피타고라스 형제회는 무한한 수 가운데서도 특별한 의미를 갖는 수를 찾고자 노력했다. 그중에서도 가장 특별한 의미를 갖는 수를 '완전수'라고 불렀다. 피타고라스에 따르면 수의 완전성이란 그것의 약수에 달려 있다. 왜냐하면 몇몇 수들은 하나의 기본수로 완벽하게 나누어지기 때문이다.

초과수 또는 과잉수

피타고라스는 수를 세 가지 범주로 분류했다. 완전수, 초과수, 불완전수가 그것들이다.

약수의 합이 그 자신보다 큰 경우 우리는 이러한 수를 '초과수' 또는 '과잉수'라고 부른다.

예를 들면 12가 이에 해당된다. 12의 약수는 1, 2, 3, 4, 6으로서 이들의 합은 16이 된다.

$1 + 2 + 3 + 4 + 6 = 16$

$16 > 12$

첫 번째 과잉수는 12이다.

불완전수 또는 부족수

이와 반대로 약수의 합이 그 자신보다 작은 경우 우리는 이 수를 '불완전수' 혹은 '부족수'라고 부른다.

예를 들면 10이 이에 해당된다. 10의 약수는 1, 2, 5로서 이들의 합은 8이 된다.

$1 + 2 + 5 = 8$

$8 < 10$

완전수

가장 특별한 의미를 가지고 있으며, 가장 희귀한 수는 약수의 합과 그 자신이 같은 수로서 이것이 바로 완전수이다. 완전수 가운데 첫 번째 수는 6이다.

예를 들어 6의 약수는 1, 2, 3으로서 이들의 합은 6이 된다.

$1 + 2 + 3 = 6$

$6 = 6$

주목할 점

원래 '완전한'이라는 형용사는 테트락티스에 포함된 첫 번째 삼각수들을 지칭하는 말이었다.

$$1 + 2 = 3$$
$$1 + 2 + 3 = 6$$
$$1 + 2 + 3 + 4 = 10$$

6의 덧셈, 곱셈, 제곱수, 세제곱수

우리는 종종 6을 이중의 의미에서 완전수라고 부른다. 6의 약수인 1, 2, 3은 더하거나 곱해도 모두 6 자신과 같은 값을 산출하는 것이다.

$$1 + 2 + 3 = 6$$
$$1 \times 2 \times 3 = 6$$

또한 6과 그것의 약수들 사이에는 다음과 같은 흥미로운 관계가 성립되기도 한다.

$$1^3 + 2^3 + 3^3 = 6^2 = 36$$
$$1^2 \times 2^2 \times 3^2 = 6^2 = 36$$

6과 피타고라스의 정리

피타고라스 삼각형의 기본이 되는 피타고라스학파의 트리플레triplet[역9]인 3, 4, 5는 6과 6의 약수들과 본질적인 관계를 가지고 있다.

$$3^3 + 4^3 + 5^3 = 6^3 = 216$$
$$1^3 \times 2^3 \times 3^3 = 6^3 = 216$$

희귀한 완전수

0과 1000 사이에는 6, 28, 496이라는 세 개의 완전수만이 존재할 뿐이다. 예를 들어 28은 약수인 1, 2, 4, 7, 14의 합과 동일하다.

$$1 + 2 + 4 + 7 + 14 = 28$$

네 번째 완전수는 8128이고, 다섯 번째는 33 550 336이며, 여섯 번째는 8 589 869 056 이다.

완전수를 만들기 위한 고전적인 방법

유클리드는 완전수를 만드는 방법에 대해 다음과 같이 설명하고 있다.

"1에서부터 출발해 계속해서 각 수의 2배가 되는 수를 나열한다. 이 수들의 합이 소수가 되었을 때, 이 합에 해당하는 수와 나열된 수 중 마지막 수를 곱하면 완전수를 얻게 된다."

이 공식에 따르면 우리는 다음과 같이 연속되는 수의 합을 만들어볼 수 있다.

$$1 + 2 = 3$$
$$1 + 2 + 4 = 7$$
$$1 + 2 + 4 + 8 = 16$$
$$1 + 2 + 4 + 8 + 16 = 31, \text{ 등등.}$$

위의 예에서 소수가 아닌 15를 제외하면 연속되는 완전수를 얻을 수 있다.

유클리드의 방법에 따르면 3, 7, 31은 분명히 소수이다. 이때 연속되는 수의 마지막 항인 2, 4, 16을 각각 합의 값인 3, 7, 31과 곱하면 다음과 같은 완전수를 얻게 된다.

$$3 \times 2 = 6$$
$$7 \times 4 = 28$$
$$31 \times 16 = 496$$

주목할 점

유클리드의 방식에 따라 얻어진 완전수는 항상 짝수가 된다. 왜냐하면 그것은 언제나 2의 제곱수로 곱해지기 때문이다.

이러한 짝수 완전수가 무한히 존재하는지 여부는 아직 알 수 없다.

또한 홀수 완전수가 존재하는지 여부 역시 아직 알 수 없다.

이것은 2000년 이상 여전히 해결되지 않은 채 남아있는 문제이다.

완전수와 인격의 균형

고대 그리스인들은 '완전수'를 '아르트모스 텔레이오스_arithmos téleios'라고 불렀는데, 이 말은 '그 자체로 완성된 수'라는 의미를 가지고 있다. 이러한 사실을 고려하면 이 수들과 인간사를 비교해보는 일도 가능할 것 같다. 예를 들어 완전수를 보면서 우리는 균형 잡혀 있고, 일관된 인격을 떠올리게 된다. 하지만 대부분의 사람들은 처음에 나타난 값보다 부족한 내용물을 담고 있는 부족수에 비교될 수 있다. 세 번째 종류의 수는 상징적으로 단번에 내적인 풍요로움을 다 알아볼 수 없는 사람들을 가리킨다.

이러한 비교가 고대에 어느 정도 자주 행해졌는지는 다음과 같은 사실을 통해 명확히 볼 수 있다. 고대 그리스에서 사람들은 한 수의 '초과분'이 다른 수의 '부족분'을 메워주는 수들의 짝에 관심을 가지곤 했다. 예를 들면 이러한 특성은 220과 284라는 수의 짝에서 잘 드러나고 있다. 이 점에 대해서는 뒤에서 좀더 자세히 살펴볼 것이다. 앞에서 살펴본 방식을 적용해 보면 220의 약수들의 합은 정확히 284와 일치하며, 반대로 284의 약수들의 합은 220과 일치한다. 284라는 수가 가지고 있는 부족분을 220이라는 수가 가지고 있는 초과분이 메워주는 것이다.

이와 같이 짝을 이루는 수를 우리는 특히 '필로이 아리트모이_philoï arithmoï', 즉

수의 신비

'우정수'라고 부른다. 이 명칭은 분명 인간들 사이에 맺어지는 정신적 관계로부터 직접적으로 연유한 것이다. 이를 통해 우리는 종종 어떤 수를 그것보다 더 작은 단위로 세분해 살펴보는 방식이 수에 대한 관찰을 넘어 더 높은 차원의 의미를 갖게 되는 것을 알 수 있다. 이렇게 해서 우리는 수의 물리학으로부터 수의 형이상학으로 넘어갈 수 있게 되는 것이다.

다듬은 십이이십면체(아르키메데스의 다면체). 깎은 정12면체와 정20면체라고도 함(레오나르도 다 빈치의 그림으로 추정).

6과 28의 신비

눈은 하얀색에게 말을 건다. 쌀이 모르는 언어로.

_ 에드몽 야베스Edmond Jabès

피타고라스와 그의 학파에 의해 증명된 완전수를 우리는 다른 전통들, 특히 성서와 카발라 텍스트들에서도 찾아볼 수 있다.

카발라 전통이 아주 오래 전부터 완전수를 알고 있었을 뿐만 아니라 사용해왔다는 것은 의심의 여지가 없다. 성서 텍스트에 나타난 공식이 이에 대한 가장 적절한 증거를 보여주고 있다.

완전수 6

카발라의 기본서 중의 하나인 『티구네 조하르 *Tiqouné Zohar*』의 제11장에는 다음과 같이 기록되어 있다. "창세기의 첫 번째 단어인 '베레쉬트berÉchit'는 무엇을 의미하는가? 문자 그대로 번역해보면 이것은 '태초에'라는 뜻이 된다. 하지만 카발라 전통에서는 이 단어를 '바라 쉬트bara chit'라는 두 개의 단어로 구분한다. 그 의미는 '하나님이 6을 창조하셨다'라는 것이다."

카발라 학자들에게 있어서 태초, 특히 우주의 창세는 '6'의 창조와 함께 시작되었다.

텍스트의 구조 역시 이러한 생각을 뒷받침 해준다. 성서의 처음을 장식하는 '베레쉬트', 즉 "하나님이 6을 창조하셨다."라는 의미의 이 단어는 6개의 히브리 문자로 구성되어 있다.

히브리어로 된 성서의 첫 번째 단어 : Beréchit

이제 우리는 히브리 전통에서 시간의 모든 구조가 왜 6이라는 수의 존재에 기반을 두고 있는지 어렴풋이나마 이해할 수 있다.

세상은 6일 동안 창조되었다. 그리고 나서 안식일이 있었다.

노예는 6년 동안 일을 하고, 7년이 되는 해에는 해방되었다.

6년 동안 땅을 경작할 수 있고, 7년이 되는 해에는 휴경해야 한다. 이것이 바로 '쉐미타chemita'이다.

세상은 6000년 동안 지속되도록 창조되었다. 7번째 천년은 메시아의 시간일 것이다.

기독교 주석가들과 신학자들 역시 이 수들의 완전성에 대해 알고 있었다. 『하나님의 도시 La Cité de Dieu』에서 성 아우구스티누스가 지적한 것을 증거로 들 수 있다.

"단 한 순간에 세상을 창조할 수 있었음에도 불구하고 하나님께서 창조에 6일을 할애하신 것은 바로 우주의 완전함을 보여주시기 위함에서였다."

나아가 아우구스티누스는 6이 완전수인 이유는 하나님께서 그 수를 선택했기 때문이어서가 아니라, 오히려 우주의 본질 속에 완전성이 내재되어 있었기 때문이라고 주장하고 있다. "6은 그 자체로 완전수이다. 이것은 하나님이 6일 동안 모든 것을 창조하셨기 때문이 아니다. 오히려 그 역이 사실이라고 할 수 있다. 즉, 하나님께서 6일 동안 모든 것을 창조하신 이유는 그 수가 완전하기 때문이었던 것이다. 심지어 하나님이 6일 동안 일을 하지 않으셨다 할지라도 이 수는 여전히 완전수로 남게 되었을 것이다."

28의 지혜

히브리 전통의 주석가들은 창세기의 첫 번째 절이 정확하게 28개의 글자로 구성되어 있다는 사실을 지적한다. 28은 두 번째 완전수이다. 『조하르의 책 *Le Livre du Zohar*』은 "태초의 창조의 28글자(kaf-hèt atvan de maassé beréchit)"라는 표현으로 이 첫 번째 절의 구조를 강조하고 있다.

בְּרֵאשִׁית בָּרָא אֱלֹהִים אֵת הַשָּׁמַיִם וְאֵת הָאָרֶץ׃

히브리어로 된 성서의 첫 번째 구절.

다른 텍스트들에서도 28이라는 수는 오랫동안 지적되어 왔다. 우리는 이 수가 히브리어로 'kaf-hèt'로 표기된다는 사실에 주목할 수 있다. 이 두 글자는 '힘'을 의미한다.

'지혜'를 의미하는 'hokhma'라는 단어는 'koah-ma'로 읽힌다. 이 표현은 무엇에 대한 힘, 즉 "질문의 힘 혹은 28의 힘은 무엇인가?"를 의미한다. 이것은 마치 28이라는 수에 대한 질문 자체가 지혜의 특별한 형태를 이루고 있다는 이야기로 들린다.

위대한 탈무드의 주석가 라치Rachi가 창세기에 대한 자신의 첫 번째 주해를 '힘-28'에 대한 언급에 할애했던 것은 올바른 접근 방법이었던 것으로 보인다. 그러면서 그는 시편 제111편 제6절의 "Koah maassav higuid léamo"라는 구절을 인용한다. 그 의미는 다음과 같다. "그가 자기 백성에게 이야기한 것은 그의 행사의 능력(koah, 28)이다."

카발라 학자들은 손의 관절 수가 14라는 점에 주목한다. 이 숫자는 히브리어로 10 + 4, 즉 'yod-dalèt'로 표기된다. 정확히 말해 'yad'는 '손'을 의미한다.

이렇게 해서 '손'이라는 단어는 몸, 숫자, 문자 사이의 연결을 이룬다. 이 기관의 해부학적인 구조(14개의 관절)가 문자와 단어 (yod-dalèt = yad)로 읽힐 수 있는 하나의 숫자, 즉 14를 지칭하는 것이다.

19세기 하시딤[역10]의 지도자였던 랍비 나흐만 드 브라슬라브Nahman de Braslav는 여기에서부터 기도를 하는 중에 박수를 치는 행위의 중요성을 설명하고 있다. 마주친 두 손은 14와 14의 합인 28을 이루는 것이다.

'사랑'을 나타내는 'ahava'라는 단어 역시 '역동적인 게마트리아'(본서의 3장을 참고할 것)로 읽어보면 28에 해당된다. 히브리어에서 이 단어는 'aleph-hé-vèt-hé'로 표기된다. 이것을 역동적인 누적累積 게마트리아(guématria cumulative dynamique)로 풀어보면 다음과 같이 된다.

aleph	1
aleph- hé	1 + 5 = 6
aleph- hé-vèt	1 + 5 + 2 = 8
aleph- hé-vèt-hé	1 + 5 + 2 + 5 = 13
	총합 = 28

세계의 28가지 시간

토라의 첫 번째 절을 제외하고도 28의 중요성을 보여주는 또 다른 텍스트가 있다. '전도서'(Qohélèt)의 유명한 구절이 그것이다. 전도서 3장의 도입부를 읽어보자.

날 때가 있고,	죽을 때가 있으며
심을 때가 있고,	심은 것을 뽑을 때가 있으며
죽일 때가 있고,	치료할 때가 있으며
헐 때가 있고,	세울 때가 있으며
울 때가 있고,	웃을 때가 있으며
슬퍼할 때가 있고,	춤출 때가 있으며
돌을 던져 버릴 때가 있고,	돌을 거둘 때가 있으며
안을 때가 있고,	안는 일을 멀리 할 때가 있으며
찾을 때가 있고,	잃을 때가 있으며
지킬 때가 있고,	버릴 때가 있으며
찢을 때가 있고,	꿰맬 때가 있으며
잠잠할 때가 있고,	말할 때가 있으며
사랑할 때가 있고,	미워할 때가 있으며
전쟁할 때가 있고,	평화할 때가 있느니라.

28개의 반절 가운데에서 인간 존재에 대한 것은 8절에 기술되고 있다. 28개의 반절은 인생을 가장 본질적인 면에서 구분 짓는 28개의 근본적인 시간이다. 이 텍스트의 히브리어 판본은 사실상 성서에서는 매우 드문 '성가', 즉 'chira'의 형태로 편집되어 있는데, 이를 통해 28의 구조를 확실하게 강조하고 있는 것이다.

'우정수'
사랑의 부적

모든 말은 하나의 의심이다. 모든 침묵은 또 다른 의심이다. 하지만 이 둘의 결합은 우리가 숨쉴 수 있도록 해준다.

모든 잠은 칩거이다. 모든 깨어남은 또 다른 칩거이다. 하지만 이 둘의 결합은 우리로 하여금 다시 깨어나게 해준다.

모든 삶은 사라짐의 한 형태이다. 모든 죽음은 또 다른 사라짐이다. 하지만 이 둘의 결합은 우리로 하여금 공허 속에서의 하나의 기호가 되게 한다.

_ 로베르토 주아로즈Roberto Juarroz

'불완전-완전' 수

지금부터 우정수라고 불리는 짝을 이루는 수를 살펴보자. 우정수에서는 수들이 짝을 이룬다는 사실이 무엇보다 중요하다.

앞에서 살펴보았듯이, 그리스인들은 약수의 합과 그 자신이 동일한 수를 '완전수'라고 불렀다. 그 이후 그리스인들은 하나의 수에 부여하던 완전성이라는 개념을 짝을 이룬 수에도 부여하기 시작했다. 단독으로는 불완전수이며, 두 수를 합할 경우에도 불완전수가 되지만, 각각의 약수의 합이 동일한 경우가 한 예가 될 수 있다.

가령, 16과 33의 경우를 볼 수 있다. 16의 약수는 1, 2, 4, 8로 이들의 합은 15이다. 33의 약수인 1, 3, 11의 합 역시 15가 된다.

이처럼 16과 33은 15라는 공통의 약수의 합을 가지고 있다는 점에서 짝을 이룰 수 있다. 하지만 수들 사이의 연관성은 더욱 완벽한 형태로도 나타날 수 있다. 실제로 16과 33의 경우에는 이 두 수를 맺어주는 매개가 각각의 수 자체와는 관계가 없는 15라는 외부의 수에 전적으로 의존하고 있다.

두 수 사이의 연관 관계가 위의 경우와 같이 약수의 합인 제3의 수의 도움을 받지 않고도 성립될 수 있는 경우, 그 연관성은 더욱 커진다. 예를 들어 짝을 이루는 수들 가운데 하나의 약수의 합이 다른 수와 동일할 경우가 이에 해당될 수 있다. 앞에서 들었던 예를 통해 본다면, 만약 16의 약수의 합이 33이 되고, 33의 약수의 합이 16이 되는 경우가 이에 해당될 것이다. 하지만 16과 33은 실제로 이 경우에 해당되지 않는다.

우정수

하지만 이와 같은 조건을 충족시키는 수들도 있다. 그것이 바로 '우정수'이다. 우정수는 완전수와 아주 가까운 계열의 수로 피타고라스를 매혹시켰던 수이기도 하다. 하나의 수의 약수의 합이 다른 수와 같은 두 수의 짝을 '우정수'라고 부른다. 피타고라스학파는 220과 284가 우정수라는 사실을 극적으로 발견해냈다.

실제로 220의 약수는

1, 2, 4, 5, 10, 11, 20, 22, 44, 55, 110 이며,

이 수들의 합은 284가 된다.

또한 284의 약수는

1, 2, 4, 71, 142 이며,

이 수들의 합은 220이 된다.

이렇게 해서 220과 284는 우정을 상징하는 수로 여겨지게 되었다. 『수학의 신

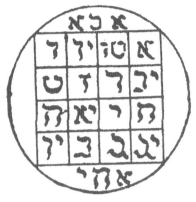

비로운 현상 *Le Spectacle magique mathématique*』에서 마틴 가드너 Martin Gardner는 중세 시대에 사용되었던 부적들을 언급하면서, 위의 수가 새겨진 부적도 이야기하고 있다. 이 부적은 착용한 사람에게 사랑을 가져다준다고 여겨졌다.

한 아랍의 수 점술사는 두 개의 과일에 각각 220과 284를 새긴 뒤, 그중 하나는 자신이 먹고, 다른 하나는 사랑하는 사람에게 주게 되면 수학적으로 보아 사랑의 힘을 배가시켜 준다는 속설을 전해주고 있다.

알 파리지Al-Farisi(1260-1320)는

$17\,296$ 과 $18\,416$ 으로 구성된 수의 짝을 발견했다.

수 세기가 지난 1636년에 페르마가 이 수를 다시 발견해냈기 때문에, 이 수들에는 '페르마의 짝'이라는 이름이 붙어 있다.

1500년 경 알 야즈디Al-Yazdi는

$9\,363\,584$ 와 $9\,437\,056$ 으로 구성된 수의 짝을 발견했다.

한 세기가 지난 뒤 데카르트에 의해 재발견된 이 수는 '데카르트의 짝'이라는 이름으로 지칭된다.

레온하르트 오일러Leonhard Euler는 62쌍의 우정수를 찾아냈다. 하지만 이상하게도 사람들은 그리 크지 않은 단위로 구성된 우정수를 여전히 찾아내지 못하고 있었다. 이 수는 1 184와 1 210으로 1866년 당시 16세의 니콜로 파가니니Niccolo Paganini가 발견했다.

친화수

20세기에 들어 수학자들은 우정수에 대한 사유를 더욱 발전시켜 이른바 '군집수'를 찾아 나서게 되었다. 이것은 세 개 이상의 수가 하나의 완벽한 군집을 이루는 것을 의미한다. 가령, 12 496, 14 288, 15 472, 14 536, 14 264와 같은 다섯 개의 수를 보자. 첫 번째 수의 약수의 합이 두 번째 수와 일치하고, 두 번째 수의 약수의 합은 세 번째 수와 일치하는 형태를 이루고 있다. 이처럼 계속 연결되어 마지막 수의 약수의 합은 첫 번째 수와 일치하게 된다.

지금까지 알려진 것 중에서 가장 큰 계열의 친화수는 28개의 수를 포함하고 있으며, 이것의 첫 번째 수는 14 316이다.

우정수를 만드는 방법

220과 284 등과 같은 우정수의 짝을 발견하는 데에는 매우 복잡하지만 흥미로운 방법이 존재한다. 이 방법이 흥미로운 이유는 무엇보다 1, 2, 3이라는 세 개의 단위수를 역동적으로 결합시키는 데 있다.

실제로 이 세 수를 통해 이루어질 수 있는 여러 조합들 중에서 이것을 각각 더하는 조합을 시행해보면, 첫 번째 완전수인 6을 얻을 수 있다. 또한 다음과 같이 6에서 출발하여 얻게 되는 일련의 배수들을 재료 삼아 우정수를 만들 준비를 할 수 있다.

$$6, 12, 24, 48, 96, 192 \cdots\cdots$$

그리고 이 배열에서 연속되는 두 개의 수들을 따로 분리해 다음과 같이 짝을 이루는 수를 얻는다.

$$6, 12; 12, 24; 24, 48; 48, 96; 96, 192 \cdots\cdots$$

주목할 만한 수

그리고 나서 이 두 수들의 짝 사이에 두 수를 곱한 제3의 수를 위치시킨다. 이렇게 하여 우리는 다음과 같은 세 수로 이루어진 짝을 얻을 수 있다.

$$6 \quad 12 \qquad 12 \quad 24 \qquad 24 \quad 48 \qquad 48 \quad 96$$
$$72 \qquad\qquad 288 \qquad\qquad 1152 \qquad\qquad 4608$$

이제 위의 조합에 들어 있는 각각의 수에서 1을 뺀 조합을 만들어 낸다.

$$5 \quad 11 \qquad 11 \quad 23 \qquad 23 \quad 47 \qquad 47 \quad 95$$
$$71 \qquad\qquad 287 \qquad\qquad 1151 \qquad\qquad 4607$$

여기에서 세 개의 수가 소수인 수의 조합만을 따로 분리한다. 위의 조합의 예에서 보면 다음과 같은 두 가지의 조합만이 이에 해당된다.

$$5 \quad 11 \qquad\qquad 23 \quad 47$$
$$71 \qquad\qquad\qquad 1151$$

그리고 위쪽에 있는 두 수들을 곱한다.

$$55 \qquad\qquad 1081$$
$$71 \qquad\qquad 1151$$

그리고 이 수들 아래에 4로부터 시작되는 배수의 수열을 나열한다.

$$4 \quad 8 \quad 16 \quad 32 \quad 64$$

앞의 수에다가 각각에 해당되는 4의 배수(여기에서는 4와 16이 된다)를 곱하면 다음과 같은 우정수를 얻게 된다.

$$220 \qquad 17296$$
$$284 \qquad 18416$$

평화와 우정

다시 220과 284의 짝으로 돌아가보자. 이 수의 짝은 우정을 상징하는 것으로 여겨진다.

한편, 성서 텍스트에서도 이 두 수들 가운데 하나가 상징적으로 같은 의미로 사용되고 있는 것을 볼 수 있다. 그 내용을 간추려보면 다음과 같다.

"자신을 죽이고자 하는 형 에서와 맞닥뜨리게 된 야곱은 형을 환대하고 그와 화해하려고 마음먹었다. 하지만 형이 이 화해를 받아들이지 않을 경우를 대비해 싸움을 준비하기도 했다. 일단 그는 형에게 화해를 간청하기로 마음먹고 그 조건으로 선물을 보내게 된다. 그는 연속해서 가축 떼를 선물로 보내는데, 이때 그가 처음에 보낸 양과 염소의 무리는 각각 정확하게 220마리였다(창세기 32장)."

성서에서 정확한 수가 기록되어 있지 않을 경우 주석가들은 숫자와 글자의 조합을 이용해서 정확한 수를 찾아내곤 한다. 반대로 텍스트에 명시적으로 수가 기록되어 있는 경우에는 'darchénou'라고 이야기하곤 한다. 즉 "이 수를 해석해보라."는 것이다.

그렇다면 220과 284는 무엇을 의미하는가? 이 수들은 어떻게 선택되었는가? 이 수들에는 어떤 비밀이 감추어져 있는가? 가능한 유일한 대답은 야곱이 220과 284라는 우정수의 전통적인 의미를 알고 있었으리라는 것이다.

애정의 카드, 사랑을 선포하기

220과 284는 족장 제도가 정립된 이래로 알려져 온 전통에 속한다. 그렇다면

주목할 만한 수

순수한 수의 차원을 넘어서서 이 수들에는 어떤 의미가 부여되었는가?

히브리어로 220은 'rèch-khaf'로 표기되고, 'rakh'라고 발음되는데, 그 뜻은 '애정'이다.

284는 'rèch-pé-dalèt'로 표기되고, 'rapad'라고 발음된다. 이것은 "이불을 깔아라." "사랑의 침대를 준비하라."는 의미의 히브리어 어간에 해당된다.

우리는 이 어간을 성서의 '아가서'에서도(2장 5절) 찾아볼 수 있다.

"내가 쇠약해졌으니, 나를 부축해 다오.

내가 사랑의 열병을 앓고 있으니, 나를 위해 사과밭에 침대를 마련해 다오."

이처럼 애정을 나타내는 220의 메시지를 보내면 "사랑의 침대가 준비되었다."는 284라는 대답이 오게 된다.

'애정의 카드'는 종종 실제적인 '위험'을 포함하고 있다.

사람의 몸짓으로 표현한 숫자들, 19세기의 판화.

제 4 장
삼각형에 대한 열정

삼각수

기하학은 운동이나 수, 공간을 규정하지 못한다. 하지만 기하학은 이 세 가지 영역에 특별한 관심을 표명한다.

__ 블레즈 파스칼Blaise Pascal

그리스인들은 수를 표현하기 위해 공간을 이용한다는 아주 놀랄 만한 생각을 가지고 있었다. 기하학적 사유란 곧 공간 속에 다양한 수학적 사실들을 투사하는 것을 말한다. 수를 명수법 체계가 아니라 일군의 점들을 사용해 표현해보면 아주 놀랄 만한 정수론의 속성들을 발견할 수 있다.

여러 추상적인 원리와 마찬가지로 수 역시도 하나의 구체적인 사실로 드러내 보일 수 있다. 물질화시킬 수는 없다 할지라도 적어도 수를 시각화할 수는 있는 것이다.

피타고라스학파는 공간 속에 점을 찍는 형태로 한 자리 수를 표시하곤 했다. 이것은 분명 별의 분포와 유사한 형태를 보여주는 것이다. 이 '산술-기하학'을 통해 그들은 수의 여러 부류를 구분할 수 있었다. 물론 여기에는 모든 수의 그룹에 포함되며 따라서 수의 공통된 선조로 여겨지는 하나의 '점點'으로 이루어진 수도 포함되어 있다.

선형수

(3)

(5)

삼각수 'T'

수	열				
	1	2	3	4	5
삼각형					

이처럼 삼각형 모양을 이루는 수의 배치 원리―종종 '접신론적 덧셈'으로 불리는―는 예를 들어 수점數㪌에서 하나의 수가 가지고 있는 비밀스러운 가치를 결정짓는 역할을 한다. 이 은밀한 가치는 이 수가 가지고 있는 모든 가치의 총합을 의미한다.

가령 4라는 수에는 겉으로 드러나는 4 외에도 1, 2, 3이라는 감추어진 수가 포함되어 있는 것이다.

따라서 이러한 삼각수들은 성스러운 수로도 불린다.

일반적으로 우리는 다음과 같은 규칙에 따라 하나의 수가 가지고 있는 은밀한 가치를 계산할 수 있다. 아래 공식에서 n이 자연수에 해당된다면, 이 수의 삼각수인 T는 다음과 같이 계산될 수 있다.

$$T = n\,(n+1)/2$$

예를 들어, n이 3인 경우

$$T = 3 (3+1)/2 = 12/2 = 6$$

사각수 'K'

수	열				
	1	2	3	4	5
사각형					

하나의 사각수에 '직각 형태의' 홀수를 더하면 또 다른 사각수를 얻을 수 있다는 기하학적 속성이 있다.

이처럼 연속적인 사각수는 직각 형태의 수열 속에 또 다른 수열이 포함되어 있는 식으로 구성된다. 피타고라스학파는 이것을 '그노몬gnomon(고대 천문 관측기)' 또는 '굽은 자(曲尺)'라고 불렀다.

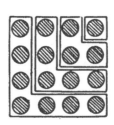

수의 신비

하나의 사각수가 두 개의 서로 다른 삼각수로 분리될 수 있다는 것은 매우 흥미로우면서도 중요한 사실이다. 반면 직사각형의 형태를 한 사각수(가로, 세로의 길이가 다른)의 경우 항상 동일한 두 개의 삼각수를 포함하고 있다.

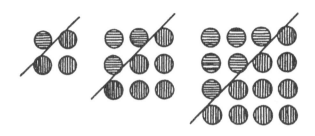

사각수를 'K'라고 표기하면(어떤 사람들은 'C'로 표기하기도 한다) 다음과 같은 공식을 얻게 된다.

$$K1 = 1^2 = T1$$
$$K2 = 2^2 = T1 + T2$$
$$K3 = 3^2 = T2 + T3$$

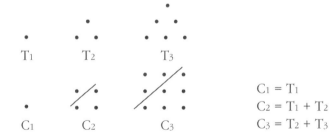

$C_1 = T_1$
$C_2 = T_1 + T_2$
$C_3 = T_2 + T_3$

다각수

삼각수와 사각수 그리고 직각 사각수는 기본적인 기하학의 형태를 이룬다. 또한 이것이 우리가 1열의 형태(figs de rang 1)라고 부르는 점의 형태를 넘어서게 되면 다각형을 구성하게 된다. 이처럼 삼각수들은 삼각형이라는 기본적인 형태 위에서 구성되며, 사각수 역시 이와 마찬가지이다. 우리는 이렇게 해서 5각수, 6각수, 7각수 등을 얻을 수 있다.

다음 도표는 처음 몇 개의 다각수를 보여주고 있다.

수	열				
	1	2	3	4	5
삼각형					
사각형					
오각형					
육각형					
칠각형					

열	1	2	3	4	5	6	7	8	9	10
삼각형	1	3	6	10	15	21	28	36	45	55
사각형	1	4	9	16	25	36	49	64	81	100
오각형	1	5	12	22	35	51	70	92	117	145
육각형	1	6	15	28	45	66	91	120	153	190

하나하나의 다각수에 대한 수학적 공식도 존재한다. 삼각수의 공식은 앞서 살펴본 바와 같다. 여기에서는 5각수의 공식을 소개해본다.

n이 자연수라면 5각수 P는 다음 공식에 따른다.

$P = n(3n-1)/2$

가령 n이 3이면

$P = 3(9-1)/2 = 12$

가 된다.

삼각수의 몇 가지 속성들

정수 n까지의 세제곱의 합은 n차 삼각수의 제곱과 같다. 예를 들어 1부터 4까지의 세제곱수들의 합은 4차 삼각수인 10의 제곱과 같은 것이다.

$1 + 8 + 27 + 64 = 100 = 10^2$

삼각수들의 합은 다음과 같은 여러 가지 흥미로운 형태를 낳는다.

$T1 + T2 + T3 = T4$

$T5 + T6 + T7 + T8 = T9 + T10$

$T11 + T12 + T13 + T14 + T15 = T16 + T17 + T18$

15와 21

15와 21은 그 합과 차이(36과 6)가 또 다른 삼각수를 이루는 여러 삼각수들 중에서 가장 작은 단위의 수의 짝이다.

우리는 15와 21이 신을 지칭하는 두 개의 이름에 해당하는 수적 가치를 가지고 있다는 점에 주목할 수 있다.

Yah (yod-hé) 와 EHYéH (aleph-hé-yod-hé)

$10 + 5 = 15$ 와 $1 + 5 + 10 + 5 = 21$

가우스Gauss의 발견

모든 수는 최대 3개의 삼각수의 합으로 표현될 수 있다.

독일의 수학자이자 영혼의 철학자였던 칼 프리드리히 가우스Karl Friedrich Gauss는 평생에 걸쳐 일기를 썼다. 1796년 7월 10일자 일기에는 아주 유명한 다음과 같은 문장이 씌어져 있다.

$$Euréka = \triangle + \triangle + \triangle$$

이것은 모든 수가 세 개의 삼각수의 합으로 표현된다는 사실을 발견했음을 의미한다.

앞뒤 어느 쪽으로 읽어도 같은 숫자(Palindromes)

다음과 같이 예외적인 삼각수들도 찾아볼 수 있다. 즉, 어느 쪽에서부터 읽어도 동일한 수를 의미한다.

$$666 \; 과 \; 3003$$

또한 2662번째 삼각수인 3544453 역시 마찬가지의 형태를 보이고 있음을 알 수 있다.

수학자인 샤를르 트리그Charles Trigg는 1111번째와 111111번째의 삼각수 역시 같은 형태를 띠고 있다는 점을 발견했다.

$$617716 \; 과 \; 6172882716$$

우리는 또한 제곱수와 삼각수 사이의 관계에 대해서도 주목해볼 필요가 있다. 짝수의 제곱수는 짝수이고, 홀수의 제곱수는 홀수가 된다.

$2^2 = 4$ 짝수

$3^2 = 9$ 홀수

$4^2 = 16$ 짝수

$5^2 = 25$ 홀수

$6^2 = 36$ 짝수

$13^2 = 169$ 홀수

피타고라스학파의 일원이자 그가 죽은 지 200년 후에 활동했던 디오판토스는 다음과 같은 법칙을 증명했다.

모든 홀수의 제곱수는 삼각수의 8배에 1을 더한 수와 같다.

$$K = 8T + 1$$

가령 9, 25, 169에 대해 다음과 같이 증명해 볼 수 있다.

앞에서 보았던 삼각수표를 참고하면 첫 번째 수는 1임을 알 수 있다.

3의 제곱수인 9는 T1 = 1이기 때문에

$$9 = 8T_1 + 1$$
$$9 = (8 \times 1) + 1 \text{ 과 같다.}$$

5의 제곱수인 25는 T2 = 3이기 때문에

$$25 = 8T_2 + 1$$
$$25 = (8 \times 3) + 1 \text{ 과 같다.}$$

13의 제곱수인 169는 T6 = 21이기 때문에

$$169 = 8T_6 + 1$$
$$169 + (8 \times 21) + 1 \text{ 과 같다.}$$

다음과 같은 도표가 있다고 가정해보자. 여기에는 169개의 작은 사각형이 포함되어 있다. 이것은 K = 169를 나타내며, 또한 홀수 13의 제곱수를 나타낸다 (13^2 = 13×13). 검은색으로 표시된 사각형이 중앙에 위치하고 있으며, 다른 168개의 사각형들은 8개의 직각삼각형을 이루고 있다. 이 삼각형들 중의 하나가 회색으로 표시되어 있다.

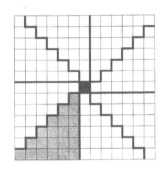

정다면체의 수

삼각수 또는 사각수는 실제로 존재하고 도표로 시각화할 수 있는 수로 구성되어 있다. 또한 그 기하학적 형태가 3차원에 속하는 수들도 존재한다. 이것이 바로 정다면체의 수이다.

다음과 같은 규칙적인 다섯 개의 다면체가 존재한다.

기호	이름	면의 수	모서리의 수	꼭지점의 수	면의 성질
T	4면체	4	6	4	정3각형
C	정6면체	6	12	8	정4각형
O	정8면체	8	12	6	정3각형
D	정12면체	12	30	20	정5각형
I	정20면체	20	30	12	정3각형

가장 유명한 다면체가 바로 정6면체이다.

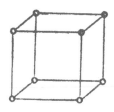 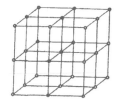

피타고라스의 삼각형

무한 역시 하나의 장소와 하나의 이면을 가지고 있다. 신들은 항상 자기 자리에 있다. 비록 그들이 종종 다른 쪽을 기억한다 할지라도 인간은 항상 이면에 있다. 그리고 다른 편을 기억하지 못한다.

하지만 무한 역시 공중을 맴돌 수 있다. 마치 누가 던진 것인지 알 수 없는 동전과 같이 빈정대는 듯 번쩍거리는 동전과 같이.

이처럼 종종 역할들이 교환된다. 하지만 그에 대한 기억은 분명히 없다. 인간은 무한의 이면이다. 비록 우연이 기억을 한 순간 다른 곳에 위치시킨다 할지라도.

_ 로베르토 주아로즈Roberto Juarroz

피타고라스 형제회가 연구했던 수와 자연 사이의 모든 관계 중에서도 가장 중요한 것은 이 모임 창건자의 이름이 붙은 것, 즉 '피타고라스의 정리'이다.

이 정리는 모든 직각삼각형에 적용되는 방정식을 보여주며, 직각 그 자체를 정의하고 있다. 또한 직각은 수직, 즉 가로와 세로의 관계를 정의하며, 결과적으로 우리가 살고 있는 우주의 삼차원 사이의 관계를 정의해준다. 직각을 통해 수학은 우리가 살고 있는 공간의 구조 자체를 정의할 수 있게 되었다.

매듭이 있는 줄

한편, 피타고라스는 여행 중에 매듭이 있는 줄에 대해 알게 되었다.

역사적으로 확인된 첫 번째 측량 기구들은 바빌로니아와 이집트의 기하학과 함께 모습을 드러냈다. 그 가운데 가장 잘 알려진 것은 피라미드 건축에 사용되었던 열두 매듭이 있는 줄이다. 총 길이가 6m가 약간 넘었던 이 줄은 각각 가운데 손가락 끝에서부터 팔꿈치까지의 길이에 해당하는 약 50cm의 길이로 나뉜 열두 개의 부분으로 이루어져 있었다.

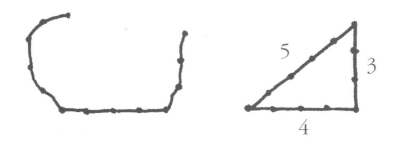

12라는 수는 바빌로니아에서 사용된 12진법에서 기인한다. 이 줄로 각각의 변이 3, 4, 5 매듭에 해당되도록 만들어진 삼각형(이집트의 삼각형)을 만들어보면 직각을 규정할 수 있게 된다. 왜냐하면 이렇게 만들어진 삼각형은 직각삼각형이기 때문이다. 이와 같은 형태와 그것의 척도에 집중되었던 관심을 고려할 때, 이 사실은 매우 중요하다.

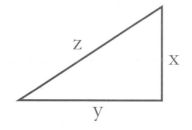

간단한 공식

모든 직각삼각형에는 피타고라스의 정리가 적용된다.

우선 흔히 빗변이라고 부르는 직각삼각형의 가장 긴 변 z의 길이를 잰 후 그것의 제곱근을 산출해낸다. 이렇게 해서 우리는 이 빗변의 제곱근의 값이 다른 두 변의 제곱근을 합한 값과 같다는 결과를 얻게 된다.

직각삼각형에서 빗변의 제곱근은 직각을 이루는 두 변의 제곱근의 합과 같다.
달리 표현하면 (또는 다른 식으로 상징화해보면) $X^2 + Y^2 = Z^2$ 과 같다.

새로운 점은 무엇인가?

수학적 증명의 개념

피타고라스의 정리는 원래 피타고라스의 것이 아니었다. 그보다 앞서 이집트
인들, 특히 바빌로니아인들이 삼중수 전체를 연결짓는 일정한 관계를 발견한
바 있다. 그리고 바로 이것을 그 유명한 피타고라스의 정리가 보여주고 있는 것
이다.

바그다드 남부에 위치한 메소포타미아의 도시인 니푸르Nippur의 유적지에서 약 4000년 전의 것으로(기원전 1900년경) 추정되
는 '플림턴Plimpton 322'라고 부르는 서판이 발견되었다. 이 서판에는 유명한 피타고라스의 여행담을 증명해주는 약 15개의
삼중수가 기록되어 있다.

발견한 고고학자의 이름을 따서 '플림턴 322'라고 명명된 바빌로니아의 한 서판에서 우리는 한 필사자가 두 개의 제곱근의 합이 다른 하나의 제곱근의 합과 동일한 약 15개의 삼중수를 기록해 놓은 것을 볼 수 있다. 이 서판은 피타고라스가 태어나기 1000년도 더 전에 새겨진 것이었다.

그렇다면 피타고라스의 정리는 어떤 점에서 새로우며, 수학과 문명 전반에 걸쳐 그토록 놀라운 사건으로 기억되는가? 사실상 주목할 만한 것은 피타고라스의 정리는 상상할 수 있는 모든 종류의 직각삼각형에 있어서 '참'이라는 사실이다. 이것은 하나의 수학적 보편 법칙을 이루고 있다(역으로 말해 하나의 삼각형이 피타고라스의 정리에 부합된다면 그것은 곧 직각삼각형이라고 할 수 있는 것이다).

직각삼각형의 이러한 속성들의 보편성을 증명한 데에서 우리는 피타고라스의 독창성을 찾아볼 수 있다.

피타고라스 이전 사람들은 직각삼각형의 속성들을 사용하긴 했지만, 그 속성들이 모든 직각삼각형에 적용된다는 사실은 알지 못했다. 이 속성들은 당시에 그들이 탐구 대상으로 하는 삼각형에는 확실히 적용되었다. 하지만 그들은 다른 삼각형에 대해 이 속성들이 적용된다는 그 어떤 확증도 가지고 있지 못했다.

피타고라스가 이 정리를 얻게 된 이유는 그가 이로부터 보편적인 타당성을 증명했기 때문이다. 그리고 그의 확신의 근거는 수학적 증명의 개념 속에 자리잡고 있다.

고전적인 수학적 증명의 개념은 그것이 참이거나 명백한 것이라고 가정할 수 있는 일련의 공리와 명제에 근원을 두고 있다. 그리고 나서 논리적 추론을 통해 조금씩 결론에 도달하게 된다. 공리와 논리가 정확하다면, 그 결론 역시 논박의 여지가 없을 것이다. 이때 내린 결론이 곧 정리가 되는 것이다.

수학적 증명은 이러한 논리적 과정에 근거하고 있으며, 일단 성립되면 그것은 끝까지 유효성을 갖게 된다.

철학자 탈레스가 이미 몇몇 기초가 되는 기하학적 증명을 보여주었다. 하지만 이 생각을 더욱더 멀리 밀고나가 훨씬 더 정교한 수학적 명제들을 도출해낸 것은 피타고라스였다.

피타고라스의 정리를 증명하는 것은 너무나 경이로운 것이어서 당시 신들에게 감사의 뜻으로 백 마리의 소를 제물로 바칠 정도였다. 그것은 수학의 역사상 아주 중요한 단계였으며, 문명사적 관점에서도 가장 기억할 만한 쾌거 중의 하나였다. 이 정리의 발견은 이중의 의미를 가지고 있다.

첫째, 이 정리는 증명의 개념을 발전시켰다. 하나의 수학적 결과가 다른 어떤 것보다도 더 심오한 진리치를 갖게 되었다. 왜냐하면 이 결과는 귀납적인 논리를 따라 이루어진 것이기 때문이다.

둘째, 이 정리는 수학에서 사용되는 추상적인 방법과 구체적인 대상을 연결시켰다. 피타고라스는 수학적 진리가 과학적 세계에 적용될 수 있을 뿐만 아니라 거기에 이론적 근거를 제공할 수 있다는 사실을 보여주었던 것이다.

삼중수의 탄생

우리는 앞에서 피타고라스의 정리가 아주 오래 전부터 알려져 온 것이라는 사실을 언급한 바 있다.

하나의 삼중수가 있다고 하면, 우리는 세 개의 수를 각각 곱함으로써 일정한 간격으로 이어지는 무한한 또 다른 삼중수를 만들어낼 수 있다. 바빌로니아에서 이용되었던 몇몇 삼중수들은 3, 4, 5라는 기본적인 삼중수를 직접적으로 일반화시킨 결과였다. 즉, $9 + 16 = 25(3^2 + 4^2 = 5^2)$ 과 같은 것이다.

이와 같은 방식으로 우리는 (6, 8, 10) (12, 16, 20) (24, 32, 40) 등과 같은 삼중수들을 간단히 얻을 수 있다.

가장 '평범한' 해결책 중의 하나가 (1, 0, 1)이라는 것을 잊지 말자.

하지만 다른 삼중수들은 즉각적으로 얻어지지 않는다. 어떤 것들은 다음과 같은 공식을 통해서 얻어질 수 있다.

$$a^2 + (a + 1)^2 = b^2$$

이와 같은 삼중수에는 예를 들어 119, 120, 169와 20, 21, 29가 있다.

육팔면체(아르키메데스의 다면체. 레오나르도 다 빈치의 그림으로 추정).

이시스의 삼각형

벽 저편에서는 도대체 무슨 일이 일어나는가?

_ 장 타르디유Jean Tardieu

'결혼수' 또는 '수'

수 3, 4, 5는 고대에 특히 수메르와 바빌로니아에서 매우 유명한 수였다.

바빌로니아에서 통용되던 큰 수의 단위였던 '사르sar(원)'는 60의 제곱인 3600에까지 이르면서 획득된 것이다. 이 수는 당시의 필사자들에게는 큰 수, 즉 무한(힌두인들에게는 20000에 해당했다)을 의미했다. 그런데 이 수는 후일 더 큰 '사르'인 60의 세제곱, 즉 216000에 자리를 내어주게 되었다(이것 또한 후에 60의 네제곱인 12960000에 자리를 내어주게 된다). 이 60의 제곱은 '수' 혹은 '결혼수'로 불리게 되었으며, 그 수학적 형태는 다음과 같다.

$$3^2 \times 4^2 \times 5^2$$

결혼수와 이시스의 신성한 수

이처럼 결혼수는 3, 4, 5라는 신성한 삼각형과 연결되어 있다. 이 삼각형은 더 오래전에 이집트에서 '이시스의(isiaque)' 삼각형이라고 불렀던 신성한 삼각형의 변형체이다. 『이시스와 오시리스에 대하여』의 56장에서 플루타르크는 이 삼각형의 이름이 여신 이시스Isis의 이름과 관계가 있다고 밝히고 있다.

> "이집트인들은 이 직각삼각형을 가장 아름다운 삼각형으로 여겼으며,
> 이 삼각형의 형태에서 우주의 본질을 보았던 것으로 보인다.
> 한편, 플라톤 역시 『공화국』에서 결혼을 기하학적인 형태로 설명하면서
> 이 삼각형을 이용했던 것으로 보인다.
> 이 직각삼각형에서 3이라는 수는 직각을 이루는 변, 4는 밑변, 5는 빗변
> 을 가리키고, 5의 제곱은 직각을 이루는 3과 4의 제곱의 합과 같다. 직각
> 을 이루는 변을 남성을 상징하는 것으로 보고, 밑변은 여성, 빗변은 이
> 둘의 결합으로 생산되는 것으로 보아야 한다. 이렇게 하여 오시리스Osiris
> 를 제1의 원칙으로, 이시스는 오시리스로부터 영향을 받는 실재로, 호
> 루스Horus를 이 둘의 결합의 결과로 보아야 한다."

각 변이 3, 4, 5와 같거나 이와 같은 비율을 가지는 직각삼각형은 아주 오래 전부터(이미 수메르인들도 이 삼각형을 언급했다는 것을 살펴본 바 있다) 알려져 왔다. 하지만 이 직각삼각형이 이집트에서 가장 잘 알려졌었다는 사실을 한 번 더 강조할 필요가 있다.

'이시스의 삼각형'이라고 불리는 이 삼각형은 현실적으로는 식각을 그리는 데 사용되었으며, 형이상학적으로는 이집트의 세 신인 오시리스, 이시스, 그리고 그들의 아들인 호루스를 상징하는 데 사용되었다.

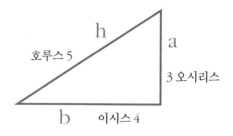

피타고라스학파는 이 삼각형의 빗변에 '정복할 수 없는' '지배하는'이라는 이름을 부여했다. 이 삼각형의 세 변에 해당하는 3, 4, 5는 완전수 6과도 관련되어 있다. 즉, $3^3 + 4^3 + 5^3 = 6^3$이 되는 것이다. 이집트인들은 이 관계를 잘 알고 있었다.

유대인이자 피타고라스학파의 일원이었던 알렉산드리아인 필론Philon(서기 150년경)은 그의 저서 『명상적인 삶에 대하여 De Vita contemplativa』에서 유대-피타고라스학파의 한 분파인 은둔 치료사들이 매 7일과 50일마다 집회를 가졌다고 밝히고 있다. 7은 동정수이며, 50은 신성한 삼각형을 이루는 수들의 제곱의 합($3^2 + 4^2 + 5^2 = 50$)과 같기 때문이다. 즉, 이것은 소우주와 대우주의 결합을 나타내는 5와 10의 결합에 해당되었던 것이다.

이집트의 3신인 이시스, 오시리스, 호루스에 대해 글로 씌어진 전설은 이들의 형상만큼이나 널리 퍼져 있었다. 이마에 초승달을 상징하는 황소의 뿔을 장식하고 있는 '아름다운 여신'인 이시스 숭배는 이집트에서 가장 널리 행해지고 꾸준히 행해졌던 의식이었다. 그것은 점차 지중해 전역에 퍼져나갔다. 우선 이시스가 세레스Cérès-주논Junon-프로세르피네Proserpine와 동일시되었던 그리스를 시작으로 로마와 골 지역을 거치면서 수많은 변신을 거듭했다. 이집트의 알렉산드리아 지역의 몇몇 종파들은 이시스를 그리스도의 어머니인 성모 마리아와 동일시하기도 했다. 이렇게 해서 남편인 오시리스와 아들인 호루스와 더불어 이루어진 이시스에 대한 이집트인들의 숭배는 종종 기독교에 있어서의 삼위일체와 비교(다른 모든 차이점들을 감안하면서)되기도 한다(모세와 이시스의 삼각형의 관계에 대해서는 본서의 321쪽을 참고할 것).

플루타르크는 또한 이 여신 숭배에 대해서도 자세한 정보를 알려주고 있다.

> "그리고 나서 그들은 동지 경에 행렬을 이루어 황소를 데리고 가 신전 주위를 일곱 바퀴 돈다.
>
> 그들은 또한 이시스는 달과 같다는 사실을 소리 높여 이야기한다. 그 증거로 그들은 이시스의 형상에서 초승달 모양을 한 뿔을 내세운다.
>
> 그들은 성공적인 사랑을 위해 달에게 기원했다. 에우독소스Eudoxe(크니도스Cnide의 에우독소스, 기원전 409~356, 그리스의 천문학자이자 수학자)에 따르면 이시스는 애정을 주관했다는 것이다.
>
> 이시스는 여성적 성질로 자연 속에 존재하고, 모든 생산의 씨앗을 받아들이는 부인으로서 존재한다. 플라톤에 따르면, 이시스는 모든 존재들의 어머니이자 보편적인 그릇이다. 그녀는 최초의 존재, 그 자체로 선한 원칙과 동일한 모든 것들의 주관자에 대한 타고나 사랑을 가지고 있다. 그녀는 그를 욕망하고 추구한다…….
>
> 그녀는 자진해서 그에게 스스로를 내어주고, 그렇게 함으로써 그의 씨를 잉태하고, 내부에 그의 활동적인 영향을 받기를 원하고, 결국 그를 닮은 자를 생산하기를 원한다. 자신 안에 행복한 수태의 확실한 징후들을 느낄 때면 그녀는 감미로운 쾌락과 전율을 체험한다. 존재들의 생산은 그녀를 풍요롭게 만들어 주는 실재의 이미지이고, 생산된 존재는 모태 안에 각인된 최초의 존재의 재현이기 때문이다."

피에르 드 페르마 (1601~1665).

피타고라스, 페르마, 와일즈

지知에 대한 새로운 주장은 수학적인 것이다. 종종 인용되지만 여전히 잘 이해되지 않고 있는 다음의 문장은 칸트의 것이다. "자연에 대한 개별적인 이론에서 이른바 과학이라고 하는 것은 오직 수학이 있는 한에서만 그 존재 권리를 갖는다."

_ 마르틴 하이데거

페르마

피에르 드 페르마는 모든 정수의 속성들을 다룬 수학의 한 영역인 수이론數理論의 창시자이다. 1601년에 툴르즈Toulouse 근처에서 태어난 페르마는 유럽의 주요 대학 도시들로부터 멀리 떨어진 프랑스의 남부 지역에서 살았다. 그는 수학자가 아니라 법관이었다. 그래서 그의 수학적인 저작들도 생전에는 출판되지 않았다. 그는 오직 다른 수학자들과의 개인적인 서신 교환을 통해서만 당시의 수학계에 참여했을 뿐이었다. 페르마는 그가 죽은 뒤 한참이 지나서야 증명된 아주 흥미로운 이론들을 발표했다.

페르마는 수학 역사상 가장 뛰어나고 가장 놀랄 만한 수학자들 중의 한 명이었다. 물론 그가 모든 수를 검토할 수 있었던 것은 아니었다. 하지만 $n > 2$라고 할 때, $x^n + y^n = z^n$이라는 방정식을 만족시키는 해解는 모든 수에 존재하지는 않는다는 그의 확신은 증명을 통해 이루어진 것이었다. 이것은 피타고라스가 자신이 정리의 유효성을 증명하기 위해 모든 삼각형을 다 검토하지는 않았던 것과 같다. 라틴어로 쓰인 하나의 주_註가 이 사실을 보여주고 있다. 페르마는 디오판토스(기원전 250년경에 살았던)의 라틴어 판 『정수론』의 여백에 다음과 같은 메모를 남겨 두었다. "나는 이 명제에 대해 놀랄 만한 증명 방법을 가지고 있다. 하지만 그것을 기록하기에는 이 여백이 너무 좁다."

바로 이것이 '페르마의 정리'라고 불리는 것의 출발점이었다. 바로 이 정리는 근대 수학에 있어서 가장 유명한 문제들 가운데 하나였다. 시대와 국가를 초월해 가장 뛰어난 재능을 가진 수학자들이 이 방정식을 끝까지 해결하기 위해 노력했다. 18세기의 천재적인 수학자였던 레온하르트 오일러는 항복을 선언하기도 했다. 19세기에 소피 제르맹Sophie Germain은 그때까지 여성에게는 접근이 허락되지 않았던 수학 분야에 뛰어들기 위해 남자로 가장하기도 했다. 갈루아인 에바리스트Évariste는 죽기 바로 전날 수학에 대변혁을 가져올 하나의 이론을 몇 장의 종이에 남기기도 했다. 폴 볼프스켈Paul Wolfskehl이 이 정리를 푸는 데서 삶의 이유를 찾았던 반면, 유타카 타니야마Yutaka Taniyama는 이 정리를 풀지 못한 데에서 생긴 화병으로 자살하기도 했다.

앤드류 와일즈Andrew Wiles

마침내 1993년에 "프린스턴 대학의 젊은 영국인 교수였던 앤드류 와일즈가 7년 동안의 고독한 연구와 수개월에 걸친 회의 끝에 이 환상적인 문제를 해결하는 데 성공함으로써 수학계를 놀라게 했다."[59]

와일즈의 전기 작가들에 따르면 젊은 그는 뛰어난 상상력을 통해 벨E. T. Bell의 『최후의 문제 *Le Problème ultime*』라는 저서를 통해 이 페르마의 마지막 정리를 발견하게 되었다고 한다.

"밀튼 로드Milton Road 도서관에 앉아 있던 10살짜리 한 소년이 수학에서 가장 어려운 문제에 골몰하고 있었다. 보통의 경우 문제의 절반은 이 수수께끼를 이해하는 데 있었다. 하지만 이 문제는 아주 간단한 것이었다. '자연수 전체에서 n이 2보다 클 때, 방정식 $x^n + y^n = z^n$을 만족시키는 해가 없다는 것을 증명하라' 는 것이었다. 수많은 수학 천재들이 이 문제에 부딪쳐 성공하지 못했다는 사실에 대해서 와일즈는 전혀 괘념치 않았다. 오히려 그는 이 문제를 증명하기 위해 학교에서 배우던 모든 교과서들에 나와 있는 수학적 지식들을 이용하면서 즉석에서 이 문제에 도전했다. 아마도 그는 페르마를 제외하고는 그 누구도 심각하게 고려하지 않았던 그 어떤 비밀을 발견하는 데 이르렀던 것으로 보인다. 그는 세상을 깜짝 놀라게 할 꿈을 꾸었다.

30년 후 와일즈는 모든 준비를 갖추게 되었다. 아이작 뉴턴 연구소(Isaac Newton Institute)의 대강당에서 있었던 여러 시간에 걸친 증명이 있은 후에 그는 또 한번 칠판에다 하나의 방정식을 휘갈겨 썼고, 페르마의 정리를 증명해냈다는 승리감을 감추려고 노력하면서 청중들의 반응에 응답했다. 이때 강연회는 절정에 달했고, 그 자리에 참석했던 모든 사람들은 이 사실을 놓치지 않았다. 그중 한두 명이 표시나지 않게 강연장에 들고 온 카메라를 터뜨려 와일즈가 결론을 내리는 장면을 사진에 담았다.

와일즈는 분필을 손에 든 채 마지막으로 한 번 더 칠판을 향해 돌아섰다. 그리고 몇 줄을 더 쓴 끝에 완벽한 증명에 이르게 되었다. 3세기나 지속되었던 페르마의 내기에 처음으로 종지부를 찍은 것이다. 이 역사적인 순간을 포착하기 위해 카메라 플래시들이 여기저기에서 터졌다. 와일즈는 페르마의 마지막 정리를 쓴 뒤 청중을 향해 돌아서서 이렇게 겸손하게 이야기했다. '여기에서 멈추어도 되겠지요.'

강연실에 있던 2백여 명의 수학자들이 박수갈채를 보냈고, 브라보를 외쳤다. 이 결과를 예측했던 사람들조차도 반신반의의 미소를 지었다. 30년 만에 앤드류 와일즈는 10살 때의 꿈을 실현시킨 것이다."[60]

앤드류 와일즈, 행복한 천재의 모습.

블레즈 파스칼(1623~1662). 프랑스가 낳은 천재적인 물리학자, 철학자, 수학자. 1662년에 만들어진 파리의 첫 번째 대중교
통 수단인 8인승 마차의 발명자가 그였다는 사실을 아는 사람이 얼마나 될까?

파스칼의 삼각형

신성한 삼각형과 피타고라스의 정리가 수학자들과 형이상학자들의 관심을 끌었다면 그만큼이나 중요한 또 하나의 삼각형이 존재한다. 이것은 수의 이론에 의해 발견되고 해석되는 무한한 속성들을 포함하고 있다. '파스칼의 삼각형'이 그것이다.

이 삼각형의 첫 일곱 줄은 다음과 같이 제시될 수 있다.

							또는							
1										1				
1	1								1		1			
1	2	1							1	2		1		
1	3	3	1					1	3		3		1	
1	4	6	4	1				1	4	6	4		1	
1	5	10	10	5	1		1	5	10	10	5	1		
1	6	15	20	15	6	1	1	6	15	20	15	6	1	

1653년에 파스칼은 서양에서는 처음으로 이와 같은 수열에 대한 논문을 썼다.

앞쪽의 오른쪽 삼각형을 보자. 각 줄에서 1을 제외한 다른 수들은 모두 바로 위에 있는 두 수의 합과 같다. 가령, 세 번째 줄에 있는 2를 얻기 위해서는 두 번째 줄에 있는 두 개의 1을 합하면 된다. 마지막 줄에 있는 6을 얻기 위해서는 앞줄에 있는 1과 5를 합하면 된다. 이와 같은 연산은 무한히 반복될 수 있다.

이 삼각형 안에는 아주 매혹적인 많은 도식들이 존재한다. 예를 들어 왼쪽에 있는 1들 중에서 어떤 것으로부터 시작해서 대각선 아래에 있는 수를 더하면 그 합은 피보나치 수열의 수가 된다는 것을 알 수 있다(피보나치의 수열 1, 1, 2, 3, 5, 8, 13……에서 각각의 수는 앞의 두 수의 합과 같다).

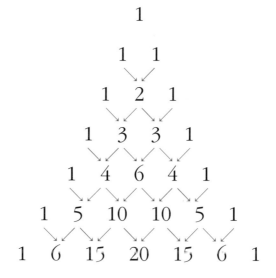

$$1 = 1$$
$$1 + 0 = 1$$
$$1 + 1 = 2$$
$$1 + 2 = 3$$

$$1 + 3 + 1 = 5$$
$$1 + 4 + 3 = 8$$
$$1 + 5 + 6 + 1 = 13$$

주목할 점

첫 번째 두 개의 대각선 중에서 하나는 1로 끝나고, 다른 하나는 1, 2, 3, 4, 5……의 수열을 이룬다.

많은 연구자들이 육각형의 많은 속성들을 갖는 완벽한 사각형의 존재뿐만 아니라 이 대각선들 속에서 형성되는 매혹적인 기하학적 형태들을 발견해냈다. 그들은 이 삼각형을 음수 전체와 고차원으로 확장시켰다.

컴퓨터를 이용해 얻어낸 그래픽은 '파스칼의 삼각형'이 가진 놀랄 만한 내적인 형태들을 잘 보여주고 있다.

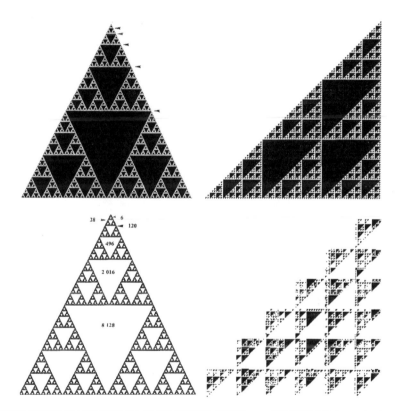

컴퓨터를 통해 얻은 '파스칼의 삼각형'의 놀랄 만한 내적 형태들. 피코베르Pickover, 『오! 수들이여 Oh, les nombres!』.

한편, 벌써 아랍인들(오마르 카이암Omar Khayyâm은 1100년대에 이 도식을 언급한 적이 있다)과 중국인들도 이 유명한 삼각형을 알고 있었다는 사실을 지적하자. 중국에서는 주세걸朱世傑이 1303년에 다음과 같은 도표를 담고 있는 한 저서를 출판함으로써 이 삼각형의 존재를 증명하고 있다.

수의 신비

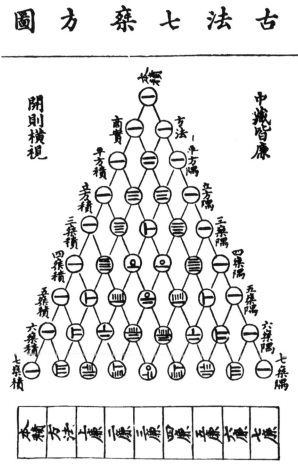

중국의 수학자 주세걸이 1303년에 발간한 『사원옥감四元玉鑑』의 발췌본. 주방의 『숨겨진 수』, 107쪽에서 재인용.

황금수

가장 훌륭한 위안은 하나의 영혼 속에서 세계 전체를 발견하는 것이고, 내가 포옹하는 친구라는 창조물에게서 나의 종
種 전체를 발견하는 것이다.

_ 프리드리히 횔덜린Friderich Hölderlin

세대별 황금수

황금수는 조화롭고 균형 잡힌 건축을 가능케 하는 수이다. 우리는 이 수를 자연 속에서 뿐만 아니라 수학적이고 기하학적인 수의 관계 속에서도 발견할 수 있다.

이집트인들은 황금수에 1.614라는 값을 부여했다. 우리는 특히 케옵스Kheops의 피라미드와 룩소르Louqsor 사원에서 그것을 찾아볼 수 있다.

1, 2, √5 의 삼각형

아주 간단하고 만들기 쉬운 직각삼각형이 존재한다. 짧은 변이 1이고 긴 변이 2이며, 빗변이 √5인 삼각형이 그것이다. 피타고라스의 삼각형과는 달리 이 삼각형의 빗변은 정수가 아니다.

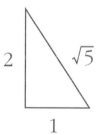

사실상 피타고라스의 삼각형에서는 두 직각변이 3과 4였고, 빗변은 5였다. 현재의 미터법과 계산법을 적용해 보면 다음과 같은 값을 얻을 수 있다.

짧은 변:　　　1
긴 변:　　　　2
빗변:　　　　$\sqrt{5} = 2.236$
합:　　　　　5.236

왕의 쿠데coudée

이집트 '왕궁'의 길이 단위인 '쿠데'(팔꿈치에서 손까지의 길이)가 0.5236m에 해당한다는 점을 지적하자.

주목할 점

옛날 미터법이 일반적으로 왕이나 황제의 치수에 기초를 두고 있다는 사실은 매우 흥미롭다. 가령 프랑스에서 사용되는 '발(pied)'이라는 이름의 길이 단위는 샤를마뉴Charlemagne 대제의 커다란 발의 치수에서 유래한 것으로 '왕의 발'이라고도 불렸다.

쿠데는 시대와 나라에 따라 0.442m에서 0.720m에 이르기까지 매우 다양하다. 이집트만 하더라도 두 종류의 쿠데가 사용되었다. 위에서 언급한 7개의 팔므palme(손바닥 폭으로 재는 단위)로 나뉘는 왕의 쿠데와 6개의 팔므만 담고 있는 0.450m에 해당되는 쿠데도 있었다.

왕의 쿠데와 황금수

왕의 쿠데의 절반이 'pied', 즉 0.2618에 해당된다. 따라서
2.618에서 1(작은 변)을 빼면 = 1.618이 되고,

2.618에서 2(큰 변)를 빼면 = 0. 618이 된다.

그런데 1.618은 그 유명한 '황금수'인 '파이(φ)'에 해당된다. 그리고 0.618은 그 역인 '1/파이'에 해당된다.

그리스인들

이집트에서 황금수는 사제들만이 가지고 있는 은밀한 지식 속에서만 찾아볼 수 있었다. 이 황금수의 기하학적인 증명을 발견한 사람이 바로 유클리드이다. 파르테논 신전을 건축하는 데 이 수를 사용했던 그리스인들은 황금수의 발견을 피타고라스의 공으로 돌렸다.

1225년에 피보나치 역시 황금수의 값(1.618)을 이야기했다. 보통 황금수라고 할 때는 바로 이 수를 가리키는 것이다.

이 황금수는 종종 하나의 그림이나 건축물의 균형의 열쇠가 된다. 티티아노 Titien나 미켈란젤로와 같은 르네상스의 화가들도 이 수를 사용했다.

샤르트르Chartres 대성당에 있는 왕의 문이 그 좋은 예를 보여준다.

샤르트르 대성당에 있는 '왕의 문'의 주요 부분.

로지에 반 데르 바이덴Rogier van der Weyden(1400~1464)의 「십자가에서 내림 *Descente de croix*」(1435년). 이 그림은 황금수를 중심으로 한 매우 정확한 구성에 따라 그려졌다.

르 코르뷔지에Le Corbusier의 동반자들

중세에 평신도회, 동업 조합, 길드, 프리메이슨 등의 집단들은 성당의 건축을 위해 이 개념을 전수해 왔다. 르 코르뷔지에와 같은 많은 건축가들이 의도적으로 황금수의 속성들을 사용했다면, 예술가들은 의도적으로가 아니라 조화에 대한 본능을 통해 황금수를 사용했던 것으로 보인다.

조화로운 비율의 인체에 있어서 바닥에서 배꼽까지의 길이를 1.618로 곱하면 전체 키가 된다.

우리는 'φ'의 모듈을 계란의 크기와 정5각형에서도 찾아볼 수 있다.

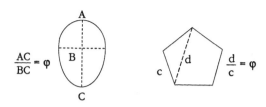

$$\frac{AC}{BC} = \varphi \qquad \frac{d}{c} = \varphi$$

인간의 골격과 혈액에서도 황금수를 발견해낸 몇몇 이론가들은 인체가 황금수에 따라 구성되어 있다고 선언했다. 플라톤은 더욱 멀리 나아가 심지어 황금수를 계산해내는 경우 인간의 사유가 우주를 창조할 때 신이 사용한 기준에 이를 수 있다고 주장하기도 했다.

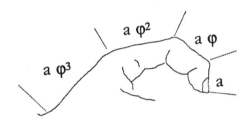

황금수, 보편적 현존

이 황금수는 자연이나 예술가에 의해 모두 선호되었던 것이다. 이것은 또한 음악, 미, 건축, 자연, 우주가 모두 구별될 수 없이 연결되어 있다는 피타고라스의 이론을 뒷받침해 주기도 한다. 피타고라스의 생각에 따르면 황금수가 우주를 지배해 왔다. 피타고라스학파에 있어서 '참'으로 받아들여졌던 것은 아주 빨리 서양 세계 전체에서도 '참'으로 받아들여졌다. 미학, 비율, 우주 사이의 초자연적인 관계는 오랫동안 서양 문명의 주요 도그마들 중의 하나로 남게 되었다.

세익스피어 시대의 과학자들 역시 서로 다른 크기의 지각 변동에 대해 이야기했으며, 우주 전체에 퍼져 있는 천상의 음악에 대해 논의했다.

예술에 있어서

기하학에서와 마찬가지로 예술에서도 'φ'의 존재를 찾아볼 수 있다.

특히 고대의 많은 조각상들이 이러한 모습을 보여준다. 여러 연구에 따르면, 이 조각상들의 비율은 직접적으로 황금수에 기초해 계산되었거나 아니면 피보나치 수열 중 하나에 기초해 있음을 알 수 있다. 레오나르도 다 빈치의 소묘들에는 이러한 지표들이 넘쳐흐른다. 조각술보다는 중요하거나 화려하지 않지만 여전히 예술적인 가치를 가진 사물들에 있어서도 마찬가지이다. 예를 들면 고대의 꽃병들이나 고대 종교의 몇몇 집기들에서 이러한 모습을 볼 수 있다. 특히 르네상스 시대 거장들의 수많은 그림들은 여러 차원에서 황금수의 존재에 강한 영향을 받았다.

이들 거장들은 무엇보다 인간의 아름다움에 대한 이상적인 기준에 초점을 맞추고 그것을 강조했다. 특히 여성을 그리는 데 있어서 그들은 어떤 것도 우연에 맡기지 않았으며, 모든 것을 황금수에 기반한 세로 척도에 맞추어 그렸다.

게다가 그림 자체의 비율도 세밀하게 계산되었다는 점은 매우 의미심장하다. 특히 장방형의 선택은 —높은 곳에 수직으로 걸어놓기 위한— 'φ'에 가장 근접한 것으로 'φ'로의 조화로운 구분을 상당히 용이하게 해주었다.

음악은 박자, 리듬 사이의 비율로 이루어지는데, 바로 이 비율에 기초해서 음이 배열된다. 즉, 교묘하게 '조직화된' 수로 배열되어 있는 것이다. 고대 그리스에서 음악은 천계의 조화와 동일시되었으며, 게다가 수학 이론의 구성 요소로 간주되기도 했다. 또한 수학 이론은 그 자체로 우주의 조화로부터 발생하는 것으로 여겨졌다. 이러한 조화로운 관계는 황금수와 밀접히 연결되어 있다.

이와 마찬가지로 현악기 제조인들 역시 바이올린을 만들면서 비율의 미학에 전념하던 때가 있었다. 그들 중 많은 이들이 고대의 생각에서 영감을 받아 형식미에 대한 일정한 이론들과 특히 황금수와 함께 그것을 도출해내기 위한 수단

알브레히트 뒤러Albrecht Dürer, 「멜랑콜리아」, Burin, 1514.

들을 나름대로 만들어내곤 했다.

이처럼 약간은 망각 속에 묻혀 있던 —적어도 겉으로 보기에는— 규칙들을 적용시키면서 르네상스 시대의 현악기 제조 장인들은 다음과 같은 경우 우리가 앞서 지적했던 몇몇 법칙들을 고안해냈다. 즉, 선분을 두 부분으로 나누어 선분 전체와 큰 부분과의 비율이 큰 부분과 작은 부분 사이의 비율과 같도록 해야 하는 경우가 그것이다. 전체의 길이가 1이라고 할 때, 선분을 나누는 점은 한 쪽 끝에서 0.618 지점에 있게 된다. 이제 우리는 모든 치수가 황금수에 의해 그것들 사이에서 서로 연결되어 있는 형태를 생각할 수 있게 되었다.

피보나치와 황금수

피보나치는 각각의 항이 바로 이전의 두 항의 합과 같은 이른바 '피보나치 수열'을 만들어냈다. 예를 들면 1, 1, 2, 3, 5, 8, 13, 21, 34, 55, 89, 144, 233, 377, 610, 987, 1597, 2584, 4181, 6765……이다.

각각의 수를 바로 앞의 수로 나누면 우리는 대략 'φ'와 같은 값을 얻게 된다.

$55 \div 34 = 1.617$
$89 \div 55 = 1.618$
$610 \div 377 = 1.618037$

당혹스러운 예

대부분의 식물들의 꽃잎 수는 3, 5, 8, 13, 21, 34, 55 또는 89개이다.

식물들에서 보게 되는 수—단지 꽃잎뿐만이 아니라 다른 부분에서도—는 수학적으로 보아 일정한 규칙성을 보여주고 있다. 그것은 피보나치 수열의 첫 부분과 일치한다.

꽃잎만 피보나치 수열과 관계되는 것은 아니다. 큰 해바라기를 관찰해 보면 끝 부분에 전체가 일정한 비율로 배치되어 있는 작은 꽃들―나중에 씨앗이 되는―을 볼 수 있다. 그것은 두 가지의 서로 교차하는 나선형의 형태를 띠고 있다. 즉, 시계 방향을 이루는 배열과 그 반대 방향의 배열이 그것이다. 어떤 종種에 있어서는 시계 방향으로 도는 나선형의 수가 34개이고, 반대 방향은 55개임을 볼 수 있다. 이것은 곧 피보나치 수열의 연속된 두 항에 해당하는 수이다. 정확한 수는 해바라기의 종에 따라 다르지만, 종종 우리는 나선형 꽃의 배열이 35와 55, 55와 89, 89와 144 ―나아가 같은 수열의 다른 연속 항에 해당하는 수들―등의 짝으로 이루어져 있음을 보게 된다. 이와 마찬가지로 파인애플 역시 왼쪽으로 도는 나선형의 8개의 껍질의 배열―다이아몬드 형태를 한―과 오른쪽으로 도는 13개의 나선형 껍질의 배열을 가지고 있다. 이 역시 피보나치 수열에 속하는 수이다.[61]

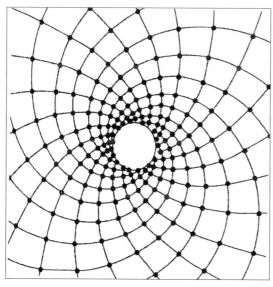

작은 꽃들이 황금비율에 따라 나선형으로 배열되어 있는 큰 해바라기의 꽃 모습.

제 5 장

신은 수학적인 가정인가?

신의 이름에 해당하는 수적 가치

π의 초월성

페르마와 카발라

신의 이름에 해당하는 수적 가치

하나의 콩트, 하나의 이야기를 만들어낸다. 이 이야기는 어린이를 위한 것도 어른을 위한 것도 아니다. 그 누구를 위해 씌어진 것도 아니다. 그 누구에 대한 이야기도 아니다. 이것은 언제라도 어떤 방식으로라도 시작될 것이다. '신'이라는 단어와 함께 나머지는 저절로 따라오게 될 것이다.

_ 크리스티앙 보뱅Christian Bobin

신을 지칭하는 여러 이름들은 신의 본질의 여러 면을 보여주는 것이다

카발라의 근본적인 질문들 중 하나는 "신은 누구인가(Qui est Dieu)?" 이다.

여기에서는 물론 이 질문이 프랑스어로 제기되었다. 하지만 이 문제는 다른 언어로도 제기될 수 있으며, '신(Dieu)'이라는 말을 'God' 'Got' 또는 'Zeus' 등으로 대치할 수도 있다. 하지만 이 용어들은 유대교에서 신에 대해 말하는 특별한 방식을 보여주지는 않는다. 실제로 유대교는 신적인 것을 말하는 서로 다른 여러 가지 방식들을 가지고 있다.

신을 지칭하는 여러 다른 이름들에 대한 연구는 문자의 형태, 각 이름이 갖는 수적 가치, 그 이름들이 보여주는 특별한 힘 등에 관해 연구하는 카발라의 주요 대상이다.

신을 지칭하는 열 가지의 이름

카발라 전통은 신을 지칭하는 열 가지의 이름을 보여준다. 그중에서 어떤 이름들은 다른 이름들보다 더 많이 사용되고 잘 알려져 있다. 이 열 가지의 이름은 각각 특수한 '세피라sefira' 에 해당된다.

'Yhvh' 는 발설되지 않는 이름이다. 그것은 말로 표현할 수 없는 이름이며, 'chem hameforach' 또는 'chem havaya' 라고도 불린다. 이 이름은 또한 '관용과 연민' 을 의미하는 'midat ha héssèd' 또는 'midat harahamim' 와 연관되기도 한다. 이 이름은 신이 관용이나 연민의 속성 속에서 스스로의 모습을 계시하는 상황에서 나타났다.

수적 가치 : 26.

'Adny' 는 'adonaye' 라고 발음된다. 이것은 앞의 이름의 음성적 형태이다. 이 이름은 'chem adnout' 나 'chem adny' 로 불려진다. 헛되이 이 이름을 발설하는 것은 금지되어 있다.

수적 가치 : 65.

'Yah' 는 테트라그람에서 파생된 이름이다. 우리는 이 이름을 아주 유명한 '할렐루야halléllouyah' 에서 찾아볼 수 있다. '할렐루야' 라는 말은 문자 그대로 "신을 찬양하라." 라는 의미이다. 이 이름은 남성을 지칭하는 철자인 'yod' 와 여성을 지칭하는 철자인 'hé' 로 이루어져 있다. 이 이름은 한 쌍으로 이루어진 것의 통일된 힘, 위 세계와 아래 세계, 즉 하늘과 땅의 통일된 힘을 나타낸다……

수적 가치 : 15.

이 수적 가치와 이른바 '토성의 것' 으로 불리는 마방진의 상수를 비교해 보는 것은 매우 흥미롭다.

'El'은 '신'을 가리키는 이름이자 '향해'라는 의미도 가지고 있다. 이 이름은 형용사나 속사와 함께 다른 신의 이름을 지칭하는 데에 주로 사용된다. 예를 들어 '신의 집'을 가리키는 'bêt-El' '위대한 신' 등이 이에 해당된다.

수적 가치 : 31.

'Eloha'는 앞의 이름에서 파생된 이름이다. 이 이름은 'el'에 테트라그람 'vav-hé'의 마지막 두 글자가 더해져서 이루어진다.

수적 가치 : 42.

'Elohim'은 '창조의 신'이다. 성서에서 가장 많이 사용되고 있는 이름 중의 하나이다. 이것은 자연의 힘을 보여준다. 이 이름 역시 'el'에서 파생되었지만, 테트라그람 'yod-hé'의 다른 두 글자와 복수형의 의미를 부여하는 철자 'mèm'이 더해져 구성되었다.

수적 가치 : 86.

'Ehyéh'는 불붙은 덤불의 일화에서 모세에게 처음으로 자신을 계시한 신의 이름이다. 이 이름은 "나는 있을 것이다."를 의미한다.

수적 가치 : 21.

'Chaddaï'는 무질서와 질서 사이에서 자연의 힘의 균형을 맞추는 중요한 이름이다.

수적 가치 : 314.

수의 신비

'El Chaddaï'는 앞의 이름에서 파생된 이름이다.

수적 가치 : 345.

특히 세 변이 각각 3, 4, 5에 해당하는 피타고라스의 신성한 삼각형의 시각에서 볼 때, 이 이름은 매우 중요하다는 사실을 지적하자. 이 이름은 모세의 이름에 해당하는 'MoChéH'의 수적 가치와 동일하다.

모세가 이집트의 왕자였다는 사실은 중요하다. 모세라는 이름은 '피타고라스의 정리'를 은밀하게 전수하는 과정에서 유래하였다. 사실, 이 정리는 그리스에서보다 수천 년 앞서 이미 이집트에서 발견되었던 것이다. 또한 345라는 이 상수가 몇몇 피라미드의 건축에서도 발견된다는 사실을 주목할 필요가 있다.

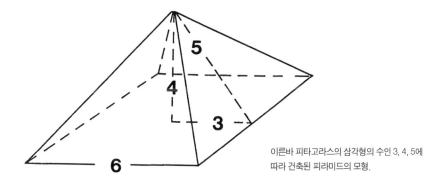

이른바 피타고라스의 삼각형의 수인 3, 4, 5에 따라 건축된 피라미드의 모형.

'Tsevaot'는 '군대의 신'이라는 의미이다. 'Tsava'는 '군대'를 지칭한다. 이러한 번역은 약간의 혼동을 가져올 수도 있다. 왜냐하면 이 이름의 사용이 호전적인 신을 생각하게 만들기 때문이다. 실제로 카발라 언어에서 이 이름은 여러 진영으로 조직된 천상에 있는 천사들의 군대를 가리킨다. 'Tsevaot'는 또한 '문자의 군대' 즉 'ot'로 번역될 수도 있다. 따라서 이 이름은 텍스트에서의 신의 계시를 가리키는 이름이 될 수도 있다.

수적 가치 : 499.

π의 초월성

나무는 강렬한 불꽃이 될 수 있다. 인간은 말하는 불꽃이 될 수 있다.

_ 프리드리히 노발리스Friedrich Novalis

'tsimtsoum' 또는 축소

'tsimtsoum'은 카발라의 역사에서 가장 놀랍고도 대담한 이론들 중 하나이다. 이것은 원래 '수축' 또는 '축소'를 의미한다.

역사상 가장 위대한 카발라 학자 가운데 한 명인 랍비 이삭 루리아Isaac Louria는 다음과 같은 질문을 제기했다.

― 신이 도처에 존재한다면 어떻게 하나의 세계가 있을 수 있는가?

― 신이 '모든 것 속의 모든 것'으로 존재한다면 어떻게 신이 아닌 사물들이 있을 수 있는가?

― '무'가 없었다면 신은 어떻게 이 세계를 '무로부터(ex nihilo)' 창조할 수 있는가?

랍비 이삭 루리아는 'tsimtsoum' 이론을 정립하면서 이 문제들에 대답했다. 이 이론에 따르면 '창조자'의 첫 행위는 외부에 있는 무엇인가에 그 자신을 계시하는 것이 아니었다. 창조의 첫 번째 단계는 외부를 향한 움직임이나 자신의 감추어진 정체성의 배출이 아니라 수축과 축소였다. 신은 '자기 자신 안에서 자기 자신으로부터' 물러났고, 이 행위를 통해 자기 안에 공허가 들어설 자리를 만들었으며, 그렇게 해서 다가올 세계를 위한 공간을 창조한 것이다.

신이 자신의 모습을 드러낸 것은 오로지 자신이 먼저 뒤로 물러섰기 때문이었다. 그렇게 해서 신은 'hallal hapanouï'라고 불리는 하나의 공백을 남겼다.

카발라 학자들은 다음과 같은 경이적인 사실을 강조한다. 즉, 세계의 공간이란 '신'이 비어 있는 공간 즉 무신론적 공간, 비신학적 공간이라는 것이다.

카발라에 있어서 우주는 '창조자'가 무로부터 그 무엇인가 즉 존재를 창조했기 때문이 아니라, 오히려 무한한 신이 창조가 가능하도록 하나의 자리 즉 빈 공간을 남겼기 때문에 생겨날 수 있었다.

태초에 공백이 있었던 것이다……. 특히 0이라는 문제와 함께 볼 때 이와 같은 주장은 매우 중요하다.

우주의 가능성을 지탱하는 여러 힘들

이처럼 태초의 공백의 자리를 가정한 이후 카발라 학자들은 이 공백의 유지 가능성에 대한 문제를 제기했다. '창조'에 있어서 작동하는 그 어떤 힘들이 수축된 무한으로 하여금 빈 공간의 주변에 남아있고, 이 공간을 다시 에워싸지 않게끔 하는가? 간단히 말해 그 어떤 힘들이 공백을 유지하고, 이 세계로 하여금 공백으로서 존재하게끔 하는가?

이 문제들에 대답하기 위해 랍비 이삭 루리아는 공백 자체로부터 나오는 힘을 가정했다. 이것은 마치 우주의 공백 속에 "이것으로 충분하다. 더 이상 돌아오지 말라!"고 무한히 반복하는 목소리가 있는 것과도 같은 것이다.

원과 선의 신비

수학적 관점에서 보면 원의 빈 부분 즉 그것의 안쪽 공간(원의 표면적이 될 수 있는 곳)은 직선과 원 사이의 일정한 관계에 의해 이루어진다.

선의 한 끝 지점을 잡고 그것을 돌리게 되면, 그 선을 반지름으로 하는 하나의 원을 그릴 수 있게 된다. 그리고 이 반지름은 회전하면서 원을 지탱한다. 이 원은 반지름에 의해 표현되는 힘을 구성하는 선으로부터만 존재할 수 있다. 그리스의 수학자들, 특히 아르키메데스는 수학적인 방식으로 원과 그것의 중앙을 중심으로 공간을 유지하게 만드는 반지름 사이의 관계를 정립하고자 했다. 그들은 후일 서양에서 '원주(périmètre)'라는 단어의 첫 글자인 π라는 이름으로 불리는 하나의 수를 발견했던 것이다(π는 그리스어 철자 중 하나이긴 하지만, 이 명칭은 훨씬 뒤에 부여되었다는 점을 지적할 필요가 있다).

한 원의 원주는 아래의 공식을 통해 얻어진다(R은 반지름을 나타낸다).

$$2\pi R$$

이 원의 면적은 다음 공식으로 얻어진다.

$$\pi R^2$$

따라서 원의 '신비'는 직선과 원 사이에 존재하는 비율에 있다고 할 수 있다.

이 관계가 바로 하나의 '초월수'인 π에 의해서 정해진다. 우리는 이 수의 정확한 값을 알고 또 이 수를 정의하고자 하지만 결코 거기에 이를 수가 없다. 다만 근사치만 알 수 있을 뿐인데, 그것은 3.14 또는 22/7의 유리수 값에 해당한다.

π는 무한으로 향한 문이고, 이러한 의미에서 이 수는 신학적인 상상력과 밀

접한 관계를 가진다.

3.141591653589793238461643383279502884197169399375105810
974944591307816406186108998618034825342117067982148086
5132723066470938446

'π' 와 'chaddaï' 라는 이름

앞에서 살펴본 바와 같이 세계 공간의 창조는 무한의 후퇴와 무한의 빛을 주변부에 계속해서 비추는 힘에 의해 이루어졌다. 히브리어로 "돌아오지 말라."라고 하는 이 힘은 'chaddaï' 라는 이름을 가지고 있다. 이 말은 "되었다, 그것으로 충분하다."를 의미하며, "세계에 이것으로 충분하다고 말한 자"라는 의미를 가진 'ché-daï' 라는 표현의 약자이다.

따라서 'Chaddaï' 는 스스로 자기 자신을 제한하는 신의 이름이다. 이것은 창조를 가능케 하는 목적을 가진, 따라서 엔트로피와 세계의 확장(히브리어로 'héssèd')의 균형을 목적으로 하는 제한(카발라 히브리어로 이 제한은 'din' 이라고 불린다)의 이름이다.

카발라의 대학자들이 했던 형이상학적인 사색은 여기에서 그리스 수학자들의 계산법과 만나게 된다. 그들 중 한 명인 랍비 요세프 지카틸리아Yossef Gikatillia(13세기에 랍비 모세 드 레온Moïse de Léon과 함께 스페인어로 『조하르』를 공동 편찬했던)는 자신의 저서 『Guinat egoz』에서 "원은 'chaddaï' 라는 이름에서 출발해서 이루어진다."라고 주장했다. 그는 특히 에덴 동산 이야기의 마지막을 장식하는 일화를 참고한다. 한 명의 천사가 문에 서서 칼을 휘두르며 우주를 나타내는 원을 그리고 있다는 것이다(창세기 3장 24절).

'게마트리아'를 참고해 보면, 앞에서 이미 살펴본 대로, 'chaddaï'의 수적 가치는 314에 해당한다('chin' = 300, 'dalèt' = 4, 'yod' = 10).

놀랄 만한 일치 : 314는 π의 근사치에 100을 곱한 것과 같다!

현대의 위대한 카발라 학자 중 한 명인 마니투Manitou(레온 아슈케나지Léon Ashkénazi)는 이렇게 설명하고 있다. "π는 정확하게 물리적 세계에서의 경계 즉 형이상학적 차원에서는 'chaddaï'라는 이름으로 존재하는 경계를 가능케 하는 힘들 사이의 관계이다."

말과 'π'

π의 유리수 값은 22/7이다. 카발라 학자들에게 있어서 이 수는 히브리어 철자들(22개에 해당하는)과 무엇보다도 성서적 시각에서 볼 때 시간의 리듬을 의미하는 7이라는 숫자와의 조합을 가리킨다.

이렇게 해서 π(22/7)는 알파벳과 시간 사이의 관계 즉 말을 의미한다. 실제로 이 말은 철자들의 조합에 따라 알파벳을 움직이는 것을 의미한다.

말 = 22 철자들 / 7 = 철자 / 시간 ≅ π

π가 갖는 수학적, 철학적, 카발라적 의미는 하나의 공통된 방향성을 보여순 다. 즉, 공백과 공백으로서의 세계를 가능케 하는 힘들 사이의 관계가 그것이다. 바로 여기에서 말하는 숨결로서의 인간에 대한 모든 열정적인 관점이 열리게 된다. π가 히브리어로 '나의 입'을 의미한다는 것은 우연에 불과한 것일까?

세계의 조화와 'π'

카발라 학자들은 자신들의 생각을 표현하기 위해 종종 많은 비유들을 사용한다. 카발라에서는 불, 나무, 땅, 특히 물에 대한 많은 암시들을 만날 수 있다. 물은 생명과 움직임의 상징이다. 강은 여러 텍스트들에서 삶과 특히 세대 사이의 전승을 보여주는 특별한 이미지로 나타난다. 우리는 이 강의 이미지를 여러 예언자들, 특히 에스겔에게서 볼 수 있다. 이 예언자들에게 있어서 '강의 형이상학'이라고 부를 수 있는 것이 존재하며, 이 형이상학은 π와 무관하지 않다.

아인슈타인은 물리학의 관점에서 이와 같은 강의 굴곡 현상에 관심을 가졌던 첫 번째 사람들 중 하나였다. 케임브리지 대학의 지구과학 전문가인 한스 헨드릭 스틸룸Hans-Hendrik Stølum 교수는 강의 길이, 굴곡을 포함한 강의 원천과 하구 사이의 길이와 그 강의 실제적인 최단거리의 직선상의 길이 즉 수학적인 길이 사이의 비율을 계산해냈다.

그는 이 영역에서 아주 특별한 발견을 해냈다. 강에 따라 그 비율이 다르긴 하지만 평균치는 대개 3을 약간 웃도는 수치를 보여준다는 것이다. 즉, 강의 실제 길이가 최단 거리보다 약 3배에 해당한다는 것이다. 사실상 이 비율은 거의 3.14에 해당하며, 이것은 π의 값에 근사한 것이다.

굴곡을 포함한 강의 실제 길이 / 강의 수학적 길이 ≅ 3.14

이와 같은 'π'의 비율은 브라질이나 시베리아의 툰드라와 같은 아주 완만한 경사를 가진 평원을 가로질러 천천히 흐르는 강들에서 가장 잘 나타난다.[62]

그러니까 다음과 같은 하나의 가설을 세워볼 수 있다. 즉, 카발라의 언어로 'héssed'로 알려진 엔트로피, 전개 그리고 팽창에 대한 경향과 카발라의 언어로 'din'에 해당하는 질서와 제한에 대한 경향 사이의 관계는 π에 해당한다는 것이다.

또는 카오스와 코스모스 사이에 존재하는 관계는 π의 값인 3.14 또는 카발라의 언어로 'chaddaï'에 해당한다.

생각해 볼 문제이다······.

카오스 / 코스모스 $\cong$ 3.14

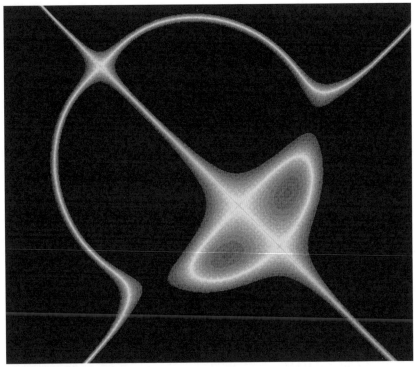

브라이언 멀룬Brian Meloon, 『행복한 헤논 Happy Hénon』, 1993. 헤논의 반복된 적용을 통해 얻은 이미지.

페르마와 카발라
네 글자로 된 낱말인 히브리어의 야훼를 가리키는 말의 비밀들

나는 네게로 향하지, 침실에서 혹은 삶 속에서, 그리고 네가 불가능함으로 이루어졌음을 깨닫게 되지.

그러므로 난 내게로 다시 향하네, 그리고 같은 사실을 발견하네.

그렇기 때문에 정말로 가능함을 사랑하면서, 이 불가능함을 더는 방해하지 않도록 하기 위해서, 가능함을 가두고 말지. 불가능함 없이 우리는 함께 살아갈 수 없다네.

_ 로베르토 주아로즈

무모음의 네 자음을 위한 협주곡

'YHVH(야훼)'라는 이름은 순전히 가시적인 것, 모음이 없는 지극히 숭고한 네 개의 자음들로 제시된다. 이는 비밀을 드러내지 않기 위해서 만들어진 이름이다. 즉, 자신을 주는 동시에 곧 가져가버리는 이름인 것이다. 주제화하고 정의하거나 종합하는 지식으로 환원될 수 없는 신에 대한 관계를 보여주는 본질적인 모순인 것이다. 드러냄은 침묵 속으로의 은둔을 통해 현현하는 것의 초월성을 지니고 있다. 모음이 없다는 것은 이름을 발음할 수 없게 하고, 신을 대상으로 간주할 수 있는 가능성을 제거함으로써 극복할 수 없는 거리를 만든다. 'YHVH'는 언어 속에 있는 구멍과 같고, 그것으로부터 언어 자신은 의미를 생성한다. 철자에 따라 똑똑히 발음될 수 없도록 씌어진 이름이지만, 설명되기 위해 다른 글자들로, 다른 이름들을 통해 해석되고 번안될 수 있는 이름이다.

따라서 그 이름은 생각할 수 없는 것을 제공한다.

네 글자로 된 이름을 본다는 것은, 의미의 부재 속으로 잠기는 것이고, 지식의 무화 속으로 빠지는 것이며, 허무함을 경험하는 것이다.

'yhvh'와 'adny'에 대한 고찰

탈무드는 출애굽기 3장 15절, "이는 나의 영원한 이름이요 대대로 기억할 나의 표호니라."를 주해하면서 '이름'은 'YHVH' 즉 야훼이고 'Chem-Havaya'라고 부를 것이며, '이름의 표호'는 '이름에 대한 이름' 'Chem-Adnout'이고, 'aleph-dalèt-noun-yod'로 쓰인다고 설명하고 있다.

지극히 숭고한 '씌어진 이름'
'YHVH(Cehm-havaya)'가 있다.
'ADNY(Chem-Adnout)'라고
쓰이는 '불려진 이름'이 있다.

'chem-Havaya(YHVH)'의 단순한 게마트리아는 26에 해당된다.

yod	=	10
hé	=	5
vav	=	6
hé	=	5
합계		26

'chem-Adnout'는 '이름의 궁정(hékhal)'이라고 불린다. 이것의 수적 가치는 65이다.

시편 67편의 글자로 형성된 일곱 가지가 있는 빛의 나무, "야훼는 항상 내 눈앞에 계시다." 라는 글로 둘러져 있다. 기도서와 유대 교회당 벽 위에 있는 이 그림은 신의 영원한 존재에 대해 숙고하고 몰입하게 한다.

$$
\begin{array}{rcl}
\text{aleph} & = & 1 \\
\text{dalèt} & = & 4 \\
\text{noun} & = & 50 \\
\text{yod} & = & 10 \\
\hline
\text{합계} & & 65
\end{array}
$$

숫자 26의 수수께끼

숫자 26에 해당하는 야훼를 지칭하는 말 'Yod-Hé-Vav-Hé'의 특성에 대해 생각해볼 필요가 있다. 어떤 저자들, 특히 바알 셈 토브Baal Chem Tov에 따르면 신의 알파벳과 이름으로부터 시작되는 명상은 항상 정신 속에, 야훼를 지칭하는 말과 26이라는 수의 가치를 현존하게끔 한다. 또한 이 명상은 다른 모든 글자들과 자연의 모든 대상들 속에서 이 수의 구조와 대면하게 한다.

카발라를 개혁할 수 있을 페르마의 수학적 발견

페르마는 어느 날 26이 제곱수(25=5²=5×5) 25와 세제곱수(27=3³=3×3×3) 27 사이에 있다는 사실에 주목했다. 그 이후 그는 제곱수와 세제곱수 사이에 있는 또 다른 수가 있는지 연구해보았지만, 다른 어떤 수도 발견하지 못했다. 그는 26이라는 수가 유일한 것인지를 자문했다.

여러 날 동안 수많은 노력 끝에 그는 26이 사실상 예외적인 수라는 것과 다른 어떤 수도 이 수와 유사하지 않다는 것을 보여줄 수 있는 복잡한 추론을 하기에 이르렀다.

"숫자 26은 수학 세계를 통틀어서 유일한 숫자이다."

페르마는 26이라는 수가 가진 이러한 유일 특성을 수학계에 발표했고, 이를 증명해볼 것을 요청했다. 그 자신은 물론 이에 대한 증거를 갖고 있었지만, 그는 다른 사람들이 이에 필적할 만큼의 상상력을 갖고 있는지를 알고자 했던 것이다.

위의 가정이 아주 단순했지만 이것을 증명하는 것은 매우 어려웠다. 페르마는 특히 영국의 수학자인 월리스Wallis와 딕비Digby에게 도전하는 특별한 기쁨을 누렸고, 오랜 시간이 지난 뒤 이들은 마침내 항복하게 되었다.

현재 카발라 학자들이 이 도전에 직면해 있다. 즉, 이 발견을 게마트리아 용어와 더 나아가 신비적인 용어로 어떻게 해석하느냐 하는 문제가 주어져 있는 것이다.

제4차원

25와 27, 제곱수와 세제곱수 사이에 있는 한 수가 갖는 중요성이란 도대체 어떤 것인가?

기하학적 관점에서 제곱수는 면적에, 세제곱수는 부피에 해당된다. 하지만 26은 면적과 부피와는 다른 차원, 즉 면적에서 부피로의 이행을 가능하게 하는 차원을 보여줄 수 있다. 수학자들에게 있어서 거듭제곱은 물질이 공간 속에서 변해가는 여러 다른 단계들을 보여준다.

점은 '0' 으로 표시된다.
선은 '1' 로 표시된다.
평면은 '2' 로 표시된다.
부피는 '3' 으로 표시된다.

따라서 숫자 26은 2차원에서 3차원으로 이행할 수 있게 하는 4차원에 해당될 것이다. 그것은 또한 0에서 1로, 그리고 1에서 2로 이행하기 위해 필요한 시간과도 관계되지 않을까?

카발라 학자란 자신이 읽거나 쓰고 있는 카발라에 대한 책의 주석으로 'YHVH'라는 네 글자의 말이 갖는 유일한 특성에 대해서 다음과 같이 쓰는 사람이라고 할 수 있을 것이다.

나는 이 명제에 대해 놀랄 만한 증명 방법을 가지고 있다.
하지만 그것을 기록하기에는 여백이 너무 좁다.
Cuius rei demonstrationem mirabilem sane detexi hanc marginis exiguitas
non caperet.

"이것은 바로 페르마가 기원전 250년경에 살았던 알렉산드리아인 디오판토스의 저서 『정수론』의 라틴어판 여백에 적었던 내용이다.
디오판토스의 이론은 그 해답이 자연수로 이루어진다는 특징을 가지고 있으며, 이것은 오늘날 디오판토스의 방정식으로 정의되고 있다. 그는 알렉산드리아에서 널리 알려진 수학 문제들을 취합하여 새로운 문제들을 만드는 데 전념했다. 그리고 이 문제들을 다시 모아 정리하여 『정수론』이라는 제목의 책으로 편찬해 출판했다. 이 개론서는 13권으로 구성되어 있는데, 이중 6권만이 중세까지 전해졌으며, 르네상스 시대의 수학자들과 피에르 드 페르마에게 많은 영감을 주었다. 다른 7권은 애석하게도 전쟁 중에 분실되었다……." [63]

26, 정육면체와 솔로몬의 봉인

26이라는 수는 기하학적인 두 가지 도형에서 흥미로운 방식으로 나타난다. 첫번째 도형은 그 구조 자체 속에 이 수를 포함하고 있고, 다른 하나는 그 구조가

지니는 수의 조합 속에 이 수를 담고 있다.

첫 번째 도형은 정육면체로서, 이것의 전체 요소들은 26이라는 합을 낳는다. 사실상 이것은 8개의 꼭지점, 6개의 면, 12개의 모서리를 가지고 있으며, 이 세 수의 합이 바로 26이다.

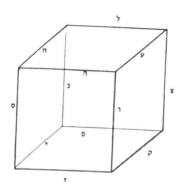

두 번째 도형은 솔로몬의 봉인으로, 6개의 변으로 이루어진 별이다. 이 별의 꼭지점들과 교차점들에 기재된 숫자들은 각 선의 합이 26이 되도록 구성되어 있다.

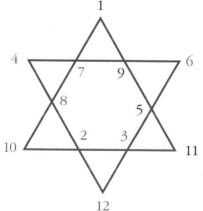

예 : 1+9+5+11 = 26

여러 형태들

마방진과 부적들

가로, 세로, 대각선

나는 이 책이 내 창작의 문체로 씌어지길 바라지. 특이한 것에서 일반적인 것으로, 환상적인 것에서 극도로 엄격한 것으로, 산문에서 시로, 가장 평범한 진실에서 가장…… 가장 허술한 이상으로 지나가고 되돌아올 수 있도록…….

_ 폴 발레리Paul Valéry

마방진은 가로의 수를 더하거나, 세로의 수를 더하거나, 대각선의 수를 더해도 모두 같은 답이 나오는 수의 배열을 말한다. 마방진 중에서 가장 간단한 형태는 3차 마방진이다.

가로, 세로, 대각선에 들어가 있는 수의 개수를 '차수'라고 부른다. 따라서 3차의 마방진은 9개의 수를 포함하게 되고, 5차의 마방진은 25개를 포함한다.

— 짝수, 예를 들면 4차에 입각해 이루어진 마방진은 짝수 마방진이고, 홀수, 예를 들면 5차에 입각해 이루어진 마방진은 홀수 마방진이다.

— 홀수 마방진은 중심 또는 기준이라고 불리는 중앙수를 갖는다. 반면에 짝수 마방진은 하나의 중앙수가 아니라 네 개의 중앙수들을 갖는다.

— 홀수 마방진에서는 사용된 일련의 숫자들 가운데 있는 수가 중앙에 위치한다.

— 각각의 가로, 세로, 대각선에 있는 수의 동일한 합, 그리고 종종 짝수 마방

진의 중앙 네 개의 수의 합을 마방진의 '상수'라고 부른다(아래 예를 참고할 것).

　— 마방진에 포함된 모든 수의 합을 마방진의 '합'이라 부른다. 이 합은 마방진에서 사용된 일련의 수(0, 1, 2, 3, 4, 5……)의 마지막 수의 삼각수와 일치한다.

예:
$$4 \quad 9 \quad 2$$
$$3 \quad 5 \quad 7$$
$$8 \quad 1 \quad 6$$

3차원의 홀수 마방진.
중앙수 5가 사용된 일련의 수 가운데 수라는 사실을 주목하자.
1 2 3 4 5 6 7 8 9.

　— 각각의 가로, 세로, 대각선은 3개의 수를 포함하고 있다. 따라서 이 마방진은 3차원이다.

　— 각각의 가로, 세로, 대각선의 숫자들의 합은 15이다. 그러므로 상수는 15이다.

　— 이 마방진에 사용된 숫자들의 합은 45이고, 이것은 성스러운 수, 또는 9의 삼각수에 일치한다.

　— 카발라에서 이 숫자는 '인간'과 그의 문제제기 능력을 상징한다. 왜냐하면 45는 "무엇인가?"를 의미하기 때문이다. 이 수는 또한 게마트리아로 풀 경우 신을 지칭하는 명사, 즉 야훼Yhvh에 해당한다.

1	16	11	6
13	4	7	10
8	9	14	3
12	5	2	15

4차원의 짝수 마방진. 이 마방진의 상수는 34이다.

마방진은 종종 놀라운 특징을 보여준다. 가령, 가장 간단하면서도 잘 알려진 이 마방진의 예에서 ―뒤에서 우리는 이 마방진과 연금술 사이의 관계를 살펴보게 될 것이다― 다음과 같은 사실을 살펴볼 수 있다.

$$4^2 + 9^2 + 2^2 = 8^2 + 1^2 + 6^2$$

그리고

$$4^2 + 3^2 + 8^2 = 2^2 + 7^2 + 6^2$$

흥미롭게도 마방진 내부에서 일어나는 숫자들 사이의 역동적인 관계는 항상 의외의 기하학적 균형을 이루는 대각선을 만들어낸다.

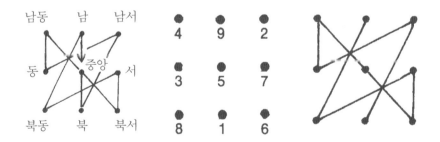

1부터 9까지의 수를 사용해서 만들 수 있는 3차원의 마방진은 단 하나밖에 없다. 다른 마방진들은 숫자들의 회전이나 반사를 통해 얻을 수 있다(뒤에 제시되는 낙서落書 마방진의 예를 참고할 것).

아름다운 조화

우리는 세상을 바라보면서 이 세상이 아름답다고 느낀다. 이것은 이 세상이 가지고 있는 색깔, 형태, 움직임 그리고 종종 조화를 이루고 미학적 쾌락을 일깨워주는 기하학적 형태들이 서로 맞물려서 역동성을 보여주고 있기 때문이다.

하지만 세상에는 감각을 자극하기보다는 오히려 지성을 자극하는 더욱 추상적인 조화들도 있다.

우리는 앞에서 여러 수를 결합하고 수의 이론을 형성하는 수많은 조화들을 이미 살펴보았다. 어떤 의미에서 마방진은 이러한 범주에 들어갈 수 있다. 마방진은 사각형의 구조 속에 모아진 숫자들의 총체이다. 이 숫자들이 서로 맺고 있는 관계에 대한 '이해'는 지적인 유희를 자아낸다. 이것이 우리를 종종 일깨우고 놀라게 한다.

'지성' 또는 '이해'라고 부르는 단어는 'intellegere'에서 유래한 것이다. 이 단어의 어원에는 '함께 결합시키다'라는 의미가 포함되어 있다.

마방진은 어떤 점에서 신비한가? 나중에 인용하게 될 괴테의 『파우스트』에 나오는 한 구절에 의하면, 마방진은 소생을 포함하여 모든 종류의 묘약을 효율적으로 만들 수 있는 가능성과 같은 신비한 효과를 가지고 있는 것처럼 보인다. 이에 대해 우리는 뒤에서 또 다른 예들을 보게 될 것이다. 옛날 사람들은 이 마방진을 일종의 부적과 같이 목 주위에 매고 다니거나, 옷의 호주머니에 넣고 다니기도 했다. 또한 늘 가지고 다니는 양피지에 이것을 기록하기도 했으며, 천 위에다 새겨 넣기도 했다.

어쨌든 가장 간단한 3차원 마방진의 기본형은 5라는 중앙수를 가지고 있다. 사람을 보호해줄 수 있는 신비한 힘을 가진 것으로 여겨진 이 수는 다양한 형태의 부적에서 사용되었다. 특히 이슬람 국가들과 유대인들 사이에서는 나쁜 눈을 보호해주는 한 마리 혹은 여러 마리의 물고기와 관계된 '파티마Fatima의 손'의 모형 속에 주로 드러나 있다.

수의 신비

부적으로 사용된 이 5라는 수는 피타고라스학파들의 기본적인 상징물 가운데 하나였던 원에 새겨진 별 모양의 5각형의 그림 속에서 자주 나타난다.

이 모양은 또한 솔로몬의 봉인에도 나타나고 있다. 이 모양에 사용된 숫자 즉 1부터 5까지의 합은 3차원 마방진의 상수와 마찬가지로 15이다.

$$1 + 2 + 3 + 4 + 5 = 15$$

중국 수학자 이선란李善蘭(1811~1882).
『서양 수학이 중국에 가져다 준 충격 *L'Impact des mathématiques occidentales sur la Chine*』의 저자.

중국에서 만들어진 마방진

꿈은 강을 거슬러 왔다. 사람들은 멈추어서 이 꿈과 대화한다. 꿈은 자신이 어디서 왔는지를 제외하고는 많은 것을 알고 있다.

_ 프란츠 카프카Franz Kafka

마방진이 중국에서 만들어졌다는 사실은 비교적 확실한 것으로 간주된다. 하지만 우리는 여기에 더해 그리스 기원의 가능성 역시 살펴볼 것이다.

마방진에 대한 가장 오래된 전통은 사실상 창세 신화의 여러 판본을 담고 있는 중국 텍스트들로 거슬러 올라간다. 그중에서도 가장 유명한 것은 기원전 23세기경의 전설이다. 이 전설에 따르면 거북이 한 마리가 낙수洛水강(황하의 지류)에서 나와 등에 새겨진 마방진을 우 황제에게 보여주었다는 것이다.

이 마방진은 '낙서洛書 마방진'이라는 이름으로 유명해졌다. 이것은 중국 수점數占과 그 이후 파생되었으며 더욱 단순화된 여러 다른 수점들에서도 토대로 이용되었다.

$$4 \quad 9 \quad 2$$
$$3 \quad 5 \quad 7$$
$$8 \quad 1 \quad 6$$

음과 양

중국에서 사용되는 이분법의 원칙은 기본적으로 음과 양으로 표현된다. 즉, 하나의 원에서 두 가지 형태가 서로 맞물려 있는 것이다.

1
홀수

2
짝수

한쪽은 검정색이고, 다른 쪽은 흰색이며, 그 각각에는 대조되는 색조의 작은 핵이 있다. 그것들의 형태와 배열은 순환적인 움직임, 낮과 밤의 교차, 여름과 겨울, 길吉한 주기들과 불길不吉한 주기들의 교차를 상징한다. 즉 검정색 부분은 소극적이고 여성적인 것을 표현하며, 흰색 부분은 적극적이고 남성적인 것을 표현한다.

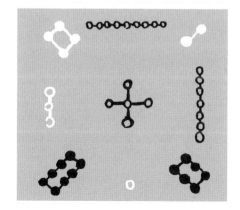

낙서 마방진의 처음 형태는 중국 고대 숫자로 표기되어 있었다. 짝수들은 음, 즉 여성적인 수를 나타내며, 검정색 점과 이 점들을 잇는 선으로 표현된다.

홀수들은 양, 즉 남성적인 수를 나타낸다. 이 수들은 작은 빈 원들과 이 원들을 연결하는 선으로 표현된다.

이 마방진의 정확히 중앙에 놓인 5를 나타내는 십자가 형태를 주목할 필요가 있다. 이 형태는 5를 중앙수로 가지는 3차원의 마방진으로부터 유래한 수의 형태를 취하고 있다.

숫자들이 남성적, 여성적으로 구분되기도 하며, 이 두 가지 특징을 동시에 가지고 있는 수도 있다. 가령, 5를 중심으로 다음과 같은 공식을 얻을 수 있다.

$$6 = 5 + 1$$
$$7 = 5 + 2$$
$$8 = 5 + 3$$
$$9 = 5 + 4$$
$$10 = 5 + 5$$

예를 들면 6은 그 자체로 짝수이자 여성적이다. 그러나 이 수를 '중심-기수' 인 5와 함께 풀어본다면, 이 수는 남성적이며 동시에 여성적인 수가 된다 (5+1=6).

이것이 덧셈의 형이상학적 의미이다. 바로 '하도河圖'라고 명명된 마방진이 보여주고 있는 것이다.

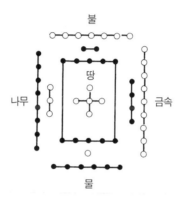

불

땅

나무   금속

물

우리는 여기에서 마방진의 각각의 면, 각각의 방향이 두 개의 수를 포함하고 있다는 사실을 볼 수 있다. 가령 2와 7, 1과 6, 3과 8 등이 그러하다.

또한 우리는 하도가 덧셈의 규칙 즉 5+1=6, 5+3=8 등을 제공하는 표로써 기능함을 볼 수 있다.

낙서 마방진

중국의 수점에서 낙서 마방진은 사람의 성격과 '운명의 선'을 해석하기 위한 중요한 도구로 사용된다. 각각의 마방진은 9를 주기로 하는 1년에 해당된다. 따라서 9년마다 같은 마방진을 얻게 되는 것이다. 이와 마찬가지로 일, 월, 시 역시 마방진과 일정한 관계를 갖게 된다.

이와 관련해서는 조금 뒤에서 예를 제시할 것이다.

9개의 낙서 마방진을 얻기 위해서는 다음과 같은 아주 간단한 논리에 따라 마방진 내부에 있는 숫자들을 움직이는 것으로 충분하다.

즉, 기본형 낙서 마방진에서 출발해서,

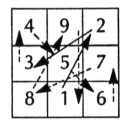

1은 2로 가고, 2는 3으로, 3은 4로, 4는 5로, 6은 7로, 7은 8로, 8은 9로 그리고 9는 1로 가게 되면, 그 결과 다음과 같은 새로운 마방진이 구성되는 것이다.

$$3 \quad 8 \quad 1$$
$$2 \quad 4 \quad 6$$
$$7 \quad 9 \quad 5$$

같은 방식에 따라 숫자들을 이동시키면, 거기로부터 제3의 마방진을 얻을 수 있다. 이렇게 계속하다 보면, 기본형 마방진으로 다시 돌아올 수 있다. 이 모든 과정이 결국 9개의 낙서 마방진인 것이다.

각 숫자의 자리는 '집'이라 명명되고, 마방진의 중앙수는 '지표'라고 일컬어진다. 기본형 마방진의 지표는 5이고, 숫자들의 움직임으로 파생된 두 번째 마방진의 지표는 4이다. 이렇게 해서 지표 9의 마방진까지 이어지게 된다.

이 9개의 마방진들은 중국 수점의 기본이 된다. 또한 이것들은 다른 대중적인 수점들에서와 같이 한 사람의 성격, 장단점, 인생의 주요 방향을 보여주기도 한다.

9	5	7
8	1	3
4	6	2

지표 1

1	6	8
9	2	4
5	7	3

지표 2

2	7	9
1	3	5
6	8	7

지표 3

3	8	1
2	4	6
7	9	5

지표 4

4	9	2
3	5	7
8	1	6

지표 5

5	1	3
4	6	8
9	2	7

지표 6

6	2	4
5	7	9
1	3	8

지표 7

7	3	5
6	8	1
2	4	9

지표 8

8	4	6
7	9	2
3	5	1

지표 9

마방진

마방진을 어떻게 만드는가?

한 번 씌어지게 되면 책이 아닌 책이 없으며, 한 번 뱉어지면 말이 아닌 말이 없다.

_ 에드몽 야베스Edmond Jabès

3차원의 마방진 만들기

3차원의 마방진은 쉽게 만들 수 있다. 테옹 드 스미른느Théon de Smyme는 1부터 9까지의 숫자를 일렬로 배열한 후, 5를 중심축으로 해서 두 수의 합이 10이 되도록 숫자들을 배열시켰다.

$$1\ 2\ 3\ 4\quad 5\quad 6\ 7\ 8\ 9$$

이에 따라 9개의 칸으로 이루어진 사각형의 정 중앙에 5를 위치시키고, 가운데 열에 각각 1과 9를 배치시켜보자. 이보다 더 쉬운 일이 어디 있겠는가?

$$
\begin{array}{ccc}
X & 1 & X \\
X & 5 & X \\
X & 9 & X \\
\end{array}
$$

이때 이 열의 합은 15가 된다. 그리고 나서 가장 아래에 있는 가로 열의 총합
역시 15가 되도록 2와 4를 써넣는다.

$$
\begin{array}{ccc}
X & 1 & X \\
X & 5 & X \\
2 & 9 & 4
\end{array}
$$

이제 중심축 5를 기준으로 대각선 방향으로도 합이 15가 되도록 6과 8을 써넣
는다.

$$
\begin{array}{ccc}
6 & 1 & 8 \\
X & 5 & X \\
2 & 9 & 4
\end{array}
$$

마지막으로 남아있는 두 개의 숫자 3과 7을 채워 넣어 각 열의 합이 15가 되도
록 만들면 다음과 같이 완성된다.

$$
\begin{array}{ccc}
6 & 1 & 8 \\
7 & 5 & 3 \\
2 & 9 & 4
\end{array}
$$

홀수 마방진을 어떻게 만드는가?

홀수 마방진을 만드는 하나의 방법이 있다.[64]

먼저 각 숫자들을 다음과 같이 배열하자.

$$1$$
$$4 \quad\quad 2$$
$$7 \quad\quad 5 \quad\quad 3$$
$$8 \quad\quad 6$$
$$9$$

이 숫자들 위에 사각형을 그려 넣은 후, 사각형의 밖에 있는 숫자들을 각각 정반대의 칸에 위치시킨다.

다른 예 :

마찬가지로 숫자들을 다음과 같이 배열해보자.

$$1$$
$$6 \quad\quad 2$$
$$11 \quad\quad 7 \quad\quad 3$$
$$16 \quad\quad 12 \quad\quad 8 \quad\quad 4$$
$$21 \quad\quad 17 \quad\quad 13 \quad\quad 9 \quad\quad 5$$
$$22 \quad\quad 18 \quad\quad 14 \quad\quad 10$$
$$23 \quad\quad 19 \quad\quad 15$$
$$24 \quad\quad 20$$
$$25$$

이 숫자들 위에 사각형을 그려 넣은 후, 사각형 밖에 있는 숫자들을 각각 정반대의 칸에 위치시킨다.

11	24	7	20	3
4	12	25	8	16
17	5	13	21	9
10	18	1	14	22
23	6	19	2	15

주목할 점

사각형 내의 모든 수에서 동일한 수를 더하거나 빼도 마방진은 그대로 유지된다. 아래에 제시한 마방진은 앞에서 보았던 4차원의 마방진에 포함된 숫자들에 각각 5를 더해 만들어진 것이다. 이 마방진의 상수는 원래의 34에서 54로 변화했다.

6	20	19	9
17	11	12	14
13	15	16	10
18	8	7	21

마찬가지로 모든 숫자들을 같은 수로 곱해도 마방진은 그대로 유지된다.

앞에서 살펴보았듯이, 홀수 차원의 마방진에서는 사용된 일련의 수의 중앙수가 중앙에 위치하게 된다(두 번째 예에 나타난 마방진의 경우는 13이 숫자들의 배열과 사각형의 중앙에 위치한다).

파우스트와 괴테 그리고 마방진

쿠글로프 kouglof ^{역11)} 만들기 :

설탕 250그램을 약간의 오렌지와 레몬에 혼합한 후 덩어리지지 않도록 체로 거른다. 체로 거른 재료에 달걀 노른자 6개를 넣은 후 30분 정도 천천히 저어준다. 레몬주스를 소량 첨가한 후 삶은 달걀 2개의 무게와 같은 분량의 녹말가루를 풀고 거품기로 치댄 달걀 6개를 혼합한다. 미리 달구어놓은 버터를 두른 팬에 반죽을 굽는다. 구워진 빵에 밀가루를 흩뿌려준다.

_ 안나 푸조브나Anna Pouzovna

30년 젊어지는 마법의 묘약

　『파우스트』에서 괴테는 특이하게도 1부터 10까지의 합계에 대해 말하고 있다. 이는 메피스토펠레스Méphistophélès가 고안한 것으로 30년 젊어지는 묘약을 만들어내기 위한 여자 마법사의 요리 비법 속에 들어있는 것으로 묘사된다.

　묘약을 준비하면서 마법사는 커다란 책 속에서 다음과 같은 구절을 읽어 내려간다.

　"잘 알아두어라!

　1로 10을 만들고 2와 3은 그대로 두어라. 부자가 될 것이다!

　4를 삭제하고, 5와 6의 자리에 7과 8을 넣어라.

　이제 거의 완성되었다.

　9는 1과 같고 10은 0과 같다."

　이것이 바로 마법사의 셈법이었던 것이다……

괴테가 이러한 주문을 마법사를 통해 묘사하고 있다는 사실은 차치하고라도, 우리는 이 수수께끼 같은 주문에 대해 많은 것을 생각해볼 수 있다. 모든 심령의 작업들이 행해지고 준비가 끝나게 되면 묘약 속에서 마법이 생겨난다. 묘약이 다 준비되고 나면 거기에 모든 종류의 영적인 효과를 통해 '마력'이 생겨나야 한다. 이와 같은 '마력'은 마법사가 말하는 주문 속에 이미 포함되어 있어야 한다.

마방진?

괴테의 글을 한 줄 한 줄 읽어가면서 혹시 그것이 마방진에 대한 이야기는 아닌지 검토해보자.

첫 번째 행
먼저 1부터 9까지의 수를 순서대로 배열한다.

$$\begin{matrix} 1 & 2 & 3 \\ 4 & 5 & 6 \\ 7 & 8 & 9 \end{matrix}$$

이제 괴테의 말을 대입시켜 보자. 먼저 1을 10으로 바꾸고 2와 3은 그대로 둔다.

이렇게 하면 사각형의 첫 번째 줄은 1, 2, 3이 아니라 10, 2, 3으로 바뀌게 된다. 즉, 세 수의 합이 15가 되는 것이다. 이제 우리는 부자가 된 것이다.

두 번째 행

지금부터는 4부터 9까지 수의 차례이다. 4는 삭제되어야 하고, 그 빈 자리에 0을 넣는다. 그리고 5와 6은 7과 8로 대치된다. 이렇게 하면, 처음의 4, 5, 6이 차지하고 있던 두 번째 줄은 0, 7, 8로 바뀌고, 그 합은 역시 15이다.

세 번째 행

세 번째 가로 줄에 들어갈 두 개의 수는 이미 알고 있다. 그것은 5와 6이다. 그리고 이 줄의 합계를 15로 맞추기 위해 두 번째 행의 첫 번째 칸에서 사라졌던 4를 다시 가져와야 한다. 이렇게 해서 4는 완전히 사라진 것이 아니고 생각지도 못했던 장소로 자리이동을 한 것이다. 괴테가 "이제 완성되었다."라고 말했을 때, 우리는 아직 이야기되지 않은 마지막 열이 5, 6, 4로 만들어질 것이라는 사실을 알 수 있다.

이제 결론에 해당되는 부분을 살펴보자. 여기에서 우리는 마법사가 일종의 술책을 통해 9와 1을 사라지게 하고, 그 자리에 10과 0을 대치시켰다는 것을 알 수 있다. 마법사가 9는 1과 같은 운명을 따르게 된다고 한 것이 바로 그것이다. 즉, 1과 마찬가지로 9 역시 계산에서 제외되었기 때문이다. 또한 0과 마찬가지로 10 역시 절대로 사라져서는 안 될 것이다. 그러나 9와 1이 사라지면서 0과 10이 각각 그 자리를 차지하게 된 것이다. 이렇게 수정된 사각형은 아래와 같은 형태를 가진다.

$$10 \quad 2 \quad 3$$
$$0 \quad 7 \quad 8$$
$$5 \quad 6 \quad 4$$

불완전한 사각형

위의 사각형 역시 가로와 세로의 총합은 모두 15로 같고, 한쪽 대각선의 합 역시 같은 결과를 보여준다. 하지만 다른 한쪽 대각선의 합은 그렇지 못하다. 바로 이러한 점에서 이것은 두 대각선의 합 역시 동일해야 하는 전통적인 마방진에 비해 불완전한 형태를 가지고 있는 것이다.

34를 상수로 하는 뒤러의 마방진. 『멜랑콜리아』의 일부. 313쪽 참조. 1514년이라는 수가 하단에 표기되어 있다.

『멜랑콜리아』

흑회색의 사막 위로 내리쬐는 태양. 나무처럼 고매한 사고가 태양빛의 음성에 걸리면서 인류를 초월한 노래가 들려온다.

_ 파울 첼란Paul Celan

가장 유명한 마방진의 하나는 조각가이자 화가인 알브레히트 뒤러의 판화인 『멜랑콜리아』에 들어있는 것이다.

독일 르네상스의 저명한 미술가였던 뒤러(1471~1528)는 두 차례에 걸쳐 이탈리아를 방문한 적이 있다. 그 기회를 이용해 그는 1453년에 마호메트 2세가 집권할 당시 이슬람 세력에 의해 점령당한 콘스탄티노플로부터 이주해온 비잔틴 제국의 학자들에게서 전통적인 기법들을 배우게 되었다.

1494년 첫 번째 여행에서 이 젊은 예술가는 미첼 폴게무트Michel Wohlgemuth와 콜마르 출신인 숀가우에르Schongauer의 형제들과 함께 배웠다. 그는 또한 그곳에서 신플라톤주의를 표방했던 자코포 데 바르바리Jacopo de Barbari를 만나기도 했다. 하지만 그로부터는 아주 부분적인 지식만을 전수받았을 뿐이었다. 뒤러는 당시 상황을 이렇게 적고 있다. "자코포는 나에게 자신의 기법을 분명하게 가르쳐주고 싶어 하지 않았다. 그는 일정한 비율로 그려진 남자와 여자를 보여주었다.

당시에 그의 이론을 이해하기란 마치 미지의 나라를 여행하는 것과 같이 어려웠다."

34세에 두 번째로 이탈리아를 여행했던 뒤러는 자신의 재능을 마음껏 펼칠 수 있었다. 그곳에서 그는 성프란체스코회의 프라 루카 파치올리 디 보르고Fra Luca Pacioli di Borgo를 만났다. 그로부터는 플라톤과 피타고라스의 '황금비율'에 대해 배웠다. 실제로 프라 루카는 4년 후 이 제목으로 책 한권을 발간하기도 했다('황금수'에 대한 장을 참고할 것).

조각가로서 뒤러는 『묵시록 Apocalyse』이라는 제목의 목판화 연작 15개와, 『기사와 죽음 Le Chevalier et la Mort』『멜랑콜리아』와 같은 훌륭한 동판화로 잘 알려져 있다. 특히 『멜랑콜리아』에서 우리는 별 모양의 5각형(피타고라스의 5각형의 별 모양) 안에 사색에 잠긴 천사가 각인되어 있는 이유에 대해 생각해 볼 수 있다. 일곱 단으로 이루어진 사다리 밑에 놓여 있는 잘 다듬어진 신기한 돌 역시 눈길을 사로잡는다(이것이 바로 전통적인 '현자들의 사다리'이다. 313쪽의 그림 참조). 상수 34를 가지는 4차원의 마방진은 벽에 새겨져 있다. 여기에서 뒤러는 작품을 제작한 해인 1514년을 뚜렷하게 보이도록 하기 위해 마방진의 마지막 줄의 가운데 두 칸에 이 수를 위치시키는 재치를 보여주고 있다.

알브레히트 뒤러, 『묵시록의 기사들 Les Chevaliers de l'Apocalypse』(1498).

몇 개의 놀라운 마방진

신은 존재하지 않는다. 하지만 우리는 선택받은 사람들이다.

_ 우디 알렌Woody Allen

1부터 16까지의 숫자를 각각 다른 방법으로 배치할 수 있다. 프레니클Frenicle에 따르면 16개의 숫자로 만들 수 있는 4차원의 마방진은 무려 878가지에 이른다.

$$\begin{array}{cccc} 1 & 16 & 11 & 6 \\ 13 & 4 & 7 & 10 \\ 8 & 9 & 14 & 3 \\ 12 & 5 & 2 & 15 \end{array}$$

이때 한복판에 위치한 네 수의 합은 이 마방진의 상수인 34와 같다.

마방진과 기하학적 모형들

하나의 마방진의 내부에 있는 숫자들 사이의 행로를 그려보자. 그러면 이 그림이 상당한 정확도와 기하학적인 아름다움을 가지고 있음을 알 수 있다.

아래에 34를 상수로 가지는 4차원의 마방진이 있다. 이 마방진의 여러 숫자들은 일정한 모형에 따라 배치되어 있다.

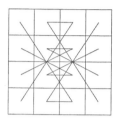

$$
\begin{array}{cccc}
1 & 15 & 14 & 4 \\
12 & 6 & 7 & 9 \\
8 & 10 & 11 & 5 \\
13 & 3 & 2 & 16
\end{array}
$$

6차원의 마방진

각 열의 총합은 111이다.

흥미로운 것은 이 111이라는 수가 알레프 문자에서 나온 수의 값과 일치한다는 것이다. 'aleph-lamèd-pé'는 1+30+80=111을 의미한다.

$$
\begin{array}{cccccc}
6 & 25 & 24 & 13 & 7 & 36 \\
35 & 11 & 14 & 20 & 29 & 2 \\
33 & 27 & 16 & 22 & 10 & 3 \\
4 & 28 & 15 & 21 & 9 & 34 \\
32 & 8 & 23 & 17 & 26 & 5 \\
1 & 12 & 19 & 18 & 30 & 31
\end{array}
$$

가장 오래된 마방진 : 인도의 마방진

인도의 카주라호Khajuraho 지역에는 11세기와 12세기 사이에 세워진 사원이 있다. 그 사원의 기둥에는 옆으로 누워 선회하는 모양을 한 사각형이 그려져 있으며, 그 안에는 다음과 같은 숫자들이 새겨져 있다.

수의 신비

$$\begin{array}{cccc} 7 & 12 & 1 & 14 \\ 2 & 13 & 8 & 11 \\ 16 & 3 & 10 & 5 \\ 9 & 6 & 15 & 4 \end{array}$$

이 사각형의 가로, 세로, 대각선을 합해보면 각각 34를 나타냄을 알 수 있다. 이것이 아마도 가장 오래된 마방진일 것이다.

악마의 마방진, 침묵의 마방진, 장인의 마방진, 성소의 마방진

흥미로운 특징들을 가진 어떤 마방진들은 '악마적'이라고까지 여겨진다. 가령, 아래의 마방진에서 각각의 열과 행, 대각선의 총합은 모두 65로 동일하다. 이때 이 악마적 마방진을 임의로 자른 두 열을 서로 맞바꾸어보자. 그러면 그 역시 또 다른 마방진을 이루고 있음을 알 수가 있다. 가로 행을 자르더라도 그 결과는 마찬가지이다.

악마의 마방진 안에서 나누어진 마름모꼴 형태에서도(여기서는 9개가 가능하다) 그 총합이 65로 동일함을 알 수 있다.

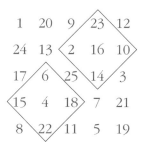

카발라에서의 마방진

39를 상수로 하는 마방진을 중앙에 두고, 다시 65를 상수로 하는 악마의 마방진을 만들 수도 있다.

23	8	5	4	25
20	14	15	10	6
19	9	13	17	7
2	16	11	12	24
1	18	21	22	3

이 마방진에서 아주 흥미로운 것은 이것을 구성하고 있는 숫자들이 히브리의 카발라에서 매우 중요한 의미를 가졌다는 점이다.

이 마방진의 상수인 65는 'adonay'[역12]라는 명사에 해당하는(신의 이름에 대해서는 차후에 다시 살펴볼 것이다) 값이다. 그리고 39는 "신은 하나다."라는 'Yhvh éhad'라는 표현에 해당한다. 65는 또한 '침묵'과 '성소'에 해당하는 값이기도 하다. 이러한 점에서 보면 이 마방진은 집과 현관문에 걸어두는 작은 양피지 조각인 히브리의 'mezouza'와 유사한 부적의 역할을 하기도 한다. 이 마방진이 가지는 이와 같은 성격은 두 상수의 차이가 26이라는 사실에서 다시 한번 입증된다.

$$65 - 39 = 26$$

26은 야훼(Yhvh)라는 신성한 네 글자의 값을 가진다.

초超마방진

여기에 네 개의 가로 행과 세로 열, 그리고 두 개의 대각선에 따라 22개의 각기 다른 방법으로 총합 40을 얻을 수 있는 초마방진이 있다(굳이 토라와 타로 점을 연결시키지 않더라도 22는 히브리어 알파벳의 철자 수이자 타로 카드의 숫자이기도 하다는 점을 떠올릴 수 있다).

$$
\begin{array}{cccc}
1 & 15 & 20 & 4 \\
18 & 6 & 7 & 9 \\
8 & 16 & 11 & 5 \\
13 & 3 & 2 & 22
\end{array}
$$

또한 위의 마방진에서 4개의 꼭지점에 위치한 수의 합이 40을 이루고 있다는 점도 주목할 만하다.

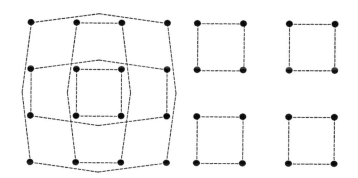

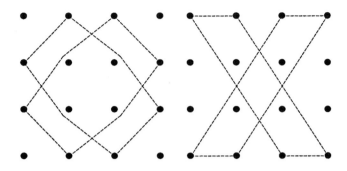

흥미로운 점

『멜랑콜리아』에서 볼 수 있는 뒤러의 마방진은 아래의 도식과 같은 특성을 가지고 있다.

$$16 \quad 3 \quad 2 \quad 13$$
$$5 \quad 10 \quad 11 \quad 8$$
$$9 \quad 6 \quad 7 \quad 12$$
$$4 \quad 15 \quad 14 \quad 1$$

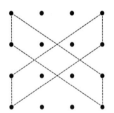

$$(16 + 5) + (12 + 1) = 34$$
$$(9 + 4) + (13 + 8) = 34$$

오일러의 마방진

독일의 위대한 수학자인 오일러는 어느 날 재미삼아 가로 행과 세로 열의 모든 숫자의 합이 260을 이루는 마방진을 만들어냈다. 한 줄의 절반에 해당하는 4칸의 수의 합도 전체의 반인 130으로 동일했다.

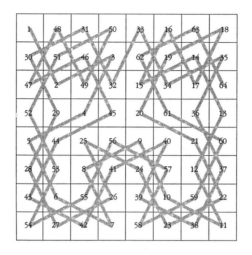

1	48	31	50	33	16	63	18
30	51	46	3	62	19	14	35
47	2	49	32	15	34	17	64
52	29	4	45	20	61	36	13
5	44	25	56	9	40	21	60
28	53	8	41	24	57	12	37
45	6	55	26	39	10	59	22
54	27	42	7	58	23	38	11

카발라의 관점에서 보면 이 숫자들 역시 매우 중요하다. 260은 '이름'이라는 뜻을 가진 'chèm'의 게마트리아이다. 130은 성서에서 볼 수 있는 야곱의 꿈속에 등장하는 사다리를 의미하는 'soulam'의 게마트리아이다. 또한 위의 마방진에서 1에서 2, 3……으로 이어지는 행로를 그려보자. 그러면 이 행로가 체스에서 '기사'가 움직이는 행로와 같다는 것을 알 수 있다. 위의 도표에서 굵은 선으로 그려져 있듯이 이것은 대칭적인 모형을 이루고 있다.

마법의 별

마방진과 마찬가지로 마법의 별도 있다. 이것은 별 모양의 다각형 안에서 이루어지는 것으로, 별 모양의 어떤 면에서나 그 합이 서로 같은 숫자를 배열하는 것이다. 이렇게 하면 별 모양의 7각형도 만들어낼 수 있다. 옆의 그림이 바로 30이라는 상수를 가진 7각형의 별 모양이다.

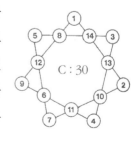

육각형에서부터 완벽한 마법의 별을 그릴 수 있다. 어떤 사람들은 이 별을 '솔로몬의 봉인'이라고 부르며, 어떤 사람들은 '다비드의 방패'라고도 부르기도 한다. 이 별의 상수는 보통 'YHVH'에 해당하는 26으로 나타난다.

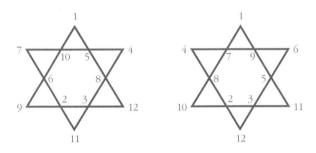

별의 각 꼭지점에 1부터 6까지의 수를 위치시켜보자. 그러면 그 합은 21 즉 6의 삼각수이자 신의 이름인 'Ehyé'에 해당하는 값을 갖게 된다.

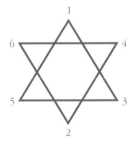

클리포드 아담스Clifford W. Adams의 마법의 6각형

1957년 당시 47세였던 아담스는 38을 상수로 하는 육각형을 고안해냈다. 하지만 그 방법을 적어 놓은 종이를 분실했다. 그는 또 다시 5년에 걸쳐 그 방법을

찾아냈다. 이후 분실했던 해법지를 되찾은 그는 이 두 가지 방법이 동일하다는
사실을 알게 되었다.

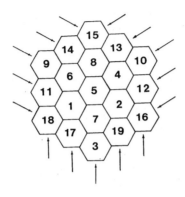

마
방
진

제 2 장

연금술과 부적

연금술
성서와 마방진
치료와 이완
직선과 원의 에로틱한 사랑

카소니 캄파나Cassoni Campana가 1510년경에 그린 『테세우스 신화 이야기』에 등장하는 테세우스와 미노타우로스의 모습.

연금술

우상을 만지지 말라, 금도금이 손가락에 들러붙기 때문이다.

_ 귀스타브 플로베르Gistave Flaubert

황금을 찾아 나서는 연금술사들은 그들의 다양한 경험 속에서 별자리들과 사용된 재료에 따라 마방진을 정의했다. 여기에서 간략한 설명과 함께 그것들을 소개해보고자 한다.

토성 마방진(3차원)

이것은 가장 널리 알려져 있는 마방진이다. 우리는 이것을 낙서 마방진이나 솔로몬의 마방진이라는 이름으로 알고 있다. 이 마방진의 상수 15는 히브리어로 신을 의미하는 '야(YH)'의 이름에 해당한다.

$$
\begin{array}{ccc}
4 & 9 & 2 \\
3 & 5 & 7 \\
8 & 1 & 6
\end{array}
$$

이 토성 마방진에 사용된 재료는 납이다. 일반적으로 이 마방진은 납이나 새로 짠 직물 또는 새로 만든 양피지 위에 새겨진다. 따라서 이 마방진은 출산을 돕는 신비한 부적으로도 알려져 왔다. 그래서 아이를 낳는 여성의 발에 붙여 놓은 직물이나 양피지 조각 위에 그 부적을 새겨 넣기도 했다.

토성 마방진을 포함하고 있는 메달-부적.

짝수와 홀수

우리는 여기서 이 아름다운 마방진에 하나의 속성을 덧붙일 수 있다. 즉, 이 마방진에 사용된 홀수들이 십자가 모양을 이루고 있는 것이다.

$$\begin{array}{ccc} 4 & 9 & 2 \\ 3 & 5 & 7 \\ 8 & 1 & 6 \end{array}$$

목성 마방진(4차원)

$$\begin{array}{cccc} 4 & 14 & 15 & 1 \\ 9 & 7 & 6 & 12 \\ 5 & 11 & 10 & 8 \\ 16 & 2 & 3 & 13 \end{array}$$

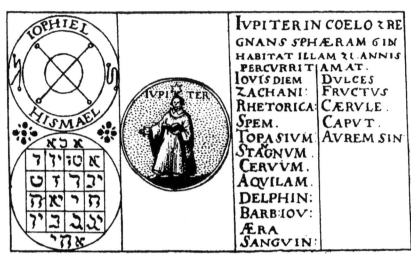

라틴어와 히브리어로 쓰인 목성 마방진이 들어있는 호신용 부적. 마방진 자체도 히브리어 숫자와 글자로 되어 있다.

이 마방진의 상수는 34이다. 사용된 재료는 주석이다. 사람들은 마력에 대항하여 이 마방진을 산호 위에 새겨 사용하기도 했다.

8, 6, 4, 2의 조합으로 구성되어 있고, 하얀 비둘기 날개 아래 위치한 또 다른 마방진은 (아래에 있는) 젊은 아가씨에게 구혼을 승낙하도록 설득하는 특성을 가지고 있다.

$$
\begin{array}{cccc}
8 & 6 & 4 & 2 \\
4 & 2 & 8 & 6 \\
2 & 4 & 6 & 8 \\
6 & 8 & 2 & 4
\end{array}
$$

화성 마방진(5차원)

```
11  24   7  20   3
 4  12  25   8  16
17   5  13  21   9
10  18   1  14  22
23   6  19   2  15
```

이 마방진의 상수는 65이다. 우리들이 신의 이름에서 보게 되는 이 수는 '침묵'과 '성소'를 의미하기도 한다. 이 마방진의 합은 325이고, 철로 되어 있다.

태양 마방진(6차원)

```
 6  32   3  34  35   1
 7  11  27  28   8  30
19  14  16  15  23  24
18  20  22  21  17  13
25  29  10   9  26  12
36   5  33   4   2  31
```

이 마방진의 상수는 111이며, 합은 666이다. 이 신비한 수의 의미는 여전히 수수께끼로 남아 있다. 이 마방진은 36개의 사각형을 포함하고 있다. 이 수는 앞에서 보았던 바와 같이 카발라에 숨겨진 수와 같다.

이 마방진의 중심 혹은 '심장'은 37×2이며, 이것은 $6(6^2+1)$의 (n^2+1)에 해당되는 '인간의 수'이다. 666을 37로 나누면 18이 된다는 사실에 주목해보자. 18에서 우리는 $6 + 6 + 6$ 으로서의 666을 보게 된다. 이와 마찬가지로 18은 히브리어에서 생명의 수이다. 'Hay'라고 발음되며 종종 보석-부적으로 사람들이 목에 걸고 다니기도 한 것이다.

연금술과 부적

금성 마방진(7차원)

```
22  47  16  41  10  35   4
 5  23  48  17  42  11  29
30   6  24  49  18  36  12
13  31   7  25  43  19  37
38  14  32   1  26  44  20
21  39   8  33   2  27  45
46  15  40   9  34   3  28
```

태양의 마방진이 그려진 메달-부적.

수의 신비

금성 마방진의 상수는 175이다. 총계는 49의 삼각수(49+48+47……+1 = 1225)에 해당된다.

사람들은 이 마방진을 '아브라함의 봉인'이라고도 부른다. 왜냐하면 성서에 따르면 아브라함이 175세까지 살았기 때문이다.

우리가 여러 차례 보여주었던 것과 마찬가지로, 마방진들은 그것들의 구조적인 특성을 강조하는 아주 조화로운 기하학적 형태를 내부에 포함하고 있다. 뒤에서 우리는 아브라함의 봉인, 또는 비너스의 마방진 안에 들어 있는 기하학적 형태를 살펴볼 것이다. 이 마방진은 장수와 행복을 위한 부적으로 사용되었다.

수성 마방진(8차원)

수성 마방진은 260을 상수로 가진다. 이 수는 우리가 히브리어로 '이름'을 가리키는 'chem'이라는 단어의 게마트리아에 해당된다. 또한 모세라는 이름의 처음 두 철자의 게마트리아와도 같다.

이 마방진의 총계는 2080이다. 이 마방진을 상징하는 금속은 은의 합금이다. 구조적으로 이 마방진은 체스 판(8×8)에 해당한다. 그러므로 이것은 2×32에도 해당될 수 있는 것이다(이것은 지혜에 이르는 32가지 길에 해당한다). 이 마방진의 중앙은 2×65이고, 이 수는 우리가 앞에서 보았던 수들 가운데 하나이다(65를 상수로 하는 화성 마방진을 참고할 것). 따라서 이것은 지혜와 지성의 마방진이 된다.

8	58	59	5	4	62	63	1
49	15	14	52	53	11	10	56
41	23	22	44	45	19	18	48
32	34	35	29	28	38	39	25
40	26	27	37	36	30	31	33
17	47	46	20	21	43	42	24
9	55	54	12	13	51	50	16
64	2	3	61	60	6	7	57

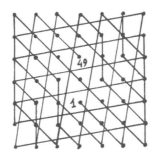

아브라함의 봉인에 포함되어 있는 역동적인 기하학 모형.

달의 마방진(9차원)

이 마방진의 합은 3321이며, 그 상수는 369이다. 이 369라는 수는 히브리어 표현에서는 '황금 뿔(kérèn hazahav)'에 해당되는 값이다. 이러한 사실로 인해 이 마방진은 성공과 행운을 비는 부적으로 여겨지기도 한다. 이 마방진의 금속 재료는 '은'이다. 분명 은을 금으로 변화시키는 것은 완전히 연금술적인 방식이라고 할 수 있다.

수의
신비

37	78	29	70	21	62	13	54	5
6	38	79	30	71	22	63	14	46
47	7	39	80	31	72	23	55	15
16	48	8	40	81	32	64	24	56
57	17	49	9	41	73	33	65	25
26	58	18	50	1	42	74	34	66
67	27	59	10	51	2	43	75	35
36	68	19	60	11	52	3	44	76
77	28	69	20	61	12	53	4	45

지구의 마방진(10차원)

이 마방진의 상수는 505이며, 합은 5050이다.

1	99	98	4	95	6	7	93	92	10
90	12	13	87	16	85	84	18	19	81
80	22	23	27	75	76	74	28	29	71
31	69	68	34	36	65	37	63	62	40
50	49	53	47	45	46	57	58	59	41
51	52	48	54	55	56	44	43	42	60
61	39	38	64	66	35	67	32	33	70
30	72	73	77	26	25	24	78	79	21
20	82	83	17	86	15	14	88	89	11
91	9	8	94	5	96	97	3	2	100

연금술과 부적

성서와 마방진

비방하는 것은 현실의 복잡함을 거부하는 것처럼 보인다. 바로 이것이 현실의 무게이자 말로 표현할 수 없는 무엇이다……. 어떤 지식이 객관적으로 항상 진리거나 항상 거짓이라고 주장하는 종교적인 말의 타락한 표현 같은, 누군가가 옳거나 혹은 틀렸다고 주장하는 것처럼 이러한 이것 아니면 저것이라는 표현에는, 인간적인 것들의 상대성을 지탱할 능력이 없음이 포함되어 있다. 마치 우주가 선과 악의 단순한 대립의 형태로 드러나듯이 모든 요구들에 대답할 수 있고 의미의 틈새를 막을 수 있다고 믿는 것은 사실상 보수주의적인 성향이다. 설명할 수 없는 것을 설명하는 것은 신을 정당화하는 것이다. 그런데 탈무드는 세계의 애매성에 대해서 말하며, 불확실한 것에 대한 지혜와 복잡한 것에 대한 정신을 인간에게 가르치는 소명을 갖고 있다.

_ 질 베른하임Gilles Bernheim

대제사장의 가슴 장식

마방진의 기원이 중국에 있다는 것은 여러 문헌들에 분명하게 나타나 있다. 그럼에도 우리는 마방진에서 유래한 상상적인 것 즉 마술사들과 연금술사들, 그리고 카발라 학자들이 이것에 큰 관심을 가졌다는 사실을 대제사장의 '의복들' 중의 하나와 관련된 성서의 한 구절을 통해 알 수 있다.

사막의 '성소(michkane)'와 그 이후 예루살렘의 성전에서 의식을 집행하기 위해 대제사장은 여덟 개의 옷을 입었다. 이는 성서의 출애굽기(28장 2절 이후)에 묘사되어 있다. 탈무드에 따르면 이 옷들은 잘못을 고치는 능력을 갖고 있었다. '외투'가 비방에 대한 치유의 기능을 했다는 것은 흥미로운 사실이다.

대제사장이 가장 바깥에 착용하는 것이 바로 '가슴 장식'이었다. 히브리말로 'hochèn' 즉 사각형의 판을 나타내는 이것은 가로, 세로 약 25센티미터의 크기를 가진 금색과 청색 그리고 자주색으로 만들어진 판이었다. 이 가슴 장식에는 이스라엘의 열두 지파의 이름이 새겨져 있는 열두 개의 귀한 보석들이 박혀 있었다(출애굽기 28장 15절).

뱀, 예언가 그리고 구세주

출애굽기의 이 구절은 '사각형'이라는 단어를 매우 강조하고 있다. 즉, "그것은 사각형일 것이며, 이중으로 되어 있으며, 길이와 폭이 각각 25cm일 것이다."

사각형을 의미하는 'hochèn'이라는 단어는 중요하다. 왜냐하면 그 단어를 구성하는 세 개의 글자가, 다른 순서로 보면 '예언하다(nahoch)'를 의미하고, 이 사각형을 사용하는 사람이 '예언가'가 되기 때문이다. 또한 '예언하다'라는 동사가 히브리어로 '뱀(nahach)'을 의미한다는 사실도 놀랍다. 이 뱀은 성서에 여러 번 등장한다. 등장할 때마다 이 뱀은 다양한 역할을 하며, 따라서 일견 역설적으로 보이기도 한다. 가령, 원죄의 뱀, 모세의 언약의 뱀과 파라오의 마술사들의 뱀, 사막에서 물어뜯고 죽이는 뱀, 또 사막에서 치료하는 뱀 등이 그것이다. 바로 여기에서부터 '예언의 지팡이'가 유래한다.^{역13)}

또한 중요한 것은 이 단어의 게마트리아가 358에 해당하며, 이것은 '구세주'를 의미하는 'Machiah'라는 단어의 값과 동일하다는 점이다.

읽고, 결합하고, 해석하고, 예견하기

이 사각형은 신탁의 기능을 갖고 있기 때문에 실제로 '신비한' 것으로 여겨졌다. 대제사장, 왕 또는 예언가가 질문을 던지면 이 판에 박혀 있는 보석들이 빛나거나 반짝거리며 일정한 글자로 이루어진 이름을 보여주었다. 그렇게 되면 그것을 해석하는 문제가 남게 된다. 왜냐하면 각각의 이름에는 여러 개의 글자가 포함되어 있기 때문이다. 그것들을 단어나 문장으로 만들기 위해서는 나타난 글자들을 선택해서 조합을 만들어내야 했다. 어쨌든 이 사각형의 판이 신비한 힘을 갖고 있다는 생각은 이때부터 널리 퍼져 있었던 것으로 보인다.

짐승의 수 : 666

신약 성서의 마지막 권인 요한 계시록은 예수의 '종 요한'(1장 1절)을 통해 소아시아의 일곱 교회에 전해진 예수의 예언적 메시지이다. 여기에서 '아포칼립스Apocalypse'라는 단어는 '세기 말의 최종적 파괴'가 아니라 '드러냄'을 의미하고 있다는 점을 강조할 필요가 있다.

요한의 이러한 '계시-드러냄'은 이 땅 위에 신성한 정의의 통치를 알리는 웅장하고 극적인 시의 형태로 구성되어 있다. 이미지들은 묘사적이기보다는 상징적이다. 카발라의 게마트리아에 정통해 있었으며, 연산 학자로서의 상당한 지식을 가지고 있던 요한은 끊임없이 수와 색채를 나타내는 단어들을 사용하고 있다.

유명한 '짐승의 수'인 666은 이러한 연산학에서 가장 널리 알려진 수이다. 요한은 분명 연산학에 정통해 있었으며, 따라서 피타고라스학파가 말하는 수들의 모든 의미를 알고 있었다고 할 수 있다. 요한 계시록의 13장 끝에서 요한은 전대미문의 그 유명한 문자 수수께끼를 제시한다. 이것은 몇 세기 전에 이미 플라톤이 그리스 철학자들에게 음악적 비율을 고려하면서 세계의 영혼에 대한 문자 수수께끼를 내었던 것과 같은 방식이었다.

짐승의 이름 즉 그것의 수를 나타내는 표식을 갖고 있지 못한 사람들은 누구도 사거나 팔지 못할 것이라고 말한 이후에, 요한은 다음과 같은 중요한 말을 던지고 있다.

"지혜가 여기에 있으니 지각이 있는 자는 그 짐승의 숫자를 헤아려 보라. 그것은 한 사람의 숫자이니, 그의 숫자는 666이니라."

(요한 계시록, 13장 18절)

왜 666인가? 풀어야 할 수수께끼이다.

우리는 이처럼 이 절을 수학적인 수수께끼로 끝내고자 한다. 즉, 요한 계시록에 나오는 아주 기이한 6차원의 마방진 안에서는 모든 소수들의 값(자기 자신과 1로만 나누어지는 수)과 각각의 가로, 세로, 대각선의 합이 짐승의 수인 666과 같다는 것이다.

3	107	5	131	109	311
7	331	193	11	83	41
103	53	71	89	151	199
113	61	97	197	167	31
367	13	173	59	17	37
73	101	127	179	139	47

연금술과 부적

치료와 이완

우리는 무엇을 고전이라 부르는가? 누구나 입에 올리지만 그 누구도 읽지 않는 책!

_ 어니스트 헤밍웨이Ernest Hemingway

　　마방진의 기능을 설명하면서 우리는 종종 "그것은 무엇에 사용되는가?"라는 질문에 직면하곤 한다. 대답은 '아무 것에도' 소용되지 않는다는 것이다. 하지만 마방진은 '아무 것'에도 소용되지 않기 때문에 오히려 많은 것에 소용될 수 있다.

　　마방진은 이완시키고 진정시키는 기능을 한다. 그러니까 마방진은 오늘날 통용되는 영어식 표현으로 '노 마인드no-mind'에 도달하는 순간, 혹은 이와 유사한 다른 순간과 관련이 있는 극동 지역에서 행해지는 명상의 여러 측면을 가지고 있는 것이다. '아무 것도 아닌' 또는 '노 마인드 랜드no-mind-land'라는 공간은 '의미의 영도零度' 또는 '비교 불가능한 공간'으로 이해될 수 있다. 이와 같은 공간은 인간에게 심오하고 때로는 어렵기도 한 탈의미작용(dé-signification)의 영역을 열어준다.

　　이 탈의미작용은 언어와 사고가 가지고 있는 모든 구성 요소들을 해방시킨다.

새로운 삶이 다양한 리듬 자체 속에서 창조된다. 또한 사고의 언어학적이고 수적인 모든 재료의 안에서 창조되기도 한다. 말, 음절, 자음, 모음, 운율, 각운, 다양한 운각 등과 같은 것들은 서로 교류하고, 말을 걸며, 대답을 하기 시작한다 (이 과정이 바로 향유이다). 바로 그곳에 '의미의 영도'가 있다. 그것은 의미의 응축이 아니라 삶과 운동이자 시간이다. 운동은 생명력 있는 에너지들의 순환에 개입하며 또 그렇게 해서 균형과 행복을 낳는다. 이와 마찬가지로 마방진에 사용되는 숫자들과 글자들의 유희를 통해 인간 심리의 총체적인 과정을 알 수 있다. 이 과정은 마방진을 움직이는 원칙들 내에서 발생하는 것과 동일하다.

마방진의 상수 혹은 내적인 구조를 구성하는 몇몇 수들을 카발라에서 다시 발견할 수 있다. 45, 65, 111 등이 그 예이다.

그러므로 마방진에 대한 '신비한' 과학과 경험 또는 카발라의 영적 경험의 한 측면과 연결시켜주는 몇 가지 성찰의 요소들을 찾아보는 것은 흥미로운 일이다. 만약 앞에서 설명했던 대제사장의 '가슴 장식'의 예를 계속 살펴본다면, 이 '부적'의 신비로운 면은 글자들과 그것들의 해석 사이의 결합적인 특성 속에 있음을 알 수 있다.

중요한 것은 수동적인 신비의 능력이 아니다. 오히려 글자들과 그것의 결합 그리고 그것의 해석을 통해 새로운 심리학적인 관점들이 열릴 수 있고, 아주 해석하기 힘든 상황들과 언어적인 비밀을 풀 수 있다는 데에 있다.

그러므로 마방진의 신비는 본질적으로 그것의 실존과 숫자들의 위치, 그리고 그 수들이 만들어내는 비밀에 있지 않다는 것을 이해해야 한다. 오히려 마방진의 신비는 이러한 수의 위치가 낳는 모든 가능한 놀이와 성찰에 있다는 것을 알아야 한다. 가령 가로, 세로, 대각선의 상수의 값이 같다는 것을 검증하는 계산을 필두로 이 마방진 안에서의 움직임이 치료적인 가치를 가지고 있다는 생각 등에서 그것의 신비가 유래한다는 것이다.

연극술과 부적

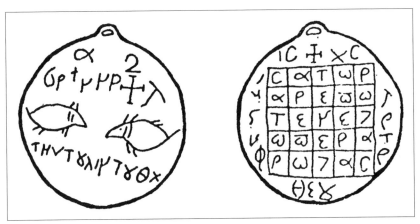

사토르-로타스Sator-Rotas의 마방진을 포함하고 있는 메달. 가장 유명한 마방진 중의 하나이다. 왼쪽에 있는 그림은 메달의
뒷면으로, 행복을 가져다주는 작은 물고기들이 그려져 있다.

시적 분석

우리는 마방진의 숫자와 글자들에 대해 가스통 바슐라르Gaston Bacheard가 했던
것과 같은 시적 분석을 시도해볼 수도 있다. 즉, 이미지들이 몽상으로 이어지는
것 말이다. 이미지의 시학은 인간에게 접근하는 또 하나의 방식이다. 바슐라르
가 말하듯 "철학자들과 심리학자들은 모든 것을 알지는 못한다. 시인들은 인간
에게서 또 다른 빛을 얻는다."

존재에 대한 진리는 종종 통계나 실험보다는 상상력에 의해서 훨씬 더 잘 포
착될 수 있다. 주지의 사실이지만, 통계나 실험을 통해 드러날 수 있는 양적 자
료는 그것이 아무리 정확하다 할지라도 이 진리를 결코 다 드러낼 수 없다.

시적 분석은 철학과 또 다른 인문학 영역의 곁에서 우리에게 꿈꾸고 재청조히
며 창조의 역동성을 재발견할 수 있도록 해주는 이미지들의 움직임을 보여주는
것이다.

시적 분석을 통해서 인간은 고착된 사유와 이미지들을 벗어 버리게 된다. 이렇
게 해서 인간은 지성의 역동적이고 창조적인 양태 속으로 들어갈 수 있게 된다.

레오나르도 다 빈치의 것으로 여겨지는 정20면체.

직선과 원의 에로틱한 사랑
결론과 열림을 대신하여

나는 떨림이 있는 생각만을 추구한다. 영혼 내부에는 홍조가 존재한다. 진 핑 메이의 여섯 번째 책에서는 갑자기 학식 있는 벤 비구가 나타난다. 그는 마흔 살이 채 되지 않았다. 그는 교양으로 차려입고 머리를 장식했다. 흰 치아들……. 젠 낑이 그에게 인사한다. 그를 리셉션 홀에 올라가게 한다. 그를 앉힌다. 마실 것을 내주고, 결국 경의를 표한다. '성함이 어떻게 되십니까?' 벤 비구가 대답한다. '내 보잘 것 없는 이름은 비구입니다(선인들의 본을 받아야 한다는 뜻이지요). 이름은 릭싱입니다(매일 새로워진다는 뜻입니다).' 그들은 횃불 아래서 차를 마신다.

_ 파스칼 키냐르Pascal Quignard

짧은 이야기

고대 그리스에 강연을 하면서 도처를 여행하고 다니던 한 유명한 학자가 있었다. 사람들은 이러한 부류의 사람을 '소피스트'라고 불렀다. 이 유명한 소피스트가 소아시아에서의 강연 일주를 마치고 어느 날 아테네로 돌아왔을 때, 그는 아테네의 거리에서 소크라테스를 만났다. 소크라테스는 거리에서 지내며 사람들과 이야기하는 습관이 있었다. 예를 들면 구두 수선공과 구두가 무엇인지에 대해 토론하곤 했던 것이다. 소크라테스는 "사물이란 무엇인가?"라는 주제로만 질문을 던졌다.

"당신은 왜 항상 그런 질문만 던지는 겁니까?"

이 소피스트가 못마땅하다는 듯 소크라테스에게 질문을 던졌다.

"왜 당신은 항상 같은 것에 대해 같은 것만을 반복하는 겁니까?"

소크라테스가 대답했다. "그렇고 말고. 바로 그것이 내가 늘 하는 것이라네.

하지만 그렇게 영리한 자네 같은 사람도 같은 것에 대해서 같은 말을 하지는 못한다네!"

그렇다면 "같은 것에 대해 같은 말을 한다는 것"은 무엇인가?

이와 같은 표현은 매우 기이하다. 하지만 수학의 초기 역사를 보게 되면 우리는 이 문제에 대한 답을 할 수 있을 것이다.

'수학'이라는 단어의 의미

수학의 역사는 거의 2500년에 달한다. 그 무게 중심은 장소와 대상에 따라 종종 이동했다. 주목할 점은 처음부터, 특히 그리스 시대에 수학은 철학과 밀접한 관계를 유지하고 있었다는 점이다(나중에 분명히 드러나게 되지만, 가령 파스칼과 데카르트와 같은 사람들은 철학자이며 동시에 수학자였다). 그런 만큼 우리의 관심은 이 두 분야의 연관성을 강조하는 데 있다.

이러한 유기적 결합의 주된 방향들 중의 하나는 그리스 시대에 만들어진 뒤로 오늘에 이르기까지 사용되는 '수학'이라는 단어 그 자체의 의미에서 찾아볼 수 있다. 각각의 수학자가 자신들의 학문을 지칭하는 이 단어에 부여했던 의미의 문제가 이에 덧붙여질 수 있다. 마치 철학자에게 "철학이란 무엇인가?"라는 문제가 어려운 만큼, 또는 작가에게 "문학은 또는 시란 무엇인가?"라는 문제가 그러한 것처럼 아주 난해한 문제가 아닐 수 없다.

'수학'은 과연 페르마와 에바리스트 갈루와Evariste Galois에게 있어서와 마찬가지로 탈레스와 피타고라스에게서도 같은 의미를 갖는 것이었을까? 셈하고, 분류하고, 열거하고, 그룹으로 나누고, 분리하고, 곱하고 하는 등의 모든 정신 작용은 가치중립적인 행위가 아니다. 세상을 절단하고 조직하는 방식의 배후에는 해석해야 하며 한 학문의 발전과 변화를 이해하도록 해주는 총체적인 가정이 자리잡고 있는 법이다.

정신 혁명 : 사유를 향한 발걸음

수학의 사유는 무엇인가?

수학이 인간 역사의 특정 단계에서 탄생한 것은 바로 이 학문이 변화, 즉 세상을 보고 분석하는 새로운 방식과 관련이 있기 때문이었다. 그러므로 철학에서 그러하듯이 이러한 인식론적인 단절의 전후를 이해해야 할 필요가 있다.

수학? 가장 단순하고 가장 정확한 것은 이 단어에 대해 질문을 던지는 것이다. '수학'이라는 단어가 그리스어 'ta mathémata'에서 유래했다는 것을 상기하자. 이것은 '배워 익힐 수 있는 것' 또한 '가르칠 수 있는 것'을 의미한다. 'Manthanein'은 '배우다'를 의미한다. 'mathésis'는 '배우다'와 '가르치다'의 이중의 의미를 가지고 있는 '교습'을 의미한다. 여기에서 가르치고 배운다는 것은 나중에 학교나 학자들이 사용하는 좁고 부차적인 의미에서가 아니라 좀더 광범위하고 본질적인 의미로 사용된 것이다.

이미 지적한 것처럼 'Mathésis'는 배우는 행위를 의미한다. 'mathémata'는 배우고 가르칠 수 있는 것을 의미한다. 그러므로 이 용어는 배우고 가르칠 수 있는 것으로서의 사물들을 지칭한다. 배운다는 것은 그렇기 때문에 이해와 소유의 방식이다.

그러나 '취하는 것'이 항상 '배우는 것'은 아니다. 우리는 어떤 사물을 취할 수 있다. 가령, 하나의 돌을 취해서 광물 전시장에 가져다 놓을 수 있다. 식물들도 마찬가지다. 요리책은 이것을 "취하시오!"라고 말한다. 즉, "그것을 이용하시오!"라고 말하는 것이다. 따라서 '취하는 것'은 '어떠한 방식으로 어떤 사물을 소유하고 그것을 배치하는 것'을 의미한다.

그렇다면 '배운다'는 것은 무엇인가? 무엇인가를 배울 때 과연 무엇이 거기에 더해지는 것일까? 그리고 어떻게 더해지는 것일까? 더해지는 것은 바로 '무엇에 대한 생각'이다!

바로 이것이 철학에서 플라톤 이후 우리가 '사물들의 본질'이라고 부르는 것이다. 사물에 대한 사유! 그것은 신체성으로서의 신체이자, 식물성 안에 있는 식물이다(하이데거가 만든 신조어). 이와 같은 방식으로 동물에게는 동물성, 사물에게는 사물성事物性, 인간에게는 인간성 등등이 존재한다. 심지어 '신발성'은 신발에 대한 사유인 것이다![65]

수학의 시대를 연 것은 이처럼 세상을 개별적인 사물들 그 자체로서가 아니라 사물에 대한 사유로 보는 방식에서 기인한다.

수학 혁명

수학, 특히 수학의 탄생을 이해한다는 것은 바로 이 학문이 어떤 점에서 혁명적인가를 이해하는 것이다.

수학의 새로움은 어떤 것인가?

그리스인들보다 시대적으로 앞서 있었던 바빌로니아인들과 이집트인들은 수학에 있어서도 그들과 어깨를 나란히 할 정도의 수준에 있었다. 이들은 이미 수와 셈에 대한 지식과 아주 발달된 기법을 보유하고 있었다. 그런데 왜 이러한 지식이 수학의 탄생을 불러오지 못했을까? 그들의 세련된 지식은 왜 단순히 수학의 시대를 예고하는 형태에만 그쳤을까?

이러한 질문에 답하는 것은 매우 본질적인 문제이다. 여기서는 탈레스의 경우를 예로 들어서 이에 대해 설명하고자 한다.

수학은 그리스에서 기하학과 함께 시작되었다

기하학이라는 용어는 그리스어 'gê(땅)'와 'metria(측정의 기술과 학문)'가 합성된 'geômetria'에서 차용한 라틴어 'geometria'에서 유래한다. 기원전 7세기의 아나톨리아Anatolie 해변으로 가보자. 당시 리디아Lydie 제국의 수도인 사르데스

Sardes는 구구Gugu 왕의 아들이 통치하고 있었다. 인접한 이오니아Ionie에서는 어떤 왕도 밀레 지역에 통치권을 행사하지 못하고 있었다. 그 도시는 최초의 도시 국가들 중의 한 곳이었으며, 자유로운 도시였다! 탈레스는 그곳에서 620년경에 태어났다. 우리는 "너 자신을 알라!"라는 유명한 경구가 그에게서 유래했다는 사실을 알고 있다. 그는 고대 그리스의 일곱 현인들 중의 한 명이었으며 수학 문제에 대해서 널리 알려진 결과들을 도출해낸 첫 번째 사람이었다.

탈레스는 수에 그다지 전념했던 것은 아니었다. 그는 주로 기하학적 형태들인 원, 직선, 삼각형에 관심이 있었다. 그는 각角을 완전한 수학적인 실체로 간주한 첫 번째 사람이었다. 그는 기하학에서 이미 알려져 있던 길이, 면적, 부피라는 세 개의 항목들을 연계시킴으로써 기하학의 네 번째 위대한 항목인 각을 하나의 수학적 실체로 만들어낸 사람이었다.

직선과 원의 에로틱한 사랑

이제 수학의 역사는 면面으로 넘어갔으며, 이에 따라 직선과 원이 등장하게 되었다. 직선과 원에서는 도대체 어떤 현상들이 발생할 수 있는가? 직선은 원을 가로지를 수 있고 그렇지 않을 수도 있다. 아니면 단지 원을 스쳐갈 수도 있다……

직선이 원을 가로지르면, 이때 원은 반드시 두 부분으로 나뉘게 된다. 원의 두 부분이 동일하기 위해서는 직선이 어디에 위치해 있어야 하는가? 탈레스가 답을 제시했다. 즉, 직선이 원을 정확히 동일한 두 부분으로 자르기 위해서는 반드시 중심을 지나가야만 한다는 것이다. 이것이 지름이다! 지름은 원이 갖고 있는 가장 긴 단면이다. 지름은 원을 가장 길게 지나간다. 그렇기 때문에 우리는 지름이 원을 '측정한다'라고 말할 수 있다.

탈레스가 언급한 것들은 분명 중요하고도 흥미로운 사실이다. 그러나 이 발견이 어떻게 수학의 탄생을 가능케 한 근원으로 작용했던 것일까?

사실, 탈레스가 보편적 원칙을 제시한 첫 번째 사람이라는 사실은 그가 어떠한 점에서 수학의 초석을 놓았는지에 대해서도 어느 정도 암시해주고 있다. 즉, 위에서 본 탈레스의 대답은 하나의 특정한 원과 관련된 것이 아니라, 모든 원과 관련되어 있는 것이다. 탈레스는 개별적인 한 대상으로부터 얻어진 수적인 결과를 제시하지 않았다. 이것은 그보다 앞서서 이집트인들이나 바빌로니아인들이 이미 했던 것이다. 탈레스의 야심은 존재 전체에 대한 분류에 관계된 진리를 보여주고자 하는 것이었다. 무한한 분류! 그는 이 세계의 대상들의 무한성에 대한 진리를 확인하고자 했다. 이것은 새로움에 대한 절대적인 야망이었다. 그것에 도달하기 위해서 탈레스는 자기 고유의 사유를 통해 하나의 이상적인 존재인 원을 구상했던 것이다. 이 원은 세상에 존재하는 모든 원들을 대표하는 것이었다.

이처럼 그가 몇 개의 원이 아니라 세상에 있는 모든 원에 대해 관심을 가졌고, 이 문제에 대해 원의 본질 자체로부터 유래하는 진리를 찾으려고 시도했기 때문에 우리는 그에게 '역사상 첫 번째 수학자'라는 영예로운 타이틀을 부여할 수 있는 것이다. 그것은 사물을 바라보는 지극히 새로운 방식이었다.

앞의 예에서 볼 수 있는 "하나의 원의 중심을 지나가는 모든 직선은 이 원을 동일한 두 부분으로 나눈다."라는 말은 새로운 지적인 혁명이었다. 바로 이와 같은 혁명을 통해 과학과 철학은 새로운 시대로 접어들게 되었다.

보편적 공식을 향하여

우리는 이제 소크라테스가 말한 "같은 것에 대한 같은 말"의 의미를 이해할 수 있다. 이것은 대상이 어떤 것이라 할지라도 동일한 것으로 남아있는 것을 의미한다. 이것은 또한 이러저러한 대상에 의존하지 않는 일반적인 특성을 가리킨다. 따라서 수학의 법칙을 증명할 때마다 우리는 매번 같은 것을 재발견하게 된다. 즉, 특별하고 개별적인 모든 원들 속에서 동일한 법칙을 재발견하게 되는 것이다. 땅이나 칠판에 붉은 색 혹은 푸른 색 등등의 분필로 여러 자국을 낸다 하더라도, 항상 동일한 법칙들은 존재할 것이다…….

이렇게 해서 수학이 탄생하게 된 것이다!

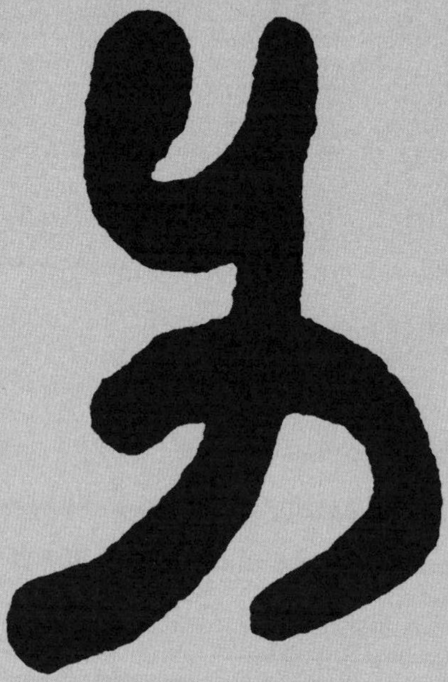

제 4 부

부 록

용어사전

이 용어사전은 여러 참고 문헌에 의존하고 있다. 그 가운데서 가장 중요한 것은 스텔라 바뤽크Stella Baruk의 『기초 수학 사전 *Dictionnaire de mathématiques élémentaires*』(Le Seuil, Paris, 1992)과 베르트랑 오쉬코른느Bertrand Hauchecorne의 『단어와 수학 *Les Mots et les maths*』(Ellipse, Paris, 2003)이다.

A

Abaciste(아바시스트) : '아바크abaque(계산판)'를 이용하는 사람. '알고리스트algoriste' 항목을 참조할 것.

Abaque(아바크) : '아피세스apices'라고 불리는 구슬과 같은 물체와 함께 사용되었던 계산판.

Aléatoire(알레아투아르; 우연적인) : 라틴어에서는 이미 'aleatorius'라는 용어로 알려져 있었다. 이 용어는 주사위 놀이를 지칭하는 'alea'의 형용사형이다. 여기에는 '놀이'의 개념이 함축되어 있다. '요행수'라는 용어는 16세기에 나타났으며, 당시에는 '우연에 따른다'는 의미로 사용되었다. 이 용어가 '불확실성'이라는 의미를 갖게 된 것은 19세기에 이르러서이다. 수학에서는 19세기에 다양한 의미들 가운데에서 '확률 계산'에 그 초점이 맞추어져 사용되었다.

Aleph(알렙) : '알렙'은 히브리어 알파벳의 첫 글자이다. 이 글자는 페니키아어를 기원으로 하는 그리스어의 'alpha'처럼 'a'의 음가를 가지고 있다. 히브리인들은 이 글자를 1과 1000을 표기하기 위해 사용했다. 1811년에 폴란드 출신의 신비주의 수학자인 브론스키Wronski는 몇몇 특정 함수들을 지칭하기 위해 이 용어를 사용했다. 칸토어Cantor가 이 글자로 '초한수超限數'를 명명한 것은 1895년에 이르러서이다. 이 표기법이 페아노Peano[60]의 표기법 대신에 쓰이고 있다.

Algèbre(알제브르; 대수학) : '알제브르'라는 용어는 아랍어 'al-jabr'에서 유래했다. '재배치'를 의미하는 이 용어를 우리는 알 쿠아리즈미 키탑의 『알 자브르 와 무카발라 *Al-jabr wa* *muqabala*』라는 책의 제목에서 볼 수 있다. 이 저서에서 알제브르는 (−)항을 (+)항으로 만들기 위해 방정식의 한쪽에서 다른 쪽으로 이동시키는 것을 의미했다. 옛날 스페인에서는 병을 고치는 자들의 가르침에서 'algebrista y sangrador(대수학자와 피를 뽑는 의사)'를 볼 수 있었다. 그들은 뼈를 맞추고, 피를 뽑기도 했던 것이다. 르네상스 시기에 알제브르는 확장된 계산법을 가리키게 되었다. 이것은 경우에 따라 미지수와 매개변수를 사용한 음수에까지 일반화되어 사용되었다. 19세기 초까지도 알제브르는 기호들을 사용한 정수론으로 이해되었다. 19세기 초의 복소수 체계와 1843년 해밀턴Hamilton의 4원수元數 체계 등은 초한수의 존재를 상상할 수 있게끔 해주었다. 이러한 새로운 수 체계는 사람들이 이전에 숫자에 대해 가지고 있었던 개념과는 상당한 거리가 있었다. 당시 사람들은 이 새로운 수 체계를 '알제브르'라고 정의했다. 알제브르와 관련된 '알제브리크algébrique'라는 형용사는 18세기에 들어 두 세기나 앞서 나타났던 '알제브라이크algébraïque'라는 형용사를 대신하게 되었다.

Algoriste(알고리스트) : 중세 때 계산을 위해 새로운 인도-아라비아 숫자들을 사용했던 사람들에게 주어진 명칭이다. 이들은 그 당시에 '아바크'와 '아피세스'를 사용했던 아바시스트들과 대립했다. 계산법을 둘러싸고 이들 사이에는 논쟁이 일어나기도 했다.

Algorithme(알고리듬) : 중세 라틴어 'Algorithmus'가 '알고리듬'이라는 불어로 변형되었다. 페르시아 수학자의 이름인 알 쿠아리즈미의 이름이 변형된 것이다. 어미는 '수'라는 뜻의 'aritmos'라는 그리스어 용어의 영향을 받았다. 우리는 이러한 현상을 산술(혹은 정수론)을 의미하는 'arithmétique'와 대수를 의미하는 'logarithme'라는 용어에서 찾아볼 수 있다. 이 용어는 특정 결과를 얻기 위해 필연적으로 따라야만 하는 계산 과정의 전체를 의미한다.

Apices(아피세스) : 숫자가 적혀 있는 나무 혹은 뿔을 깎아 만든 동전 모양의 작은 수판알을 지칭한다. 이 도구로 인해 11세기 초 서양에 인도-아라비아 숫자들이 도입될 수 있었다.

Arithmétique(아리트메티크) : 수 전체와 그로부터 추론되는 모든 종류의 수를 연구하는 학문을 총칭한다. '수'라는 의미의 그리스어 'arithmos'는 '수에 대한 학문'이라는 의미를 가진 또 다른 그리스어 'arithmétiké'와 라틴어 'arithmetica' 모두에 영향을 주었다. 그리스인들은 '셈법(logistique)'과 '정수론(arithmétique)'을 구별했다. 전자는 계산술을 의미했던 반면, 후자는 연산의 방식으로, 오늘날 '정수론'으로 불리는 것이다. 전자의 용어는 수학에 입문하는 자들이 사용하는 용어인 '산수'의 의미로 사용되었으며, 따라서 수학자들은 이 용어를 경시하였다. 아마도 이와 같은 이유에서 두 번째 용어만이 지금까지 계속 전해지고 있는 것으로 보인다.

Arithmo-géométrie(아리트모-제오메트리; 수-기하학) : 기하학적 사고로부터 수학적 특성을 추론해내는 피타고라스학파적 지식을 일컫는 용어로, 특히 형상수와 관련이 있다.

Arithmologie(아리트몰로지; 계수학) : 숫자 기호들의 의미를 이용하는 일반과학을 가리킨다.

C

수의 신비

Cabale(카발라) : 르네상스 시기에 이루어졌던 히브리의 전통적 카발라Kabbale의 기독교화를 지칭한다. 이것은 콘스탄티노플의 정복과 비잔틴 학자들의 이탈리아로의 이주 덕택으로 재발견된 피타고라스학파, 플라톤의 사유 그리고 히브리 전통이 융합된 결과이다. 히브리의 카발라에 대한 정의에 대해서는 'Kabbale' 항목을 참고할 것.

Calcul(칼퀼; 계산) : 로마인들에게 있어서 'calculus'는 조약돌을 지칭했다. 이 용어는 분명 어떤 자들이 생각하는 것처럼 그리스어 'calx(chaux, 석회)'가 아니라 '조약돌'이라는 의미를 가진 그리스어 'khalix'에서 유래했다. 로마의 어린이들은 조약돌을 가지고 계산하는 것을 배웠다. 고급 라틴어로 '셈하다(compter)'는 'computare'에 해당되며, 이 단어는 영어의 '컴퓨터'의 어원에 해당한다. 서민들이 사용한 저급 라틴어에서는 'calculare'라고 표기되었다. 한편, 16세기 프딩스어에서 볼 수 있는 'calculer'라는 용어는 프랑스의 서민들이 사용한 저급 라틴어에서 유래했으며, 당시에 '계산의 도움을 받아 확정하다'는 의미로 사용되었다. 16세기에 'calculateur(셈하는 사람)'은 '셈을 할 줄 아는 사람'을 의미했다. 그러나 2세기가 지난 18세기에는 '타산적인 사람'을 의미하게 되었으며, 19세기에는 '계산기'를 지칭하는 용어로 사용되었다.

Cardinal(카르디날; 기수) : 문의 '돌쩌귀'나 '축(pivot)'을 의미하는 라틴어 'cardo'에서 형용사 'cardinales'가 유래했다. 프랑스에서 이 용어가 나타난 것은 12세기였다. 이 용어는 비유적 의미로 '버팀목'으로 사용되는 것을 가리켰다. 의미가 확장되어 이 용어는 후일 '주된(principal)'을 뜻하게 되었다. 13세기에 벌써 사람들은 '주덕主德'(이것 위에 도덕이 정초된다)과 '동서남북의 방위 기점'이라는 뜻으로 이 말을 사용했다. 당시에 교회는 이 용어를 '가장 핵심이 되는 사제들'을 지칭하기 위해 사용하기도 했다. 수학에서 형용사 'cardinal'은 17세기에 들어서서야 사용되었으며, '서수(ordinal)'를 가리키는 말과 대립되어 사용되었다. 하나의 수는 양量, 자리(……의 수)를 가리킬 수 있으며, 또한 수의 이상理想(우리가 '정수론'에서 보게 되는 수와 같은 이론적인 수이다)일 수도 있다. 하나의 수가 자리를 가리킬 때, 수열에서 순서를 보여주는 수가 바로 '서수'이다. 이 수가 서수가 아닌 경우 그 수는 기수이다. 이 기수는 양을 가리키거나 개념적인 수이다. 가령, 12월은 31일을 포함하고 있다. 여기서 수 31은 이 달의 총일수를 가리킨다. 따라서 이것은 '기수'이다. 반대로 우리가 '12월 31일'과 같은 표현을 생각해본다면, 이때 31은 '기수'의 형태로 사용되지 않은 것이다. 문제가 되는 것은 31번째가 되는 날짜라는 사실이다. 이 수는 31일을 포함하고 있는 전체 속에서 명확히 한정된(여기서는 마지막 날) 한 요소의 차례를 가리킨다. 따라서 이 수는 '기수'인 것이다.

Carré long(카레 롱; 장방형) : 짝을 이룬 두 개의 사각형으로 이루어진 직사각형. 이 사각형의 한 변이 1이라면, 이 장방형의 대각선은 $\sqrt{5}$이다.

Carré magique(카레 마지크; 마방진) : n개의 수를 한 변으로 하는 사각형의 여러 칸 안에 n^2개의 수를 배치해, 가로, 세로, 대각선에 있는 수들의 부분적인 합이 항상 '상수(constante du carré)'와 같아지는 사각형을 지칭한다. 우리는 이른바 6차원의 '묵시록 마방진'의 예를 들 수 있다. 이 마방진에서는 가로, 세로, 대각선에 나타나는 모든 소수들의 합이 상수이자, 소위 계시록에서 요한이 말하는 '짐승의 수'인 666과 일치한다.

Chaos(카오스) : 그리스어 'khaos'는 신들이 출현하기 이전에 우주를 지배하고 있던 혼돈의 상태를 지칭한다. 성경의 번역자들은 이 용어를 사용해 히브리인들의 'tohu-bohu'란 단어를 자신들의 신과의 관련 속에서 유추적인 의미로 번역했다. 프랑스어에 도입된 이 용어는 '대혼란' 특히 '암석 덩어리'를 가리킨다. 이 용어는 또한 '구조의 부재'를 나타내기도 한다.

　　Chiffre(쉬프르; 숫자) : 기이하게도 '숫자'와 '0'은 같은 기원을 갖고 있다. 아랍인들은 9세기 경에 '공백' 또는 '수'를 의미하는 'sifr'라는 명사(히브리어에서도 이와 같은 어근을 볼 수 있는데, 'sefar'라고 발음되며 '수'를 의미하는 'mispar'를 낳은 'SFR'이 그것이다)로 '0'을 받아들였다. 이 용어는 'cifra'라고 썼다. 이 용어는 이탈리아식으로는 중세 라틴어인 'tchifra'로 발음되었다. 프랑스에서 근대 숫자들이 나타난 것은 1000년 경이었다. 수학자이자 교황이었던 제르베르 도리약크의 영향 하에서였다. 하지만 이 숫자들의 사용은 상업과 인쇄술의 발달과 더불어 르네상스 시기에 와서야 비로소 일반화되었다. 이처럼 의미가 확장되어 모든 새로운 상징들을 라틴어적 표기와 다르게 '숫자'라고 부르게 되었다.

　　Conjecture(콩젝튀르; 선가설) : 검증은 할 수 있으나, 증명하는 것이 불가능하거나 아직까지 증명되지 못한 수학적 가설을 지칭한다.

　　Constante(콩스탕트; 상수) : 마방진에서 볼 수 있는 가로, 세로, 대각선의 행들에 속하는 수의 합을 지칭한다.

　　Cosmos(코스모스) : 피타고라스가 수를 통해 이해 가능한 조화로운 총체로서의 우주를 지칭하기 위해 사용했던 용어이다.

　　Crible d'Eratosthène(크리블 데라토스텐느; 에라토스테네스의 체) : 일련의 숫자를 걸러내어 소수를 구하는 방법을 지칭한다. 2부터 시작해 자연수를 차례로 쓴다. 그리고 2를 제외한 2의 배수, 3을 제외한 3의 배수, 4를 제외한 4의 배수의 순서로 수를 지워나간다. 그러면 체로 친 것처럼 끝에 남는 수가 있다. 이 수가 바로 그 자신과 1 이외의 다른 수로는 나누어지지 않는 소수이다. 이렇게 소수를 찾는 방법을 '에라토스테네스의 체'라고 한다.

　　Cube(퀴브; 입방체) : 이 용어는 입방체 형태를 가진 모든 물체라는 의미를 가진다. 우연과도 관계가 있는 그리스어 'kybos'에서 유래했다. 라틴어를 경유해 프랑스어에서 'cube'라는 용어는 14세기 말에 출현했다. 플라톤은 이 용어에 지구라는 요소를 연계시켰다. 'cube'는 또한 세제곱, 즉 'n³'으로 지칭되는 같은 수를 세 번 연속해서 곱하는 것을 의미하기도 한다. $2^3 = 2 \times 2 \times 2$ = 8이 그 한 예이다.

D

Décade(데카드; 십) : 피타고라스의 신성한 10이라는 수를 지칭한다. 이 수는 신성한 테트락티스인 1 + 2 + 3 + 4의 합의 결과와 같다.

Décimal(데시말; 소수小數) : 'dixième(1/10)'을 의미하는 라틴어 'decimus'에서 형성된 용어이다. 중세에 이 용어는 수입의 1/10을 거두어들이는 세금인 '십일조(un dîme)'와 관계되는 것을 지칭했다. 가축 떼나 또는 군대에서 'décimer'라는 말은 '10명(또는 마리) 중에 1명(또는 마리)을 죽이다'의 의미로 사용되었다. 'décimal'이라는 용어는 1/10을 징수해가는 세금 제도의 폐지와 더불어 더 이상 사용하지 않게 되었다. 분리기호(séparateur, 오늘날의 '소수점')의 앞뒤에 위치한 숫자들의 도움으로 정수整數가 아닌 수들의 표기를 위해 'décimal'이라는 형용사는 1680년경에 다시 등장했다. '소수점' 뒤에 오는 숫자들을 지칭할 필요성이 나타났던 것이다. 후에 이 용어는 명사화되었으며, 지금도 '소수'라는 용어로 사용되고 있다. 가령 'π'의 소수라는 표현에서 그것을 볼 수 있다.

Diamètre(디아메트르; 지름) : 그리스어로 'diametros'는 대각선(로마인들에게는 'diagonalis')을 지칭한다. 이 용어는 'dia(통해서)'와 척도뿐만 아니라 측정된 공간의 의미를 가지고 있는 'metron'이 합해져서 형성되었다. 프랑스에 도입된 이 용어는 우선 '원'에 그리고 17세기부터는 '구'에 적용되었다.

Diophantien(디오팡티엥; 디오판토스 방정식) : '디오판토스 방정식'이라는 명칭은 3세기 경 알렉산드리아에 거주했던 그리스 문명의 혜택을 입었던 시리아 수학자인 디오판토스의 이름에서 따온 것이다. 그는 몇몇 방정식의 해를 구하고자 노력했다. 그의 저서는 바셰 드 메지리악 Bachet de Méziriac이 라틴어로 번역한 것과 페르마에게 미친 영향으로 17세기에 대중화되었다.

Dodécaèdre(도데카에드르; 정12면체) : 5각형으로 된 12개의 면을 가진 정다면체를 지칭한다. 플라톤은 이것을 코스모스의 모델로 삼았다.

E

Equation(에콰시옹; 방정식) : 로마인들에게 있어서 'aequatio'는 '균등화' '균등 분할'을 의미했다. 중세 라틴어는 '균등'이라는 의미로 이 'équation'이라는 용어를 사용했다. 데카르트는 1537년에 처음으로 현재의 수학에서와 같은 의미로 이 용어를 사용했다. 비록 문제가 되는 방정식의 항들이 그 성질 면에 있어서 다양해진 것은 사실이지만, 이 용어의 의미는 그 이후 변화하지 않았다. 화학에서 이 용어의 사용은 19세기부터 시작되었다. 오늘날 일상 언어에서 사용되는 'équation personnelle(개개인의 성향)'이라는 표현에서 볼 수 있는 것과 같이, 이 용어는 심리학에서도 사용되고 있다.

F

Factorielle(팍토리엘; 계승階乘) : 'n!'로 표기된다. 'n'을 포함한 정수 전체를 곱해서 얻은 값에 해당한다. 가령, 4! = 1×2×3×4 = 24이다. 이것은 n개의 서로 다른 글자나 숫자로 된 단어나 수의 조합의 총 개수에 해당한다.

Factorion(팍토리옹) : 'nombres narcissiques' 항목을 볼 것.

Femmes(팜므; 여자들) : 고대의 심한 편견에도 불구하고 몇몇 여성들은 제도에 저항했으며, 수학 분야에도 이름을 올렸다. 20세기에 이르기까지 고등교육을 받았던 여성들은 드물었으며, 일반적으로는 여성들이 고등교육을 받을 수 있는 길 자체가 봉쇄되어 있었다. 교육을 받고자 할 경우 여성들은 종종 가족들의 반대에 부딪치곤 했다. 어떤 여성들은 남성들로 행세하기도 했으며, 좋지 않은 연구 조건과 지적인 고립 속에서 작업을 해야 했다. 그 결과 수학의 발전에 기여한 여성들의 수는 그렇게 많지는 않다. 그 가운데서도 많은 여성 수학자들은 수학자의 집안에서 태어났다. 에미 노에더Emmy Noether, 히파티아Hypathie, 마리아 아그네시Maria Agnesi 등은 결혼도 하지 않았다. 부분적으로는 결혼한 여자가 수학을 계속해서 연구하는 것이 사회적으로 쉽게 용인되지 않았기 때문이다. 남자들도 이처럼 논쟁의 여지가 있는 젊은 여성들과 결혼하는 것을 달가워하지 않았다. 여성 수학자 소피아 코바레프스카야Sofia Kovalesvskaïa는 이와 같은 추세에서 볼 때 예외적인 인물이었다. 그녀는 고결한 정신의 사랑을 꿈꾸었던 남성과 결혼해 안락한 생활을 영위해 나갔다. 이들 부부에게 있어서는 결혼이 각자 가족들의 간섭에서 벗어나 각자의 일에 집중할 수 있는 기회이기도 했다. 특히 소피아에게 있어서 결혼은 여행을 할 수 있는 많은 기회를 제공해주었다. 왜냐하면 그녀가 활동하던 시기에는 결혼하지 않은 여자의 경우 모국을 벗어나 유럽의 다른 나라로 여행하는 것이 쉽지 않았기 때문이었다.

Fibonacci(피보나치, 피보나치의 수열) : 각 수가 그 앞에 있는 두 수의 합과 같은 수들로 이루어진 수열을 지칭한다. 이 수열은 1, 1, 2, 3, 5, 8, 13, 21, 34, 55, 89…… 등과 같은 수들로 이루어진다. '황금수' 항목을 볼 것.

Fraction(프락시용; 분수) : 이 용어는 '부수다(briser)'를 의미하는 'frangere'라는 단어에서 유래한 후기 라틴어 'fractio'를 바탕으로 형성되었다. 12세기에 'fraction'은 종교 언어에서만 사용되었으며, 그 의미는 '성체의 빵을 나누다'였다. 프랑스 수학계에 이 용어가 등장한 것은 1549년 펠르티에Pelletier에 의해서였다. 이 용어는 19세기에 와서야 비로소 '한 조직의 부분'이라는 의미를 갖게 되었다. 분수는 처음부터 하나의 수로 인정받지는 못했다. 가령 오랜 동안 '3/5'은 현재와 같이 0.6으로 표기되는 '수'로 개념화되지 못한 채 그저 '5 가운데 3'이라는 의미로 사용되었다.

G

Géométrie(제오메트리; 기하학) : 평면과 공간에 그려진 도형을 연구하는 학문을 총칭한다.

Gogol(고골) : 1에 이어지는 100개의 0으로 이루어진 아주 큰 수를 지칭한다.

Gogolplex(고골플렉스) : 'gogol'의 제곱수이다. 1에 이어지는 10000개의 0으로 이루어진 수를 지칭한다.

Guématria 또는 guématrie(게마트리아 또는 게마트리) : 히브리어 알파벳으로 이루어진 글자들에 해당하는 수적 가치로부터 이루어진 계산을 총칭한다. 히브리어에서 사용되는 글자 하나하나(그리고 수점數占에서 사용되는 글자 하나하나 역시)는 하나의 수를 나타내기 때문에, 모든 단어와 모든 문장들은 거기에 해당하는 수적 가치를 가지게 된다. 동일한 수적 가치를 가지고 있는 여러 단어들을 모으고, 이렇게 모인 단어들과 이 단어들이 갖는 가치를 분석하는 것이 바로 게마트리아를 형성한다. 'Kabbale'과 'Logo-rythme' 항목을 볼 것.

H

Hasard(아자르; 우연) : 이 용어는 확률 계산의 초기 시대에 교환되었던 서간문에서 계속해서 사용되었다. 이 용어에 해당하는 아랍어 'az zar'는 주사위 놀이를 지칭한다. 'az'는 관사 'al'에 해당하는데, 이 관사의 마지막 철자는 뒤에 오는 단어의 첫 철자에 동화된다. 이 용어에서 온 'hasard'라는 단어가 프랑스어에 도입되어 '주사위 놀이'를 의미하게 되었다. 이 용어가 '우연한 요소'라는 의미를 갖게 된 것은 16세기에 들어와서이다.

Hexagone(엑사곤느; 정육각형) : 6개의 변을 가진 정다각형을 지칭한다.

Hexagramme(엑사그람) : 그리스어 'Gramma'는 '그려진 것'을, 'hexa'는 '6'을 가리킨다. 따라서 'hexagramme'은 '6개의 철자의 조합'을 가리킨다. 이 용어는 파스칼에 의해 수학에 도입되었다. 이 용어는 철자로 표시되고, 원추 모양에 새겨진 6개의 점(points)에 관계된 그 유명한 공리의 모양을 지칭한다. 이 용어는 또한 두 개의 겹치는 정삼각형으로 이루어진 6개의 점을 가진 별의 형태를 한 기하학적 모양을 지칭하기도 한다. 여기에서 두 개의 정삼각형은 아래와 위, 하늘과 땅, 소우주와 대우주 사이의 조화로운 결합을 상징한다. 이 별은 비의적 전통에서는 '다비드의 별' 또는 '솔로몬의 인장'이라고 불리기도 한다. 이 별의 꼭지점과 교차점에 놓인 수들의 합은 종종 '마방진'을 형성한다. 즉, 각 열에 배치되어 있는 수들의 합이 다른 열들에 배치되어 있는 수들의 합(종종 26)과 같은 것이다.

Hypoténuse(이포테뉘즈) : 고대인들은 직각삼각형의 직각을 위로 향하게 해 배치시키기도 했다. 바로 이것이 '밑으로'의 뜻을 가진 'hypo'와 '당긴다(tendre)'라는 뜻을 가진 그리스어 동사 'teinein'가 결합되어 이루어진 'hypoténuse'라는 용어의 뜻을 설명해주고 있다. 이처럼 그리스인들에게 있어서 이 용어는 '직각의 두 변을 아래쪽으로 당기면서 붙잡는다'와 같은 의미로 사용되었다. 'hypotenusa'라는 단어는 이미 라틴어에도 존재했었다. 프랑스에서는 16세기 초반에 프랑스어로 쓰인 기하학 저서에서 'hypoténuse'의 형태로 사용되었다.

Hypothèse(이포테즈; 가정) : 이 용어는 '아래'를 의미하는 그리스어 접두어 'hypo'와 '놓는 행위'를 의미하는 'thesis'의 합성이다. '가정'은 어떤 식으로든 '아래에 놓는 것'을 의미한다. 'supposition(전제)'라는 용어는 'hypothèse'에 해당하는 라틴어를 직역한 것이다. 그러니까 'supposition'이라는 용어는 '아래'를 의미하는 'sub'와 '놓다'를 의미하는 'ponere'라는 동사가 결합되어 이루어진 것이다. 그리스인들에게 있어서 'hypothèse'는 추론의 근거이자 그 뿌리였다. 이것은 과학적 추론에서 항상 상징적으로 '아래'에 있는 것을 의미했다. 'hypothèse'라는 용어가 프랑스어에 도입된 것은 과학의 발달과 더불어 융성했던 르네상스 시기에서였다.

I

Icosaère(이코자에르; 정20면체) : 정삼각형으로 이루어진 20개의 면을 가진 정다면체를 지칭한다. 플라톤은 이 용어에 '물'이라는 요소를 가미시켰다.

Imaginaire(이마지네르; 허수) : 이 용어는 정신에 의해 위장된 이미지를 지칭하는 라틴어 'imaginarius'에서 유래했다. 아마도 데카르트가 1637년에 간행한 『방법서설』의 부록에 딸린 『기하학』 부분에서 처음으로 이 용어를 사용한 것 같다. 그는 이 용어를 일상어처럼 사용했다. 그의 설명에 의하면 한 수의 거듭제곱을 상상할 수는 있지만, 그러나 이 거듭제곱은 실제로 존재하는 양量과 일치하지 않는다는 것이다. 이 용어에 다음과 같은 정의가 부여되기 위해서는 1749년에 오일러Euler가 쓴 『방정식의 허수의 거듭제곱근에 대한 연구』라는 논문의 출간을 기다려야 했다. "0보다 크지도 않고, 0보다 작지도 않으면서, 0과 같지도 않은 수를 허수라고 부른다. 이 수는 불가능한 그 무엇이다."

Impair(엥페르; 홀수) : 균등하지 않은 두 부분으로만 나눌 수 있는 수를 지칭한다. 가령, 전체 정수 가운데 첫 번째 홀수인 3이 그 예이다. 홀수는 그 자신과 합해져서 자신의 보수補數인 짝수를 만들어내며, 따라서 홀수는 짝수보다 더 힘이 강하다. 가령 3 + 3 = 6이다. 여기에서 3은 홀수, 6은 짝수이다. 홀수의 기본이 되는 수는 3이다. 피타고라스학파와 중국의 비의적 전통에 따르면 짝수는 여성적이고, 홀수는 남성적이다.

Incommensurable(엥코망쉬라블; 통분할 수 없는, 측정 불가능한) : 이 형용사는 '공통의 척도를 가지고 있지 않은 것'을 지칭하기 위해 이미 라틴어에서 사용되었다. 그리스인 에우독소스Eudoxe의 뒤를 이어 옛날 사람들은 '수' '척도' '크기'를 구분했다. 그들에게 있어서 '크기'는 예를 들면 '길이' '면적' '체적' '무게' 등이었다. 따라서 '크기를 재는 것'은 기준이 되는 크기의 '원기原器'의 몇 배와 같은 양을 얻기 위해 이 크기의 몇 번을 마음속으로 반복해야 한다는 것을 의미했다. 이것이 가능할 때, 크기는 '통분通分 가능한 것'으로 여겨진다. 그 반대의 경우 크기는 통분 불가능한 것으로 여겨진다. 피타고라스학파는 한 사각형의 대각선과 그 변은 통분 가능하지 않다는 것을 증명해냈다. 아마도 너무 커서 '측정 불가능하다'는 의미를 지칭하기 위해 일상어에서 'incommensurable'이라는 용어를 사용한 것을 디드로Diderot의 공으로 돌리기도 한다. 하지만 이것은 분명 잘못된 것이다.

Iso-(이조-; 동위-) : 그리스어 접두어 'iso-'는 19세기 이래로 많은 과학 용어들을 합성하는 데 사용되었다. 이 접두어는 '수적으로 같은' 그리고 일반적으로 '같은'이라는 의미를 가졌던 형용사 'iso'에서 유래했다.

Isocèle(이조셀르; 이등변삼각형) : 그리스어로 'isoskelês'는 '길이가 같은 두 다리를 가진'을 의미한다. 따라서 길이가 같은 두 변 혹은 짝수 즉 두 개의 같은 수로 나눌 수 있는 수를 가진 삼각형을 지칭한다.

K

Kabbale(카발라; 유대 신비철학) : 전통적으로 스승에게서 제자에게로 전해지는 히브리의 신비주의 이론을 지칭한다. 이 용어는 정확하게 '수용'을 의미한다. 또한 그 목표는 인간으로 하여금 여러 텍스트들―그 가운데 하나가 '게마트리아'이다―의 해석 기술의 총체를 통해 습득된 지식이나 실천을 이용해 지구나 천계의 비밀에 도달하게 하는 데 있다. 'kabbale'은 신학, 생명철학, 수학이자 동시에 언어의 기하학이기도 하다.

L

Logarithme(로가리듬; 대수) : 1614년에 네퍼Neper가 처음으로 이 용어를 고안해냈다. 이 용어는 '관계의 의미 내에서'라는 뜻을 가진 그리스어 'logos'와 '수'를 가리키는 'arthimos'가 합해져서 형성된 것이다. 이 어원을 잘 이해하기 위해서는 네퍼가 이 용어를 두 개의 움직이는 물체―하나는 계속해서 같은 속도로, 다른 하나는 주파해야 할 거리에 비례하는 속도로―가 움직이는 거리의 비율로 정의하고 있다는 사실을 상기할 필요가 있다.

Logométrie(로고메트리) : 게마트리아를 풀어내고, 이 게마트리아가 실제로 존재하는 구체적 대상들로 이루어진 현실이 아니라 언어에 대한 측정이라는 점을 강조하기 위해 우리는 이 용어를 도입했다.

Logo-rithme(로고-리듬; 글자의 수) : 이 용어는 1994년 「수학의 가벼운 측면」이라는 논문에서 샐로우스L. Sallows에 의해 처음으로 오락용 수학(mathématique récréationnelle)에 도입되었다. 그는 이 용어로 한 단어를 구성하는 철자들의 수를 지칭했다. 가령 'mathématiques'란 단어의 'logo-rithme'은 '14'이다. 샐로우스에게 있어서 이 용어는 수와 숫자들만이 아니라 단어들을 포함시켜 만드는 마방진에 유용하게 사용되었다.

Logo-rythme 또는 **logorythme**(로고-리듬 또는 로고리듬) : 이것은 샐로우스가 고안해 낸 'logo-rithme'의 확장을 지칭한다. 이것은 우선 철자들과 글자들(예컨대 게마트리아에서와 마찬가지로) 사이에 존재하는 근본적 관계이다. 이것을 통해 다른 여러 단어들 사이의 수적 등가等價를 정립할 수 있고, 또한 이 단어들의 의미의 인접성과 연결에 대해서도 생각해볼 수 있다. 그 다음으로 이것은 포착되고 분석된 내적, 외적 진동을 통해 나타나는 표시의 총체를 가리킨다. 그 가운데 서도 일상생활의 현존과 효율성은 아주 드물게만 확증될 뿐이며, '로고-리듬적 분석'을 통해서만 겨우 드러날 수 있을 뿐이다.

M

Mathématiques(마테마티크; 수학) : 이 용어는 그리스어 'mathema' 혹은 그 복수형인 'mathemata'에서 유래했다. 이 용어는 또한 '배운다'는 사실과 그 결과 즉 지식과 학문 등을 지칭한다. 수학을 기본 지식으로 여겼던 플라톤과 아리스토텔레스의 영향으로 이 단어는 넓은 의미에서 우리가 '수학'이라고 부르는 영역으로 전문화되었다. 로마인들과 스콜라 학자들은 'ars mathematica'라는 용어로 계산이 가능한 크기에 관계된 모든 것을 지칭했다. 17세기에는 수학의 분야가 기하학을 위시하여 대수학, 심지어는 오늘날 물리학으로 분리되는 분야들을 포함한다는 생각과 더불어 여러 종류의 수학이 거론되었다.

물리학의 분리가 더욱 분명해진 시대에 수학이라는 분야의 통일성을 기하려는 노력을 우리는 오귀스트 콩트Auguste Comte에게서 엿볼 수 있다. 수학은 추상적 개념들 위에 정립되는 학문인 반면, 물리학은 세계를 기술하는 것을 목표로 하는 학문이다. 이러한 생각은 1960년대 이후 현실과 거리를 두려고 하는 이른바 현대 수학의 발달과 더불어 그 진가를 발휘하기 시작했다.

N

Nombre(농브르; 수) : 라틴어 'Numerus'는 원래 '양'을 의미했다. 하지만 우리는 이 용어를 'arithmos'의 번역어로 사용하고 있다. 'arithmos'는 거의 'numerus'와 비슷하지만, 또한 우리가 정수라고 부르는 것을 지칭하기도 한다. 17세기에 고대 프랑스어에 도입된 이 용어는 어쨌든 라틴어에서 사용된 의미를 포함하고 있으며, '다량'이라는 의미를 표현하고 있다. 이로부터 '큰 수'라는 표현이 유래한 것으로 보인다. 수학에 '수(nombre)'라는 단어가 처음으로 인정된 것은 완전한 양이라는 의미의 황금수를 말하기 위해 이 단어가 사용된 17세기 중반까지 거슬러 올라간다. 이렇게 해서 '수'는 점점 명수법을 지칭하기 위해서 사용된다. '명수법(numération)'이라는 단어 역시 수를 지칭하는 단어와 같은 계보에 속한다. 이 단어는 라틴어 동사 'numerare(계산하다, 세다·열거하다)'에서 기인하며, 1435년에 프랑스어에 등장하고 있다. 오늘날 우리들은 '수(nombre)'와 '숫자(chiffre)'를 구분하고 있는데, 후자는 수 표기법의 도구들을 지칭한다.

Nombre abondant(농브르 아봉당; 과잉수) : 자신의 모든 약수들의 합보다 작은 수. 가령, 12는 첫 번째 과잉수이다. 즉, 12의 모든 약수들의 합은 1+2+3+4+6=16이다.

Nombre algébrique(농브르 알제브리크; 대수) : 만약 어떤 수가 정수 계수들로서 대수 방정식의 해답이라면, 그 수는 대수가 된다. 가령 $\sqrt{2}$가 그 예이다. 왜냐하면 그것은 $X^2-2 = 0$이 되기 때문이다.

Nombres amicaux(농브르 아미코; 우정수) : 짝을 이루는 각각의 수가 다른 수의 모든 약수들의 합과 동일해지는 경우, 이 수들을 '우정수'라고 칭한다. 가령, 220과 284가 이에 해당한다.

Nombre automorphe(농브르 오토모르프; 자기동형수) : 자신과 동일한 수를 곱해서 나온 값이 자신을 구성하는 마지막 숫자들을 포함한 값이 나오는 수를 지칭한다. 가령, 25×25=625가 이에 해당된다. 이때 5와 6은 알려져 있는 가장 작은 자기동형수 이다.

Nombre composé(농브르 콩포제; 복합수) : 소수素數가 아닌 수를 지칭한다.

Nombre déficient(농브르 데피시앙; 부족수) : 자신의 모든 약수들의 합보다 큰 수를 지칭한다. 가령 8은 7(=1+2+4)보다 더 크다.

Nombre d'or(농브르 도르; 황금수) : 한 선분을 비대칭적인 동시에 조화로운 방식으로 나눈 결과로부터 도출되어 나오는 비율을 지칭한다. 그 값은 1.618이다.

Nombre figuré(농브르 피귀레; 형상수) : 단위들의 합이 그림으로 표시된 수의 값이 되는 단위들의 정正기하학적 형태(다각형 혹은 다면체)에 따른 분류를 말한다.

Nombre irrationnel(농브르 이라시오넬; 무리수) : 그 자체로는 아무리 복잡한 분수에 의해서도 표현되지 못하며, 따라서 기하학적 형태(한 정사각형의 대각선같은)로 구성될 수 있는 수이다. 무리수들은 2차 이상의 대수 방정식의 해이다.

Nombres jumeaux(농브르 쥐모; 쌍둥이 소수) : 단지 2의 차이만을 보이는 소수들을 지칭한다. 예 : 641과 643.

Nombre linéaire(농브르 리네에르; 선형수) : 직선 위에서 구성된 형상수를 말한다. 선형수들은 자연정수의 연속으로만 표시된다. 예를 들면, 1, 2, 3, 4 등이다.

Nombres magiques(농브르 마지크; 마법수) : 특별히 안정된 원자핵들의 구조를 지배하고 있는 2, 8, 20, 28, 50, 82, 126과 같은 수들의 계열을 지칭한다.

Nombres narcissiques(농브르 나르시시크; 나르시스 수) : 수를 구성하고 있는 n개의 숫자의 각각을 n승한 숫자들의 합과 동일한 수를 지칭한다. 가령, 153=13+53+33, 370=33+73+03과 같다. 가장 큰 나르시스 수는 39개의 숫자를 갖고 있다. 예를 들면, 11513221901876399256095

597973971522401이 그것이다. 이 수에 이르기 위해서는 각각의 수를 39승해서 더해야 한다.

Nombre narcissique factoriel ou factorion(농브르 나르시시크 팍토리엘 혹은 팍토리옹; 나르시스 계승수) : 어떤 수를 구성하고 있는 숫자들의 팩토리얼(!)들의 합과 동일한 수를 말한다. 145라는 수는 '계승수'이다. 왜냐하면 145=1!+4!+5! 라고 적을 수 있기 때문이다. 또한 계승수 중에서 가장 작은 두 개의 수를 예로 들자면 1=1! 과 2=2! 이다. 지금까지 알려져 있는 가장 큰 계승수는 40585이다. 이 수는 1964년에 두거티R. Dougherty가 컴퓨터를 통하여 발견한 것이었다. 40585=4!+0!+5!+8!+5! 로 적을 수 있다.

Nombres naturels(농브르 나튀렐; 자연수) : '자연수'라는 표현은 1675년경에 등장했다. 당시에는 '부정수(nombres négatifs)'가 보충적으로 받아들여졌다. 또한 당시에는 좀더 이성에 부합하는 것으로 간주되는 수들을 규정할 필요성이 있었다. 그러한 이유 때문에 어떤 사람들이 수들을 '자연수'라고 명명했다. 또 다른 사람들은 이 수들을 수의 일부분으로 간주하기를 선호했으며, 그 수들을 '긍정수'라고 불렀다. 그 이후에는 '부정수'라고 명명된 수와 대립시키기 위하여 '정수(positif)'라고 불렀다.

Nombres négatifs(농브르 네가티프; 음수) : 'négatif'라는 단어는 '부정하다'라는 의미를 가지고 있는 'negare' 동사에서 온 'negativus'라는 라틴어 형용사에 기원을 두고 있다. 이 단어는 13세기에 프랑스어에 등장해 우선 '부정하는 데 사용된다'라는 의미로, 그 후에는 '부정을 표현하다'라는 의미로 사용되었다. 16세기는 0보다 작은 수가 진정한 하나의 수로 간주되지 못했기 때문에, 종종 '부정된 양'이라고 불리었다. '부정'이라는 단어는 수학에서 0보다 작은 수들을 일상적으로 사용함에 따라 등장하게 되었다. 이 단어는 1683년에 처음으로 승인되었다. 음수들은 그 이후부터 차변借邊을 표현하기 위해 사용되었다. 뺄셈과 0보다 작은 수의 본질적인 개념 사이의 차이는 당시에 조금씩 나타나기 시작했다. 그럼에도 이와 같은 새로운 수들은 수를 다루는 사람들의 개념 속에는 아직까지 완전하게 자리잡지 못하고 있었다. 이러한 사실은 그 수들을 명명하기 위해 부정적인 의미를 내포하고 있는 용어의 사용을 설명해 준다. 이 용어는 '긍정', 즉 '무엇인가에 근거하고 있는 것'과 대립되는 용어이다.

Nombre ondulant(농브르 옹뒬랑; 파상수) : abababababababab의 형태를 보이는 수를 지칭한다. 예를 들면 696969나 171717이 이에 해당된다. 유리수들의 주기성 속에서 파상 소수가 발견된다. 예를 들면 135/11 = 12.272727272727272727······을 볼 수 있다.

Nombre ordinal(농브르 오르디날; 서수) : 이 수는 등급, 순서, 가장 작은 것과 가장 큰 것에 상응한다. 예들 들면 7번째, 12번째 등이 그것이다.

Nombre parfait(농브르 파르페; 완전수) : 자신의 모든 약수들의 합과 정확히 일치하는 수를 지칭한다. 가령, 28(= 1+2+4+7+14)은 완전수이다.

Nombre polyédral(농브르 폴리에드랄; 다면체의 수) : 정5면체의 하나를 지지하는 골격으로 사용되면서 공간 속에서 구성되는 형상수를 말한다. 다면체의 수들은 데카르트에 의해서 체계적으로 연구되었다.

Nombre premier(농브르 프르미에; 소수) : 자기 자신과 1에 의해서만 나누어지는 수를 지칭한다.

Nombre rationnel(농브르 라시오넬; 유리수) : 유리수는 두개의 정수들의 비율에 따라 표현된다. 유리수는 또한 분수라고 부른다. 가령, 21/8 혹은 32/422이 여기에 해당한다.

Nombre transcendant(농브르 트랑상당; 초월수) : 정수 계수 혹은 대분수 계수를 갖는 대수 방정식 이외에는 어떤 답도 없는 무리수를 지칭한다. 가령, 'π'가 여기에 해당된다.

Nombre transfini 혹은 infini actuel(농브르 트랑스피니 혹은 엥피니 악튀엘; 초한수超限數) : 첫 번째 초한수는 모든 정수들의 수이다. 두 번째 초한수는 한 선을 구성하는 모든 점들의 수이다. 세 번째 초한수는 평면에 그려진 모든 선들 하나하나에 교차되는 모든 수이다.

Nombre triangulaire(농브르 트리앙귈레르; 삼각수) : 삼각형 위에 구축된 형상수를 의미한다. 가장 유명한 삼각수는 10(테트락티스), 28(완전수), 153(요한복음에 나오는 수) 그리고 666(계시록에 나오는 짐승의 수)이다.

Nombres vampires(농브르 방피르; 흡혈귀 수) : 수학에는 '흡혈귀들'이 있다. 이 수들은 정상적인 수들(nombres normaux)과 유사하지만 숨겨진 차이를 가지고 있다. 27×81=2187이라는 예에서 볼 수 있듯이, '흡혈귀 수'는 두 수를 곱할 때, 그 두 수가 곱셈의 결과에서 서로 부딪치면서 살아남는 수를 지칭한다. 또 다른 '흡혈귀 수'는 35와 41을 곱해서 나오는 1435이다. 진정한 흡혈귀 수는 다음의 3가지 규칙을 준수해야 한다. 첫째 숫자들의 짝이 있어야 한다. 둘째는 두 개의 근원 수들 하나하나가 흡혈귀 숫자의 반을 갖고 있어야 한다. 셋째 진정한 흡혈귀 수는 270000×810000 =218700000000과 같이 수 마지막에 단순히 0들을 덧붙이는 것으로는 도출될 수 없다.

　　Numérologie(뉘메롤로지; 수점數占) : 수점은 운명과 운명의 변화를 읽기 위해서 수들을 해석하는 기술이다. 수점은 노하우를 요구하며, 단순화나 맥락의 일관성의 부족이라는 함정에 빠지지 않기 위해서는 대단한 섬세함을 요구한다. 현재 존재하는 대부분의 수점들은 '수점을 보러 온' 사람의 성과 이름을 기초로 사용한다. 또한 그 사람의 생일 혹은 그의 부모들의 생일 등과 같은 여러 날짜들도 사용한다. 결국 개인에 관계된 모든 수들이 유용하게 이용된다. 수점은 근본적으로 문자들과 수들을 중개시키는 사고思考 연상이라는 체계에 의하여 작동한다.

O

　　Octaèdre(옥타에드르; 정8면체) : 정8면체의 전면은 8개의 정3각형으로 구성되어 있다. 플라톤은 정8면체에 '공기'의 요소를 결부시켰다.

　　Ordinal(오르디날; 서수) : '기수' 부분을 볼 것.

　　Ordinateur(오르디나퇴르; 컴퓨터) : 'Ordinator'는 이미 라틴어에 존재했다. 이 용어는 '사물들을 정돈하고 규칙을 부여하는 사람'을 지칭하는 것이었다. 초기 기독교인들은 '의식을 주도하는 사람'을 지칭하기 위해서 이 용어를 사용했다. 그렇기 때문에 아직까지도 '사제의 서품식(ordination des prêtres)'이라는 표현이 존재하는 것이다. 'ordinateur'라는 단어는 여러 가지 의미들과 함께 1600년 경에 프랑스어에 도입되었지만, 그 이후 1954년까지는 매우 드물게 사용되었다. 주지의 사실이지만, 1955년에 IBM의 엔지니어였던 자크 페레Jacques Perret는 'computare(계산하다)'라는 라틴어에 기초하여 만들어진 영어 '컴퓨터'의 성공과 경쟁하기 위해서 이 프랑스어를 복원시켰다. 컴퓨터의 역할은 계산기의 역할을 훨씬 뛰어넘는 것이다. 컴퓨터는 복잡한 프로그램들을 정돈하며 관리한다.

P

Pair(페르; 짝수) : 서로 균등한 두 부분으로 구성된 수이다. 짝수는 자신의 수와 합하면 짝수만을 산출한다. 주요 짝수는 2이다.

Pentacle(팡타클; 5각형의 별 모양) : 5각형의 별 형태로 되어 있는 부적으로, 소우주를 상징하고 있다. 왜냐하면 이것은 펼쳐진 팔과 벌어진 다리를 갖고 있는 사람의 형태를 암시하기 때문이다.

Pentagone(팡타곤느; 5각형) : 5개의 변으로 이루어진 정다각형을 말한다. 'pentagonos'라는 단어는 이미 고대 그리스어에 존재했다. 5를 의미하는 접두사 'penta-'는 'pentathlon펜타틀론 (5종경기)'과 '모세 5경' 등에서도 찾아볼 수 있다.

Permutation(페르뮈타시옹; 순열順列) : 라틴어 'permutare'는 '교환'을 의미하고, 'permutatio'는 '변화' '수정'을 의미한다. 중세에 순열은 물물교환 혹은 변화를 의미했었다. 15세기경에 이 단어의 의미는 두 요소들의 교환이라는 의미로 한정되었다. 라이프니츠는 오늘날 우리가 '순열'이라고 부르는 것을 '변분(variation, 變分)'이라고 불렀다. 19세기 초에 수학에서는 다시 라틴어 의미로 돌아가 '순열'을 n개의 문자 차수의 변화를 의미하는 용어로 사용했다. 그럼에도 어떤 이들은 순열을 정돈의 의미로 사용하기도 했다. 우리는 순열이라는 단어를 라그랑주Lagrange, 코쉬Cauchy 그리고 갈루아Galois에게서도 찾아볼 수 있다. 이들은 다항방정식의 근을 연구했다. 'Tsérouf' 항목을 참조할 것.

Pi(파이, 'π') : 영국의 수학자 윌리엄 존스William Jones가 1706년에 한 원의 원주와 지름의 비율을 지칭하기 위해 처음으로 'π'라는 문자를 사용했다. 존스는 원주를 'peripheria'라고 하는 라틴어로 주로 기술하곤 했다. 그는 여러 다른 수학자과는 달리 'π'라는 문자를 사용하는 것을

수의 신비

선호하지는 않았다. 이러한 명명은 오일러가 1737년에 채택하고, 그의 뒤를 이어 니콜라스 베르눌리Nicolas Bernoulli가 채택한 이후에 일반화되었다.

Poly-(폴리-; 다-) : 희랍어 접두사 'poly-'는 'polos'라는 단어에서 파생되었다. 이 접두사는 여러 과학적인 용어를 만들어내는 데 있어서뿐만 아니라 일상어에서도 사용되었다. 기독교인들이 사용한 라틴어에서 기원한 'polyglotte(다국어로 쓴 책)' 혹은 'polygamie(일부다처제)' 등을 생각해보자. 수학에 있어서는 '다항식' '다면체' '다각형' 등에서 그 접두사를 찾아볼 수 있다.

Polyèdre(폴리에드르; 다면체) : 접미사 '-èdre'는 희랍어 'hedra(밑변, 면)'에서 기원한 것이다. 이 접미사는 'cathedra'에서도 볼 수 있다. '등받이가 있는 의자'라는 의미를 가진 이 단어는 'chaire(의자)'와 'cathédrale(주교의 자리)'로 구분된다. '다면체'라는 단어는 고대 그리스어에는 존재하지 않았다. 이 단어는 17세기에 만들어진 것이다. 다면체의 모델에 기초해 면의 수와 상응하는 특별한 이름들이 정해진다. 'poly-'는 그리스어에서 수를 의미하는 이름들로 대체되기도 한다. 즉 4는 'tetra', 8은 'octa', 12는 'dodeca', 20은 'icosa'로 불린다. 단지 정육면체는 'hexaèdre'가 아니라 'cube'라고 불린다는 것을 주의해야 한다.

Polyèdre archimédien(폴리에드르 아르키메디엥; 아르키메데스의 다면체) : 이것은 꼭지점들이 한 면에 위치해 있으며, 그 면들이 동일한 길이를 갖는 정다각형들을 이루는 다면체를 일컫는다. 2개 혹은 3개의 서로 다른 다각형들이 사용되었으며, 아르키메데스의 다면체는 13개밖에 존재하지 않는다.

Polyèdre étoilé(폴리에드르 에투알레; 별 모양의 다면체) : 정다각형들을 별 모양의 다각형들로 넘어가도록 해주는 과정들과 이와 유사한 과정들에 의해서 정다면체로 환원되는 다면체를 말한다. 따라서 별 모양을 가진 1개의 8면체가 있고, 같은 모양의 3개의 12면체가 있으며, 59개의 20면체가 있게 된다.

Polyèdre régulier(폴리에드르 레귈리에; 정다면체) : 모든 꼭지점들이 하나의 면에 위치해 있으며, 동일한 면들이 정다각형을 이루는 다면체를 말한다. 그렇기 때문에 단지 5개의 정다면체가 있을 뿐이다.

Polygone(폴리곤느; 다각형) : ‘polygone’는 ‘poly-(다-, 많은-)’와 ‘gonia(각, 모서리)’라는 접두사로 이루어져 있다. ‘gon’ 혹은 ‘gen’이라는 인도-유럽어계 어근은 탄생과 관련된 것, 그리고 곡선과 각을 이루는 것을 동시에 지칭하고 있다. 아마도 그 어근은 ‘무릎(genou)’에서 찾아볼 수 있다. 또한 제네바Genève, 제노바Gênes와 구舊 오를레앙ancienne Orléans인 제나붐Genabum과 같은 도시들의 명칭들에서도 찾아볼 수 있다. 이 세 도시들은 해안이나 강이 하나의 각을 이루는 장소에 자리 잡고 있다. ‘polygônos’라는 수식어(많은 각을 갖고 있다는 의미)는 이미 고대 그리스어에서도 존재했다. 이후 라틴어 ‘polygonius’가 된 이 단어는 기하학에 대한 관심이 고개를 든 이후 프랑스어에 차용되었다. 다각형이라는 단어는 그 단어의 ‘다-’라는 접두사를 그에 상응하는 수를 나타내는 그리스어 단어로 대체함으로써 생겨난다. 그렇게 해서 ‘pentagone(5각형)’ 혹은 ‘ennéagone(9각형)’이라고 부르는 것이다. 단 ‘triangle(삼각형)’과 ‘quadrilatère(4변형)’는 예외이다.

Polygone régulier(폴리곤느 레귈리에; 정다각형) : 한 원에 규칙적으로 펼쳐져 있는 점들의 집합과 만나는 직선들로 이루어진 기하학적 형태. 직각삼각형, 정오각형 등 무한한 정다각형이 존재한다.

Positif(포지티프; 양수) : ‘양수’라는 표현은 1750년경에 등장했다. 이 표현은 ‘음수’와 ‘자연수’보다 나중에 등장한 것이다. 0보다 큰 수들은 단지 음수들과의 대조에 의해서만 명명되고 있었다. 게다가 ‘양수’라는 것은 그 이후부터 음수의 반의어가 되었다. 그 이전에는 ‘긍정수’라고 부르기도 했다.

Postulat(포스튈라; 공리) : 이 용어는 18세기에 유클리드와 그의 다섯 번째 가설에 관해 연구하던 수학자들에 의해서 도입되었다. 이 용어는 라틴어 동사 ‘postulare(요구하다, 바라다)’에 근거해서 형성되었다. 또한 필연적으로 명증한 것은 아닌, 하나의 가설을 지칭하는 것으로서 증명할 수 없는 것을 의미한다. 하지만 당시에는 그 자체로는 명증한 진리이지만 증명할 수 없는 ‘axiome’(공리)와는 구분되어 사용되었다. 오늘날에는 그 차이는 더 이상 의미를 가지고 있지 않다. 하나의 이론은 여러 공리들에 근거하고 있으며 따라서 이 공리들은 하나의 이론의 바탕 원리들이다. 이 공리들의 명증성은 이론이 재현한다고 여겨지는 것에 따라 기능하며 따라서 이 명증성은 더 이상 이론 그 자체의 영역에만 속하지 않는다.

　　Produit(프로뒤; 곱하기) : '이끌다, 이르게 하다'를 의미하는 'duire'에서 파생된 단어이다. 'produire'라는 동사는 글자 그대로 '앞으로 이끌다'와 좀더 확장해서 '야기하다, 데리고 가다'를 의미한다. 이 동사는 중세 말기와 르네상스 시대의 상인 사회의 발전과 더불어 지금의 의미를 갖게 되었다. 당시에는 점점 더 수가 증가하는 상인들이 아라비아 숫자들을 다루는 데 도움을 주기 위해 수많은 저작들이 나왔다. 승수乘數(곱하기)의 결과는 종종 판매된 물건들의 수를 기준이 되는 가격으로 곱한 결과이며, 이렇게 해서 판매한 결과를 알게 되는 것이다. 곱하기에서는 두 개의 항이 서로 협력하여 결과를 이끌어낸다. 우리는 이 두 항을 '인수'라고 부른다.

　　Progression(프로그레시옹; 수열) : 일반 상수들의 연속을 말하는 것으로, 각각의 수가 앞선 수에 하나의 상수를 더한 것과 동일해지거나(정수론적 급수) 혹은 정해진 상수로 곱한 앞의 수와 동일해진다(기하학적 급수). 이때 상수는 수열의 '공차' 또는 '공비'라고 불린다.

Q

　　Quadrature(카드라튀르; 구적법求積法) : 고급 라틴어에서 'quadratus'라는 수식어는 '제곱수'를 의미한다. '구적법'은 닫힌 원과 동일한 면적을 가진 사각형을 자와 컴퍼스를 가지고 만들어낼 수 있는 작업을 지칭하기 위해 라틴어 'quadratura'에 기초해 1400년경에 도입된 용어이다. 특히 이 작업을 통해 원의 면적을 계산할 수 있었다. 당시 사람들은 '원의 구적법'을 현실화시킬 수 없는 것이라고 생각했다. 이 불가능한 원리를 증명하기 위해서는 'π'의 초월성에 대한 린데만Lindemann의 증명이 제시된 1881년까지 기다려야 했다. 르네상스 시대와 적분법이 도입된 1700년 바로 직전까지는 하나의 원의 구적법을 실현시킨다는 것은 그것이 포괄하고 있는 면적을 계산한다는 것을 의미했다.

　　Quatre cent quatre-vingt-seize(카트르 상 카트르-뱅-세즈, 사백구십육; 496) : 496은 6과 28 이후의 세 번째 완전수이다.

Quinze(켕즈; 십오, 15) : 15는 가장 작은 마방진의 상수이며, 'yod-hé'라고 쓰이는 신의 이름에 해당하는 수적 가치이다.

R

Rapport(라포르; 비율) : 두 수의 뺄셈(정수론적 비례)이나 나눈 몫(기하학적 비례)에서 도출되는 두 수의 비교이다.

Rationnel(라시오넬; 유리수) : 'rationnel'이라는 표현은 일상어에서는 '이성과 관련된 것'을 의미한다. '이성'이 '비율'이라는 의미를 가지고 있는 것처럼, 'rationnel'이라는 말은 두 수 사이의 비율을 가리킨다. 그렇기 때문에 분수는 유리수이다. 그럼에도 이 단어를 처음 사용했을 때 분수는 그 자체로는 수로서 인정받지 못했었다는 점을 상기하자. 'rationnel'이라는 단어가 두 수 사이의 관계를 포함하고 있기는 하지만 그 형용사적인 형태를 통해 이미 하나의 수를 지칭하고 있다. 우리의 머릿속에서는 3/5은 0.6과 동의어이다. 하지만 그 단어가 우리로 하여금 다섯 개 중에서 세 개의 사물을 생각하도록 하는 것은 아니다. 3/5과 6/10은 동일하다. 즉, 그 표현들은 정확히 동일한 것을 지칭하고 있는 것이다. '유리수'라는 표현은 1550년경에 수학에 등장했다. 동시에 그 반대어인 '무리수'라는 단어도 등장했다. 무리수는 당시에 종종 '모호한 수'라고 불렸다. 즉, 'sourd(귀머거리의, 어렴풋한, 은밀한, 암암리의)'라는 형용사가 갖는 비유적인 의미 때문에 모호한 수라고 불렸던 것이다. 이러한 호칭은 알 쿠아리즈미 시대에 'rationnel'과 'irrationnel'이라는 단어들이 아랍어로 잘못 번역되었으며, 이것이 다시 라틴어로 재번역되는 과정에서 생겨난 것으로 보인다.

Réduction novénaire 혹은 réduction théosophique(레뒥시옹 노베네르 혹은 레뒥시옹 테오조피크; 접신론적 뺄셈) : 한 수의 전체 숫자의 합이 두 자리 수가 될 때마다 이 두 자리 수의 두 숫자를 더하면서 점점 축소시켜 나가는 과정을 가리킨다. 예를 들어 538=5+3+8=16=1+6=7에서 그것을 볼 수 있다. 이 과정은 또한 '접신론적 뺄셈'이라고도 불렸다.

T

Tétraèdre(테트라에드르; 4면체) : 각 면이 동일한 4개의 정삼각형으로 이루어진 정다면체를 말한다. 플라톤은 4면체를 '불'의 요소와 결부시켰다.

Tétraktys(테트락티스) : 4번째 삼각수의 형태(10=1+2+3+4)로 요약되는 테트락티스는 우주를 재현하고 있다. 왜냐하면 그것은 1, 짝수(2), 홀수(3) 그리고 척도(4)를 통합하는 것이기 때문이다.

Trente-six(트랑트 시스; 삼십육, 36) : 36은 첫 번째 완전수인 6의 제곱수이다. 또한 피타고라스의 전통에 따르면 이 수는 신성한 특성을 갖고 있는 상수 2와 3으로 이루어진 사각형을 만들어낸다. 카발라에서도 세계가 근거하고 있는 숨겨진 36의 전통이 존재한다.

Triangle pythagoricien(트리앙글 피타고라시엥; 피타고라스의 삼각형) : 3면이 정수로 이루어진 정삼각형을 지칭한다. 가장 유명한 파타고라스의 삼각형은 3-4-5 삼각형이다. 이 삼각형은 이집트인들에 의해서 알려진 것이기 때문에 종종 '이시스적' 삼각형이라고 불린다.

Tsimtsoum(트짐트줌; 축소) : 히브리어로서 카발라에서는 창조에 앞서 세상에 하나의 자리를 남겨두기 위해서 신이 물러난 것을 지칭하고 있다.

Tsérouf(트세루프) : 숫자들 혹은 문자들의 조합을 지칭하는 히브리어이다. 가령 123, 321, 231, 213 등이 그것이다.

V

Vide(비드; 공백) : 다양한 형태를 통해서 'vide'라는(이 형용사에는 더 이상 고대 라틴어인 'vacuus'의 형태가 남아 있지 않다) 형용사는 우리가 현재 사용하는 언어에서는 진부한 것이 되어 버렸다. 다른 수들이 등장한 이후에서야 0이 나타난 것과 마찬가지로, 요소가 없는 집합(공집합)을 명명하기 위한 필요성은 20세기 초반에 들어서야 'vide'라는 단어를 통해 대두되었다.

Virgule(비르귈; 소수점) : 라틴어 'virgula'는 'verge(손잡이, 지척, 0.194m에 해당하는 길이의 단위)'라는 단어와 동일한 어근을 갖고 있으며, 잔가지를 지칭하는 것이었다. 16세기에 도입된 이 구두 기호는 우선 형태에 의해서 명명되었고, 곧 여기에 새로운 의미가 부여되어 'virgule'이 되면서 그 본래의 의미를 잃어버리게 되었다. 일반적으로 소수는 1585년에 스테빈 Stevin에 의해서 도입되었다고 여겨진다. 비록 소수의 기초들은 조금 더 일찍 발견되었지만, 그게 무엇인지 제대로 인식되지는 못했던 것이다. 정수 부분과 소수 부분의 구분을 지칭하기 위해서 표기법들이 다양해졌다. 그러한 역할을 하고 있는 소수점이 처음 등장한 것은 17세기 초반으로 거슬러 올라간다. 하지만 이 소수점이 유럽 대륙에서 사용되기 위해서는 한 세기를 더 기다려야 했다.

Z

Zéro(제로; 0) : 숫자 0은 그 자체로는 어떠한 가치도 갖지 않지만, 그 앞에 붙는 숫자를 열 배 더 큰 수로 만든다(예 : 0앞에 1을 붙이면 1의 10배인 10을, 0앞에 5를 붙이면 5의 10배인 50을 만든다). 0은 인도인들에 의해 중세 초반에 고안되었다. 숫자 0은 우선 대상의 부재를 의미했으며, 이후 위치명수법에 있어서 10단위 혹은 100단위가 비어 있음을 의미하게 되었다. 이어서 아랍의 수학자들이 숫자 0을 사용하게 되었으며, 그것을 공백을 의미하는 단어인 'sifre'라고 명명했다. 한편, 이 단어는 중세 라틴어에서 'cifra'라는 형태로(당시 대부분의 과학 서적들은 이 언어로 기술되었다) 변화했으며, 다른 한편 'zefiro'라는 형태의 이태리어로 변화하게 되었다. 이태리어가 1485년에 'zéro'라는 단축된 형태로 프랑스어에 도입되었다. 수들 중에서 0을 지칭하기 위해서 사용된 '제로'라는 단어는 20세기에 들어서는 좀더 일반적으로 하나의 단위를 더하는 중성적인 요소를 지칭하기 위해서, 또한 하나의 기능이 제거된 요소들을 지칭하기 위해서 사용되었다. 이렇게 해서 한 다항식의 0에 대해서 말할 수 있게 되었다. '제로'라는 단어는 일상어에 도입되어 전반적으로 '낮게 평가된 사람(무능력한 사람)'이나 '그러한 태도(아무 데도 쓸데없는)'를 지칭하게 되었다. '제로'라는

단어의 수용을 통해 프랑스에서는 'des héros'과 'des héroïnes'이라는 표현에서 리에종(연음)을 분명하게 금지하고 있다.

인명사전

이 인명사전은 많은 참고 문헌에 기초하고 있다. 그 가운데서도 특히 Stella Baruk, 『기초 수학 사전 Dictionnaire de mathémathiques élémentaires』(Le Seuil, Paris, 1992), Clifford A. Pickover, 『오! 수들이여!』(Dunod, Paris, 2001)와 『오! 다시 한 번 수들이여! Oh, encore des nombres!』(Dunod, Paris, 2002)를 참고했다.

A

아그네시, 마리아(Agnesi, Maria: 1718~1799) : 어린 시절 데카르트, 뉴턴, 라이프니츠, 오일러의 수학을 독학으로 공부했다. 20세에는 철학 개론서를 출판하기도 했다. 1748년에는 볼로뉴Bologne 과학 아카데미의 회원으로 선출되었다. 1749년에는 교황 브누아Benoît 14세로부터 금메달을 받았으며, 이듬해에는 교황의 임명으로 볼로뉴 대학에서 수학을 가르치게 되었다. 소수의 여성들만이 대학을 다닐 수 있었던 당시의 상황에 비추어 볼 때, 그녀의 경우는 매우 특별한 경우였다. 하지만 그녀는 이 자리를 거절하고 47년간의 남은 인생을 병들고 죽어가는 여성들을 돌보는 일에 헌신했다.

아르키메데스(Archimède: 기원전 287~212) : 고대의 가장 위대한 학자들 중 한 명이다. 시라쿠스의 왕이었던 히에론Hiéron으로부터 금으로 된 왕관을 변질시키지 않은 채 그것에 들어있는 불순물을 찾아내라는 임무를 부여받았다. 목욕을 하던 중 자신의 몸이 가볍게 느껴지는 것을 발견한 그는 정수학의 근본 원칙과 함께 왕을 만족시킬 수 있는 방법을 찾아냈다. 바로 이때 그가 외친 말이 그 유명한 '유레카eurêka(알아냈다)!'이다. 시라쿠스의 점령 당시 로마의 상군 마르셀루스Marcellus가 그를 살려두라는 명령을 내렸음에도 불구하고, 그가 누구인지를 알아보지 못한 병사에 의해 살해당했다. 이로 인해 수학자들 사이에서 로마의 문화가 수학에 가져다준 유일한 기여는 아르키메데스의 머리일 뿐이라는 이야기가 전해지고 있다.

아리스토텔레스(Aristote: 기원전 384~322) : 18세에 아테네로 떠나 플라톤의 제자가 된 그는 스승이 세상을 떠날 때(기원전 348)까지 아테네의 '아카데미'에 머물렀다. 기원전 343년에 마케도니아의 왕 필리포스Philippe의 요청으로 당시 13살이던 그의 아들 알렉산더Alexandre의 가정교사를 맡게 된 그는 6년 후 알렉산더가 즉위할 당시 아테네로 돌아가 자신의 학교인 뤼케이온Lycée을 세웠다.

C

칸토어, 게오르그(Cantor, Georg: 1845~1918) : 독일의 수학자로서 집합 이론의 창시자이다. 무한수의 개념을 연구하면서 무한수의 거듭제곱을 정의하고, 무한수들 사이의 위계를 도입하는 데 성공했다. 그는 셀 수 있는 집합들, 미분된 집합들, 초한기수들과 초한서수들을 정의했으며, 이로부터 하나의 정수론을 구축해냈다. 당시로서는 혁명적이었던 그의 이론은 수학에 진정한 위기를 불러일으켰으며, 수학의 기반 자체를 변화시켰다.

코페르니쿠스, 니콜라스(Copernic, Nicolas: 1473~1543) : 폴란드의 천문학자. 그의 저서 『천체의 회전에 대하여 De revolutionibus orbium caelestium libri sex』는 이보다 14세기 전에 나온 프톨레마이오스Ptolémée의 『알마게스트 Almageste』에 견줄 만한 첫 번째 지동설 개론서였다. 코페르니쿠스에게 있어서는 우주의 중심에 태양이 자리 잡고 있다. 지구와 행성들은 등속 운동으로 태양 주위의 원형 궤도를 돈다. 지구는 24시간에 걸쳐 자전을 한다. 행성들의 궤도 바깥에는 움직이지 않는 항성들이 자리 잡고 있다.

D

데데킨트, 리차드(Dedekind, Richard: 1831~1916) : 독일의 수학자. 1850년에 괴팅겐Göttingen 대학에 입학해 그곳에서 수학자 스턴Stem과 가우스Gauss, 물리학자 베버Weber의 수업을 들었다. 1852년 가우스 앞에서 오일러의 적분에 대한 박사학위논문 심사를 받았다. 1857년에는 취리히의 폴리테크닉Polytechnicum 학교의 교수로 임용되었다. 1862년에 브룬슈비크의 고등기술학교의 교수로 자리를 옮긴 그는 그곳에서 평생을 보냈다. 칸토어의 친구였던 그는 그와 나눈 서신 교환을 통해 집합 이론 구축에 일조하기도 했다.

데카르트, 르네(Descartes, René: 1596~1650) : 프랑스의 철학자이자 과학자. 라 플레슈La Flèche의 예수회 학교에서 교육을 받은 후 유럽 각 나라의 군대에서 복무하며 여러 곳을 여행했다. 군인 생활을 마친 후 20년간 네덜란드에 체류했다. 이후 여왕인 크리스티나Christine의 초청을 받아 스웨덴으로 간 그는 그곳에서 치명적인 독감에 걸려 생을 마쳤다. 그가 남긴 저서는 서구 사상에 지대한 영향을 끼쳤으며, 그가 다룬 영역 또한 철학, 수학, 물리학, 의학 등에 이르기까지 매우 다양하다.

디오판토스(Diophante: 3세기 혹은 4세기) : 알렉산드리아Alexandrie의 학교에 있었던 그리스의 수학자로 1, 2차 방정식에 대한 혁신적인 이론으로 유명하다. 13권으로 이루어져 있던 그의 『정수론』 중 지금 남아 있는 것은 전부 6권에 불과하다. 그가 르네상스 시기의 대수학자들에게 끼친 영향은 지대하다.

E

에르도스, 폴(Erdös, Paul: 1913~1996) : 전설적인 수학자이자 역사상 가장 많은 저서를 낸 사람 중의 한 명인 그는 집도 직업도 없이 유랑 생활을 할 만큼 수학에 대한 열정으로 가득찬 사람이었다. 생의 마지막 해였던 83세에도 그는 여러 정리들을 혼합하고 강연을 하는 등 활발한 활동을 했다. 그는 수학이 젊은이들만을 위한 스포츠라는 관습적인 생각을 무너뜨렸다. 이에 대해 그는 어느 날 다음과 같이 말한 바 있다. "한 사람에게서 볼 수 있는 노화의 첫 번째 신호는 자신의 정리들을 잊는 것이다. 두 번째 신호는 바지의 지퍼를 닫는 것을 잊는 것이며, 세 번째 신호는 그것을 여는 것을 잊는 것이다."

유클리드(Euclide: 기원전 3세기) : 그리스의 기하학자, 수 이론가, 천문학자, 물리학자. 지금까지 전해지는 것 중에 가장 오래된 그리스의 수학 개론서로 13권으로 이루어진 방대한 저서인 『원론』의 저자로 유명하다.

오일러, 레온하르트(Euler, Leonhard: 1707~1783) : 스위스 출신 수학자이다. 역사상 가장 많은 저서를 낸 수학자로, 그가 남긴 저작들은 당대 수학의 거의 모든 분야를 다루고 있다고 해도 과언이 아니다. 수학자 장 베르누이Jean Bernouilli의 제자였던 그는 스승의 아들인 니콜라스Nicolas와 다니엘Daniel과도 우정을 나누었다. 다니엘은 1727년 카테리나Catherine 여제의 초청으로 생 페테르부르크에서 그와 함께 작업을 하기도 했다. 오일러는 1783년 뇌졸중으로 사망할 때까지 8000편 이상의 저서와 논문을 발표했다. 대부분 라틴어로 씌어졌던 그의 글은 순수수학과 응용수학, 물리학, 천문학의 모든 영역들을 다루고 있다.

F

페르마, 피에르 드(Fermat, Pierre de: 1601~1665) : 프랑스 출신 수학자이다. 부르주아 가정 출신으로 어린 나이에 라틴어, 그리스어, 스페인어, 이탈리아어를 습득했던 그는 1631년 툴루즈Toulouse 의회의 청원의원을 지냈으며, 이후 구교도와 신교도들이 함께 모여 있던 카스트르에서 의석을 차지했다. 페르마는 데카르트와 함께 분석기하학의 토대를 제공한 인물로 알려져 있다. 그는 수 이론에 지대한 영향을 끼쳤으며, 미분학의 선구자로 여겨지기도 한다. 또한 페르마와 파스칼은 서로 독립적으로 확률론의 근간을 제공한 것으로도 유명하다. 그의 업적은 피에르 드 카르카비Pierre de Carcavi, 메르센느 신부Père Mersenne와 나눈 서신을 통해 주로 알려져 있다.

피보나치, 레오나르도(Fibonacci, Leonardo 일명 피사의 레오나르도Léonardo de Pise로도 불림: 1175~1240) : 본문의 관련 절을 참고할 것.

G

갈릴레이(Galilée: 1564~1642) : 이탈리아 출신의 천문학자이자 물리학자이다. 갈릴레오 갈
릴레이는 실험적 방법과 동력학의 창시자로 알려져 있다. 피사의 사탑 꼭대기에서 쇠구슬을 떨어
뜨리는 실험을 통해 모든 물체들이 같은 속도로 떨어진다는 사실을 밝혀냈으며, 빗면을 이용해
이 물체들의 운동에 대한 일반 법칙을 규정했다. 그는 또한 속도의 법칙과 관성의 원리를 발표하
기도 했다. 1638년에는 진공 상태에서 발사체의 궤도가 포물선을 이룬다는 사실을 제시했다. 그
는 첫 번째 현미경들 중의 하나를 만들어내기도 했다. 1609년 베니스Venise에서 천체망원경을 제
작한 후 태양계와 은하수의 관찰에 몰두했다. 코페르니쿠스의 체계를 받아들였다는 이유로 교육
계에서 추방당하기도 했다. 코페르니쿠스의 사상을 확인한 1632년 플로렌스Florence에서 낸 저작
으로 인해 종교재판에 회부되었던 그는 감금형을 피하기 위해 1633년 종교재판위원회 앞에서 자
신의 사상을 공식적으로 거부했다. 바로 이때 'Eppur' si muove(그래도 지구는 돈다)!"라는 말을 남
기기도 했다.

갈루아, 에바리스트(Galois, Évariste: 1811~1832) : 자신의 이름을 딴 '갈루아 이론'의 창시자
로 집합 이론에 대한 공헌으로 유명하다. 일반 방정식이 근根들(radicaux)을 통해 해결될 수 있는지
를 규정하는 방법을 창안해냈다. 어느 날 결투 신청을 받은 그는 자신이 패배해 죽을 것을 알면서
도 어쩔 수 없이 이 결투를 받아들여야 했다. 최후의 날을 준비하면서 그는 밤을 지새우며 자신의
수학 사상들과 수학적 발견들을 가능한 완전히 기록해두고자 노력했다. 다음 날 갈루아는 배에
총탄을 맞고 누구의 도움도 받지 못한 채 풀밭에 쓰러진다. 그를 구해줄 의사도 없었으며, 결투의
상대자는 그를 죽음의 고통 속에 남겨둔 채 곧바로 그곳을 떠나고 말았나. 이후 집합 이론이 꾸준
히 발전하면서 1848년에 가서야 그가 발견한 이론들이 제대로 평가받게 되었다. 그에게 주어진
수학적 명성은 그의 사후에 발간되었으며, 대단히 독창적인 100쪽이 채 안 되는 저작에 근거를 두
고 있다.

가우스, 칼 프리드리히(Gauss, Carl Friedrich: 1777~1855) : 대수학, 확률론, 통계학, 수이론, 해

수
의
신
비

석학, 미분기하학, 측지학, 자기학, 천문학, 광학 등 수학과 물리학에 관련된 매우 다양한 분야에서 활동했으며, 지대한 영향을 끼쳤다. 어린 시절 그의 뛰어난 수학적 재능을 눈여겨본 브룬슈비크 공작으로부터 재정적 후원을 받으며 공부할 수 있었다. 1989년에 발견된 라틴어로 기록된 젊은 시절의 노트는 그가 15세 때부터 여러 가지 주목할 만한 결과들을 포함하고 있는 추측들을 펼쳐보였음을 알려준다. 그중에서도 소수들에 대한 정리와 비유클리드적 기하학적 사유들은 매우 괄목할 만하다.

제르맹, 소피(Germain, Sophie: 1776~1831) : 그녀는 수 이론과 음향학, 탄성론에 지대한 공헌을 했다. 13세 때 로마 병사에 의해 살해 당한 아르키메데스의 이야기를 다룬 책을 읽고 큰 감명을 받은 그녀는 수학자가 되기로 결심했다. 에콜 폴리테크니크École polytechnique에서 행해진 여러 강의록들을 통해 공부를 하던 그녀는 특히 이 학교의 수학 교수인 조셉 루이 라그랑쥬Joseph-Louis Lagrange의 강의록을 손에 넣어 거기에 주석을 달고 의심이 드는 부분을 지적해, 이 학교의 학생이었던 르블랑Leblanc의 이름을 빌려 라그랑쥬에게 다시 보내곤 했다. 그녀가 보낸 글의 독창성과 깊이에 놀란 라그랑쥬는 이 글의 실제 저자를 찾고자 노력했으며, 결국 르블랑이라는 이름의 주인공이 여성이라는 사실을 알게 되었다. 하지만 이 글의 저자에 대한 그의 존경심은 전혀 줄어들지 않았다. 오히려 그는 수학 분야에서 소피 제르맹의 후원자이자 조언자를 자처하게 되었다. 소피는 $x5 + y5 + z5 = 0$ 이라면 x, y, z라는 세 개의 상관적인 정수들 중 하나는 5로 나눌 수 있다는 사실을 증명했다. '제르맹의 정리'로 명명된 이 공식은 페르마의 정리를 증명하는 데 있어서 중요한 한 발을 내딛은 것으로 평가된다.

H

힐베르트, 다비드(Hilbert, David: 1862~1943) : 독일 출신의 수학자이자 철학자이다. 20세기의 가장 중요한 수학자 중 한 명으로 여겨진다. 대수학, 수의 단위체, 적분방정식론, 함수 분석, 응용수학 연구에 지대한 공을 세웠다.

호퍼, 그레이스(Hopper, Grace: 1907~1992) : 여성 수학자이다. 바사르Vassar에서 수학을 가르쳤으며, 1944년에는 수학자 하워드 애이킨Howard Aikin과 함께 하버드Harvard의 컴퓨터 '마크 1(Mark 1)'에 대한 작업에 참여했다. 이 시기에 그녀는 정보상의 오류를 지칭하기 위해 '버그bug'라는 용어를 만들어냈다('버그'는 원래 '벌레'를 의미하는 단어로 '마크 1'의 물질적인 오류를 불러일으킨 밤나방을 지칭하는 것이었다). 1966년 사령관의 직위로 미 해군을 떠난 그녀는 이후에도 프로그램 언어의 표준화 작업에 계속 참여했다. 1991년에는 국가 기술훈장을 받기도 했다.

히파티아(Hypatie: 370~415) : 최초의 여성 수학자였던 히파티아는 서구 문명에서 가장 대중적이었던 강연과 누구보다도 뛰어났던 문제 해결 능력으로 유명하다. 수학의 발전에 중요한 공헌을 한 첫 번째 여성이었던 그녀는 수학자 테온Théon의 딸로 태어나 알렉산드리아의 플라톤 학교의 교장이 되었다. 그녀는 과학적 사유들을 기호로 나타내는 데 성공했으나, 불행하게도 초기 기독교도들에 의해 이교도로 낙인찍혔다. 군중들에 의해 마차에서 끌려 내려와 굴 껍질로 찢겨 죽었다.

K

코발레프스카야, 소피아 바실리에브나(Kovalevskaïa, Sofia Vassilievna: 1850~1891) : 미분방정식에 중요한 공헌을 했으며, 수학 박사학위를 수여받은 최초의 여성이다. 대부분의 수학 천재들처럼 매우 어린 나이에 수학에 빠져들었던 그녀는 11세에 자신의 방 벽에 계산들로 가득 찬 종이들을 붙여놓기도 했다. 1869년에 소피아는 하이델베르크Heidelberg로 떠나 수학을 공부했지만, 여성은 대학에 들어갈 수 없다는 현실에 부딪치게 되었다. 대학 당국을 설득한 그녀는 결국 비공식적으로 수업에 참여할 수 있게 되었다. 소피아는 뛰어난 수학 능력으로 슥시 교수들의 관심을 끌었다. 1871년에는 베를린Berlin에서 수학자 칼 바이에르스트라스Karl Weierstrass와 함께 연구했으며, 1874년 괴팅겐 대학에서 편미분방정식에 대한 논문으로 박사학위를 받았다. 하지만 박사학위와 바이에르스트라스의 열정적인 추천에도 불구하고 그녀는 여성이라는 이유로 대학 교수로 임용되지는 못했다.

L

랑베르, 조안 하인리히(Lambert, Johann Heinrich: 1728~1777) : 프랑스 출신의 수학자이자 물리학자이다. 수학 분야에서 그는 1768년 수 'π'의 무리수적 성격을 정립했으며, 1770년에는 구면삼각법의 근간을 마련했다. 물리학 분야에서는 측광학의 창시자 중 한 명으로 알려져 있다.

르장드르, 아드리앵 마리(Legendre, Adrien Marie: 1752~1833) : 프랑스의 수학자로 타원적분 (intégrales elliptiques) 이론을 소개한 탁월한 저서로 유명하다. 몇 차례에 걸쳐 유클리드의 제5공리의 증명을 시도했다.

린데만, 페르디난드 폰(Lindemann, Ferdinand von: 1852~1939) : 독일 수학자로 수 'π'의 초월성을 증명함으로써 구적법의 문제에 결정적인 해답을 제시했다.

N

내쉬, 존(Nash, John F.: 1928~) : 1994년 노벨 경제학상을 수상했다. 사실상 노벨상 수여의 준거가 된 이 뛰어난 수학자의 작업은 반세기 전 그가 21세 때에 쓴 얇은 박사학위 논문에 제시된 것이었다. 1950년 당시 학생이었던 존 내쉬는 프린스턴Princeton 대학을 졸업한 뒤 게임이론의 영역을 통해 현대 경제학에 지대한 영향력을 행사할 수 있는 하나의 정리를 만들어냈다. 1958년 『포춘 Fortune』지는 게임이론과 대수학적 기하학, 비선형 이론에서 보여준 결과를 토대로 그를 '젊은 세대 중 가장 뛰어난 수학자'라고 명명했다. 이로써 그에게는 빛나는 경력이 약속되어 있는 듯 보였으나, 1959년 그는 정신분열증 진단을 받고 구금된다. 프린스턴 대학과 대학 관계자들은 내쉬를 지지해 주었고, 30여년에 걸쳐 그가 수학과 건물 내에서 마음대로 돌아다닐 수 있도록 호의를 베풀기도 했다. 거기에서 그는 말없이 수학과 건물에 있는 칠판들에 낯선 방정식들을 갈겨쓰고, 여러 가지 수에서 비밀 메시지를 찾아내려는 사람으로 통했다. 불행하게도 내쉬의 아들도 정신분열증을 앓았지만, 아버지를 닮아 수학에 정통했던 아들 역시 루트게르Rutgers 대학에서 박사학위를 수여받을 수 있었다.

뉴턴 경, 아이작(Newton, sir Isaac: 1642~1727) : 영국 출신의 천재적인 수학자이자 물리학자, 천문학자이다. 뉴턴과 라이프니츠Gottfried Leibniz는 서로 독립적으로 미분법을 만들어냈다. 1642년 성탄절에 아버지 없이 유복자로 태어난 뉴턴은 20세도 되기 전에 미분법을 창안해냈다. 그는 또한 그 시기에 백색광이 여러 색깔들의 혼합물이라는 사실을 증명했고, 무지개를 설명했으며, 첫 번째 반사 망원경을 만들기도 했다. 나아가 극좌표를 소개하고 사과를 떨어지게 하는 힘과 행성들의 운동을 주관하고 조수를 일으키는 힘이 같은 것이라는 사실을 밝혀냈다. 뉴턴은 또한 성서 해석에 있어서 근본주의자이기도 했다. 그는 천사와 악마, 사탄의 실재를 믿었고, 창세기에 대한 문자 그대로의 해석에 찬성했으며, 지구가 몇 천 년 정도의 역사를 가지고 있다고 생각했다. 사실상 뉴턴은 구약 성서가 정확한 역사 이야기라는 사실을 증명하기 위해 생의 많은 시간을 할애했다. 그는 스스로를 "자기 앞에 탐구되지 않은 진리의 대양이 펼쳐져 있는 가운데 때때로 더욱 매끈한 조약돌과 귀여운 조개를 찾으며 해변에서 노는" 작은 아이에 비유하기도 했다.

뇌더, 에미(Noether, Emmy: 1882~1935) : 아인슈타인으로부터 "여성들이 고등 학문을 접할 수 있게 된 이후로 수학 분야에서 가장 뛰어난 창조적인 천재"라는 찬사를 들었던 여성 수학자이다. 특히 추상대수학에 대한 공헌과 '가환환 이데알론(conditions enchaîne des idéaux dans les anneaux)'에 대한 연구로 유명하다. 1915년에는 '뇌더의 공리'라고 불리는 물리학 이론을 발견했다. 일반상대성이론의 기초가 되는 이 정리는 아인슈타인으로부터 찬탄을 자아내기도 했다. 불변량 이론에 대한 뇌더의 연구는 아인슈타인이 일반상대성이론의 여러 개념들을 정립하는 데 도움을 주었다. 뛰어난 연구 결과에도 불구하고 1933년에 나치에 의해 유대인이라는 이유로 괴팅겐 대학에서 면직당한 그녀는 이후 프린스턴 대학의 고등학문연구소에서 학생들을 가르쳤다.

P

파스칼, 블레즈(Pascal, Blaise: 1623~1662) : 프랑스 출신의 기하학자, 확률론 학자, 물리학자,

철학자이다. 파스칼과 페르마는 서로 독립적으로 확률 이론을 고안해냈다. 파스칼은 첫 번째 계산기를 발명하기도 했고, 원뿔 곡선을 연구했으며, 기하학에 있어서 중요한 정리들을 발견했다. 수학자였던 아버지로부터 교육을 받았던 그는 아버지가 보기에 쉽게 습득할 수 있을 것이라는 판단이 내려지기 전에는 새로운 주제를 접할 수 없었다. 이러한 이유로 파스칼은 11세의 나이에 유클리드의 첫 번째 23가지의 명제들을 몰래 독학으로 공부해야만 했다. 16세에 원추곡선에 대한 이론서를 출간하였으며, 이 저서를 본 데카르트는 이 저서가 어린 청소년이 써낸 저서라는 사실을 믿지 못했다. 1654년에 종교에 귀의하기로 결심하고, 누이가 있던 수도원에 들어간 파스칼은 이후 수학과 사교계의 삶을 던져 버렸다.

플라톤(Platon: 기원전 428~348) : 펠로폰네소스 전쟁 초기에 태어난 플라톤은 80년 이상을 살았으며, 마케도니아Macédoine의 필리포스Philippe 왕이 그리스 점령을 시작했을 당시 사망했다. 그의 아버지 아리스톤Ariston은 스스로 아테네의 전설적인 마지막 왕의 후손으로 자처했던 귀족이었다. 귀족의 가정에서 태어난 플라톤은 비슷한 환경 출신의 대부분의 젊은이들처럼 소피스트들로부터 교육을 받았다. 이후 사촌이었던 크리티아스Critias, 삼촌이었던 카르미데스Charmide, 이들의 친구였던 알키비아데스Alcibiade의 뒤를 이어 소크라테스의 제자가 되었다. 그의 원래 이름은 아리스토클레스Aristoclès였으나, 체육 스승으로부터 '넓은 자'라는 뜻을 가진 '플라톤'이라는 별명을 얻게 되었다. 디오게네스 라에르티오스Diogène Laërce에 따르면 그는 20세의 나이에 소크라테스와 만나기 전에는 회화와 시, 비극에 몰두했지만, 소크라테스를 만난 후 자신의 모든 시를 불태워 버렸다고 한다. 플라톤의 교육 체계에서 수학은 특권적인 위치를 차지하고 있다.

푸앵카레, 앙리(Poincaré, Henri: 1854~1912) : 프랑스 출신의 위대한 수학자이자 물리학자, 이론가, 천문학자, 철학자이다. 위상기하학과 여러 가지 복합 변수로 이루어진 해석 관수 이론의 근간을 제공했다. 응용수학 분야에서는 광학, 전기학, 전신, 모세관 현상, 탄성, 열역학, 포텐셜 이론, 양자역학, 상대성 이론, 우주론 등을 연구했다. 천체 역학 분야에서는 삼체 문제와 빛 이론들, 그리고 전자파에 대해 연구했다. 그는 또한 알베르트 아인슈타인, 헨드릭 로렌츠Hendrik Lorentz와 함께 특수상대성이론을 발견한 것으로 알려져 있다. 행성 궤도에 대한 연구를 통해 푸앵카레는 처음으로 결정론적 체계 속에 카오스의 가능성을 고려했던 학자이기도 하다.

프톨레마이오스, 클라디오스(Ptolémée, Claude: 90~168) : 알렉산드리아에서 활동한 그리스의 천문학자, 지리학자, 수학자이다. 특히 고대의 가장 유명한 천문학자로 알려져 있다. 그의 방대한 저서인『수학대계 Syntaxe mathématique』와『천문학 집대성』의 아랍어 역본인『알마게스트』는 당시 천문학의 모든 지식들을 다루고 있다. 히파르코스Hipparque의 학설을 이어받아 천동설을 전개시켰다. 이 이론은 코페르니쿠스의 지동설이 등장할 때까지 주요 이론으로 사용되었다. 그는 또한 유클리드의 제5공리를 앞선 네 가지 공리들을 사용하여 증명하고자 했던 첫 번째 학자였다. 천문학 연구를 통해 삼각법을 발전시키기도 했다.

피타고라스(Pythagore: 기원전 6세기) : 본문의 관련된 절을 참고할 것.

R

라마누잔, 스리니바자(Ramanujan, Srinivasa: 1887~1920) : 마드라스Madras의 우체국 회계과에서 근무하던 라마누잔은 인도 수학계의 가장 저명한 천재이자 20세기의 최고 수학자 중 한 명이 되었다. 수의 분석 이론에 중요한 공헌을 했으며, 분배 함수와 연분수, 무한급수에 대해 연구했다. 빈곤층 가정에서 태어나 독학으로 수학을 공부한 그는 1903년 마드라스 대학에 장학생으로 들어갔으나, 다른 과목들을 제쳐두고 수학 공부에만 몰두한 나머지 다음 해에 장학생 자격을 박탈당했다. 이후 그는 오늘날 역사적인 것으로 평가받는 거의 100여 개의 정리가 담겨 있는 논문을 트리니티 칼리지Trinity College의 교수였던 영국의 수학자 하디Hardy에게 보냈다. 그로부터 인정을 받아 캠브리지Cambridge 대학에 가게 되었다. 몇 년 후 엄격한 채식주의로 인해 허약해진 그는 심한 결핵을 앓게 되었지만, 의사와 가족들의 만류에도 불구하고 연구를 계속해 나갔다. 1919년 2월 인도로 돌아온 그는 1920년 4월 32세의 나이로 세상을 떠났다. 이 기간 동안 그는 낱장으로 된 종이에 약 600개에 달하는 정리들을 기록했다. 이 자료들은 1976년 펜실베니아Pennsylvanie 주립 대학의 교수인 조지 앤드류스George Andrews에 의해 발견되어『라마누잔의 잃어버린 노트 Les Cahiers perdus *de Ramanujan*』라는 제목으로 출간되었다. 그의 수많은 공식들은 오늘날 현대 대수학 이론에서 핵심적인 자리를 차지하고 있다.

라지오와, 헬레나(Rasiowa, Helena: 1917~1994) : 바르샤바에서 자란 헬레나는 1939년에 있었던 독일군의 폴란드 침공으로 인해 매우 위험한 상황에서 수학 연구를 계속해 나가 학사 학위를 취득했다. 1944년 독일군이 바르샤바 봉기를 진압할 당시 그녀의 논문은 집과 함께 타버렸다. 그녀와 어머니는 건물 잔해로 뒤덮인 지하실에서 목숨을 건질 수 있었다. 그녀는 1950년 바르샤바 대학에서 대수학과 논리학에 대한 박사학위 논문 『르위스와 헤이팅의 함수 계산법에 대한 대수학적 연구 *Traitement algébrique du calcul fonctionnel de Lewis et Heyting*』를 제출했다. 라지오와는 조금씩 단계를 밟아 올라가 1967년에는 교수의 직위까지 이르게 되었다. 그녀의 연구는 주로 대수학적 논리학과 정보과학의 수학적 토대에 집중되었다. 1984년에 그녀가 개발한 기술은 오늘날 인공지능 연구의 핵심을 이루고 있다.

리만, 베른하르트(Riemann, Bernhard: 1826~1866) : 독일 출신 수학자로 기하학, 복합 변수, 수이론, 위상기하학, 이론 물리학에 지대한 공헌을 했다. 공간 속에서의 기하학에 대한 그의 사유는 일반 상대성 이론에 많은 영향을 주었다. 그는 특히 자신의 이름을 딴 '리만의 가설'로 유명하다. 이것은 제타 함수와 관련된 문제로 아직까지 풀리지 않고 있으며, 소수의 분포 연구에 있어서 핵심적인 위치를 차지하고 있다.

로빈슨, 줄리아(Robinson, Julia: 1919~1985) : 수 이론을 연구한 그녀는 미국 국립과학아카데미 회원으로 선출된 첫 번째 여성이었으며, 미국 수학학회의 첫 번째 여성 회장이었다.

T

밀레토스의 탈레스(Thalès de Milet: 기원전 625~546) : 디오게네스 라에르티오스에 의해 일곱 현자 중 한 명으로 지칭된 탈레스는 상인, 외교관, 정치가, 철학자, 수학자, 병기 제작자 등 여러 가지 모습을 가진 사람이었다. 젊은 시절의 그는 빈틈없는 상인이었던 것으로 전해진다. 큰 재산을 모은 그는 이후 자유롭게 여행하며 연구에 몰두했다. 여행 중에 그는 바빌로니아인들과의 교류를 통해 대수학과 천문학의 몇 가지 지식들을 얻을 수 있었으며, 이집트에서는 기하학을 배울 수 있었다. 밀레토스로 돌아왔을 때, 그는 여러 상이한 재능을 가진 사람으로 유명했다. 다음 세기에 살았던 그리스의 역사학자 헤로도토스Hérodote에 따르면 그는 기원전 585년에 있었던 일식을 예측하기도 했다. 하지만 이 외에도 그에 대해서는 여러 가지 전설적인 일화들이 전해지고 있다. 그중 하나로 그가 밤하늘을 바라보며 산책을 하던 중 앞에 있던 도랑에 빠졌던 일화가 유명하다. 당시 그의 시중을 들었던 하녀는 이 모습을 보고 그를 심하게 놀려댔다고 한다. 이 이야기는 세대를 거쳐 라 퐁텐느La Fontaine에 이르기까지 다양한 형태로 전해졌다. 라 퐁텐느는 『우물에 빠진 천문학자 L'Astrologue qui se laisse tomber dans un puits』라는 우화에서 이렇게 전하고 있다. "어느 날 한 명의 천문학자가 우물에/ 빠졌다네/ 사람들은 그에게 말했다네./ 불쌍하고 어리석은 자여/ 발밑도 살피지 못하면서/ 머리 위를 알 수 있다고 생각하는가?"

수의 신비

W

와일즈, 앤드류(Wiles, Andrew: 1953~) : 본문의 관련된 절을 참고할 것.

참고문헌

ALLENDY René, *Le Symbolisme des nombres : essai d'arithmosophie*, Editions traditionnelles, Paris, 1984.

BALL WALTER William Rouse, *Récréations mathématiques*, J. Gabay, Sceaux, 1992; (fac-similé de l'édition Hermann, Paris, 1907.)

BARUK Stella, *Doubles jeux : fantasies sur des mots mathématiques*, Le Seuil, Paris, 2000.

---, *Dictionnaire de mathématiques élémentaires*, Le Seuil, Paris, 1992.

BAUDET Jean, *Nouvel abrégé d'histoire des mathématiques*, Vuibert, Paris, 2002.

BERTEAUX Raoul, *La Symbolique des nombres*, Edimaf, Paris, 1998.

BINDEL Ernst, *Les Nombres et leurs fondements spirituels*, Editions anthroposophiques romandes, Genève, 1985.

BREZIS Haïm, *Un Mathématicien juif*, entretiens avec Jacques Vauthier, Beauchesne, Paris, 1999.

BRUTER Claude Paul, *La Construction des nombres*, Ellipses, Paris, 2000.

CHABOCHE Françoix-Xavier, *Vie et mystère des nombres*, Albin Michel, Paris, 1976.

CHRISTIN Anne-Marie (sous la dir. de), *Histoire de l'écriture : de l'idéogramme au multimédia*, Flammarion, Paris, 2001.

DANTZIG Tobias, *Le Nombre, langage de la science*, Paris, Payot, 1931, Blanchart, 1974.

DATTA Bibhutibhusan et SINGH Avadhesh Narayan, *History of Hindu Mathematics*, Asia Publishing House, Bombay, 1962.

DELAHYAE Jean-Paul, *Le Fascinant Nombre Pi*, Editions pour la science, Paris, 1997.

DELAHYAE Jean-Paul, *Merveilleux nombres premiers : voyage au coeur de l'arithmétique*, Belin, Paris, 2000.

DUVILLE Bernard, *Sur les traces de l'Homo mathematicus*, Ellipses, Paris, 1999.

FEVRIER James G., *Histoire de l'écriture*, Payot, Paris, 1948.

FERMIER Jean-Daniel, *ABC de la numérologie chinoise de Lo-Chu*, J. Grancher, 1993.

FERNANDEZ Bastien, *Le Monde des nombres*, Le Pommier, 2000.

FILLIOZAT Jean, "Ecriture nâgari", in *Notices sur les caractères ètrangères et modernes*, Imprimerie nationale, Paris, 1948.

FISZEL Roland (sous la dir. de), *Les Caractères de l'Imprimerie nationale*, Imprimerie nationale, Paris, 1990.

FREDERIC Louis, *Dictionnaire de la civilisation indienne*, Robert Laffont, Bouauins, Paris, 1987.

FREDERIC Louis, *Le Lotus*, Editions du Félin, Paris, 1988.

FREITAS Lima de, *515, le lieu du miroir : art et numérologie*, Albin Michel, Paris, 1993.

GHYKA Matila Costiescu, *Le Nombre d'or*, Gallimard, La Nouvelle Revue française, Paris, 1931.

GOBERT M.-H., *Les Nombres sacrés et l'origine des religions*, Stock, Paris, 1998.

GOLD Robert, *Dieu et le nombre Pi*, Editions Otinel Bène Kénane, Jérusalem, 1997.

수의
신비

GUEDJ Denis, *L'Empire des nombres*, Gallimard; Découvertes, Paris, 1996.

----, *Le Théorème du perroquet*, Le Seuil, Paris, 1999.

GUITEL Geneviève, *Histoire comparée des numérations écrites*, Flammarion, Paris, 1975.

HAKENHOLZ Christian, *Nombre d'or et mathématique*, Chalagam, Marseille, 2001.

HAUCHECORNE Bertrand, *Les Mots et les Maths*, Ellipses, Paris, 2003.

JOUETTE André, *Le Secret des nombres*, Albin Michel, Paris, 1996.

JOUVEN Georges, *Les Nombres cachés : ésotérisme arithmologique*, Devry, Paris, 1978.

LAHY Georges, dit VIRYA, *Paroles de nombres*, Lahy, Roquevaire, 2003.

LAURA Marc, *Extraits littéraires et empreintes mathématiques*, Hermann, Paris, 2001.

LE LIONNAIS François, *Les Nombres remarquables*, Hermann, Paris, 1983.

LEVY Tony, *Figures de l'infini : les mathématiques au miroir des cultures*, Le Seuil, Paris, 1987.

MANKIEZWICZ Richard, *L'Histoire des mathématiques*, Le Seuil, Paris, 2001.

MENNIGER Karl, *Number Words and Number Symbols : A Cultural History of Numbers*, MIT Press, Boston, 1969.

MOLK Jules (sous la direction de), *Encyclopédie des sciences mathématiques pures et appliquées*, J. Gabay, Sceaux, 1991.

NANCY Jeqn-Luc, *L'Il y a du rapport sexuel*, Galilée, Paris, 2001.

NEEDHAM Joseph, *Science and Civilisation in China*, University Press; Cambridge, 1959.

NOEL Emile (entretiens), *Le Matin des mathématiciens*, Belin, Paris, 1985.

PEIGNOT Jérôme, *Du chiffre*, J. Damase, Paris, 1982.

PEIGNOT Jérôme et ADAMOFF Georges, *Le Chiffre*, P. Tsiné, Paris, 1969.

PERE-CHRISTIN Evelyne, *L'Escalier : Métamorphoses architecturales*, Alternatives, Paris, 2001.

PERELMAN Yakov, *Expérience et problèmes récréatifs*, Mir Publishers, Moscou, 1974.

PERELMAN Yakov, *Mathematics Can be Fun*, Mir Publishers, Moscou, 1985.

PERELMAN Yakov, *Oh, les maths!*, Dunod, Paris, 1992.

PEZENNEC Jean, *Promenades au pays des nombres*, Ellipses Marketing, Paris, 2002.

PICKOVER Clifford A., *Oh, les nombres!*, Dunod, Paris, 2002.

PICKOVER Clifford A., *Oh, encore des nombres!*, Dunod, Paris, 2002.

PIHAN A. P., *Exposé des signes de numération usitée chez les peuples orientaux anciens et modernes*, Imprimerie orientale, Paris, 1860.

----, *Notices sur les divers genres d'écriture des Arabes, des Persans et des Turcs,* Paris, 1856.

PRINSEP James, "On the inscriptions of Piyadasi or Ashoka", in *The Journal of the Asiatic Society of Bengal*, Calcuta, 1838.

RACHLINE François, *De zéro à epsilon*, First, Paris, 1991.

RENOU Louis et FILLIOZAT Jean, *L'Inde classsique : manuel des études indiennes*, Ecole française d'Extrême-Orient, Paris, 1985, réimpression 2001.

SALOMON Richard, *Indian Epigraphy : A Guide to the Study of Inscription in Sanskrit, Praktit and the Other Indo-Aryan Languages*, University Prss; Oxford, 1998.

SAUVAGET Jean, "Ecritures arabes", in *Notices sur les caractères étrangers et modernes*, Imprimerie Nationale, Paris, 1948.

SEIFE Charles, *Zéro, la biographie d'une idée dangereuse*, J.-L. Lattès, Paris, 2002.

SESSIANO Jacques, *Une Introduction à l'histoire de l'algèbre*, Presses polytechniques et universitaires romandes, Lausanne, 1999.

SINGH Simon, *Histoire des codes secrets : de l'Egypte des pharaons à l'ordinateur quantique*, J.-C. Lattés, Paris, 1999.

----, *Le Dernier Théorème de Fermat*, Hachette, Pluriel, Paris, 1999.

SMITH David Eugene et KATPINSKI Louis Charles, *The Hindu-Arabic Numerals*, Ginn, Boston, 1911.

SMITH David Eugene, *History of Mathematics*, Ginn, Boston, 1925.

SMITH David Eugene et GINSBURG Jekuthiel, *Numbers and Numerals*, National Council of Teachers of Mathematics, Washington, 1937.

SMITH David Eugene, *Numbers Stories of Long Ago*, Ginn, Boston, 1919.

SMITH David Eugene, *Rara Arithmetica*, Ginn, Boston, 1908.

STEWART Ian, *L'Univers des nombres*, Belin, Paris, 2000.

STRUIK Dirk Jan, *A Concise History of Mathematics*, éd. révisée, Dover, New York, 1987.

TATE Georges, *L'Orient ds croisades*, Gallimard, Paris, 1991.

THOMPSON John Eric Sidney, *Grandeur et décadence de la civilisation maya*, Payot, Paris, 1980.

WARUSFEL André, *Les Nombres et leurs mystères*, Le Seuil, Paris, 1961.

WOEPCKE Franz, "Mémoire sur la propagation des chiffres indiens", in *Journal asiatique*, 6ᵉ série, tome I, janvier-février, Imprimerie impériale, Paris, 1863.

주 석

1) E. Morin, *Le Paradigme perdu*.

2) Jean-Luc Nancy, *L'il y a du rapport sexuel*.

3) Anthony Saidy, *La Lutte aux échecs*, Hatier, 1989, 15~16쪽.

4) 이 전설에 대해서는 페렐만Y. Perelman의 『수학은 재미있을 수 있다 *Mathematics can be fun*』, Mir Publishers, 1985, 98~101쪽을 볼 것(불어 번역본 『오! 수학이여! *Oh! Les Maths*』, Dunod, 1993, 103 쪽 이하에 수록. 이 책의 저자인 야코프 페렐만은 20세기에 과학을 길거리로 끌어내린 가장 유명한 과학자 중의 한 명이다. 그의 모든 저서는 유럽 전역에서 대단한 성공을 거두었다. 그 가운데에서도 『오! 수학이 여!』는 가장 큰 호평을 받았다. 이 저서는 그의 교육자로서의 재능과 창조자로서의 천재성을 유감없이 보 여주고 있다. 이 책의 첫 번째 불어판은 『기분전환용 경험과 문제 *Expériences et problèmes récréatifs*』라는 제목으로 1974년에 처음으로 출간되었다).

5) 이 문제에 내해서는 Louis Frédéric, *Le Lotus*, Félin, 1990을 참고할 것.

6) 이 장에 관한 보다 자세한 사항은 Richard Mankiewicz, *L'Histoire des mathématiques*(Le Seuil, 2001)과 Émile Noël, *Le Matin des mathématiciens*(Berlin, 1985)를 참고할 것.

7) James Février, *Histoire de l'écriture*(Payot, 1948)과 Jean-Louis Calvet, *Histoire de l'écriture*(Plon, 1996)을 참고할 것.

8) Jean-Louis Calvet, 위의 책, 168쪽.

9) 여기에 대해서는 Richard Salomon, *Indian Epigraphy. A Guide to the Study of Inscriptions in Sanskrit, Praktit and the other Indo-Aryan Languages*, Oxford University Press, 1998; Louis Renou & Jean Filliozat, "Paléographie", *L'Inde classique. Manuel des études indiennes*, vol. 3,

Paris-Hanoi, EFEO, 1953, 665~712쪽(1985년 재판 발행); Georges-Jean Pinault, "Écriture de l'Inde continentale", *Histoire de l'écriture : de l'idéogramme au multimédia*, Flammarion, 93~121쪽 참조.

10) Georges-Jean Pinault, 위의 책, 93쪽.

11) James Prinsep, "On the inscriptions of Piyadasi or Ashoka", *Journal and proceeding of the Asiatic Society of Bengal*(JPSA), 1838 참고.

12) Jean-Louis Calvet, 앞의 책, 169쪽.

13) Roland Fiszel, *Les Caractères de l'Imprimerie nationale*, 285쪽.

14) Georges-Jean Pinault, 앞의 책, 113쪽.

15) 위의 책, 98쪽.

16) Jean-Louis Calvet, 앞의 책, 172쪽.

17) Marc-Alain Ouaknin, *Mystères de l'alphabet*, Assouline, 1997.

18) Georges-Jean Pinault, 앞의 책, 100쪽.

19) G. Guitel, *Histoire comparée des numérations écrites*, Flammarion, 1975, 604쪽.

20) 위의 책, 620쪽.

21) 위의 책, 같은 곳.

22) 위의 책, 같은 곳.

23) 이 장의 논의를 위해 우리는 단치히T. Dantzig의 『수, 과학의 언어 *Number, The Language of Science*』(수정 4판, MacMillan, 1966, 18쪽)에 의존한다. 단치히의 책은 불어로도 번역되어 있다

445

주석

(Blanchard, 1974년). 하지만 여기에서는 1930년에 간행된 영문으로 된 초판을 참조했다. 불어판은 영어본과는 약간 다른 점을 가지고 있는데, 필요할 경우 우리는 이 사실을 지적하게 될 것이다. 이 장은 또한 기텔의 책에도 많은 빚을 지고 있다.

24) G. Guitel, 앞의 책, 609쪽.

25) 이 목록들은 인도어학자들에 의해서 작성된 것이다. 그리고 우리는 또한 르누Renou와 필리오자Filliozat의 중요한 참고문헌인 『고대 인도. 고대 인도학 교과서 *L'Inde classique. Manuel des études indiennes*』(Hanoï, 1953)의 1985년판에서도 이 예들을 볼 수 있다.

26) G. Guitel, 앞의 책, 563쪽.

27) F. Woepke, "Mémoire sur la propagation des chiffres indiens", *Journal asiatique*, Paris, 1863, 113~114쪽.

28) G. Guitel, 앞의 책, 668쪽.

29) 위의 책, 547쪽.

30) Louis Renou & Jean Filliozat, 앞의 책, vol. 3, 708~709쪽.

31) G. Guitel, 앞의 책, 561쪽; Louis Renou & Jean Filliozat, 앞의 책, 708~709쪽.

32) Charles Seife, *Zéro, la biographie d'une idée dangereuse*, J.-C. Lattès, 2002.

33) 뛰어난 콩트작가 드니 게디Denis Guedj의 작품 가운데 『앵무새의 정리 *Théorème du Perroquet*』를 꼭 한번 읽어보길 바란다. 결코 실망하지 않을 것이다.

34) 로쉬 하셰드Roshi Rashed에 의해 인용.

35) Jean Baudet, *Nouvelle histoire des mathématiques*, Vuibert, 2003.

36) 이와 관련해서는 스미스D. E. Smith와 긴스버그J. Ginsburg의 『수와 숫자들 *Numbers and Numerals*』(New York, 1937, 20쪽)과 스미스의 다른 책 『오래된 숫자 이야기 *Numbers Stories of Long Ago*』(1919), 『라라 정수론 *Rara Arithmetica*』(1908) 그리고 『수학의 역사 *History of Mathematics*』(1925) 제2권 제1장 등을 참조할 수 있다. 또한 우리는 스미스와 칼핀스키L. Ch. Karpinski의 『힌두-아라비아 숫자 *The Hindu-Arabic Numerals*』(1911)의 흥미로운 내용도 참고할 수 있다. 그리고 페브리에J. Février의 『문자의 역사 *Histoire de l'écriture*』(1948) 578~589쪽의 내용 또한 참고할 수 있을 것이다. 이 책에서 페브리에는 인도와 관련된 대다수의 정보가 자신의 동료인 필리오자에게서 얻어진 것임을 밝히고 있다. 이 책의 587쪽을 보면 카라 드 보 남작 (baron Carra de Vaux)과 같은 몇몇 연구자들에 의한 아라비아 숫자들의 기원과 관련된 논의가 오히려 그리스적 기원에 관한 것이었음을 알 수 있다. 그러나 이와 같은 후자의 견해는 결코 후대 연구자들에 의해 받아들여지지 않았다.

37) K. Menninger, *The Gubar Numerals*, 415쪽. F. Woepke, 앞의 책 참고.

38) D. E. Smith, L. Ch. Karpinski, *The Hindu-Arabic Numerals*, 1911, 101쪽. F. Woepke, 위의 책 참고.

39) 이미 고전이 되었지만 여전히 유효하다고 판단되는 국립 인쇄소의 총괄감독이었던 필랑Pihan A. P.의 다음과 같은 연구들을 참조하는 것도 좋을 것이다. 『고대, 근대 아시아 민족이 사용한 수 기호론 *Exposé des signes de numération usités chez les peuples orientaux anciens et modernes*』(1860), 『어원을 포함하고 있는 아랍어와 페르시아어에서 발췌한 프랑스어 용어집 *Glossaire des mots français tirés de l'arabe, du persan, et du turc, contenant leur étymologie*』

(1847), 『아랍어, 페르시아어, 터기어와 같은 다양한 글자에 대한 설명 *Notices sur les divers genres d'écritures, des Arabes, des Persans et des Turcs*』(1856). 또한 국립인쇄소 활자를 위해 작성된 안내서(국립인쇄소 출판, 파리, 1990)를 참고할 것, François Desroches, *Histoire de l'écriture*, Flammarion, 2001, 219쪽 이하의 '아랍어 문자' 와 J. Février, 앞의 책, 262쪽 이하를 참고.

40) James Février, 위의 책, 같은 곳.

41) 위의 책, 같은 곳.

42) 위의 책, 같은 곳

43) 다른 저작들 중에서도 F. Woepke, 앞의 책, 62쪽 이하를 참고할 것. 알리 마하제리Aly Mahazéri, 『정수론의 페르시아적 기원. 상호문화적 역사 연구 *Les Origines persanes de l'arithmétique : problème d'histoire interculturelle*』, Kushiyar Abu Al-I Iasan Al-Gili, 971~1029, 결정판. 일리 마 자혜리 번역 및 주해, Nice(이민족 및 이문화 학술연구재단(Institut d'études et de recherches inter-ethniques et interculturelles), 1975년), IDERIC 예비연구 총서, 제8호, 『인도 수학에 대한 두 편의 논문 *Maqalatan fi-ocul hisab al-hind*』, Sainte-Sophie d'Istanbul 소장 필사본.

44) K. Menninger, *The Counting Board in the Eary Middle Ages*, 319쪽 이하.

45) K. Menninger, *The Venerable Bede qns his Finger Counting*, 210쪽.

46) C. Gillipsie, *Dictionnary of Scientific Biography*, vol. 16, 1970~1980를 볼 것. 제르베르에 대해서는 D. E. Smith, "The Occident from 1000 to 1500", *History of Mathematics*, vol. 2, Dover, New York, 1958, 194쪽을 볼 것.

47) Lucien Gérardin, *Le Mystère des nombres arithmétique et géométrie sacrée*, Dangles, 1985, 144쪽.

48) D. E. Smith, *History of Mathematics*, vol. 1, 1925, 75쪽.

49) T. Dantzig, 앞의 책, 83~84쪽.

50) 위의 책, 같은 곳.

51) 피보나치의 저서와 전기에 대해서는 에토레 피구티가 『수학자들』(베를린, 1996년, 8쪽 이하)의 '피사의 레오나르도'라는 항목에서 제공하고 있는 정보를 따르고 있다.

52) 0에 대한 앞의 장을 볼 것.

53) T. Dantzig, 앞의 책 제2장을 볼 것.

54) Marc-Alain Ouaknin, *Mystère de la Kabbale*(Assouline, 2000) 참고.

55) Marc-Alain Ouaknin, *C'est pour cela que l'on aime les libellules*(Seuil, Points총서, 2000) 참고.

56) G. Guitel, 앞의 책, 239쪽 이하 참고.

57) Jean Pézennec, *Promenades au pays des nombres*.

58) 31쪽 이하에 서술된 일화 참고.

59) 싱S. Singh, 『페르마의 마지막 정리 *Le Dernier Théoreme de Fermat*』.

60) 위의 책, 같은 곳.

61) Ian Stewart, *L'Univers des nombres*(Belin, Paris, 2000) 참고.

62) S. Singh, *Le Dernier Théorème de Fermat* 참고.

63) 위의 책, 77쪽.

449

주
석

64) 앞에서 살펴본 홀수 마방진의 정의를 참고할 것. 이 장을 위해 샤보쉬F.-X. Chaboche, 『수의 삶과 신비 *Vie et mystère des nombres*』(Albin Michel, 1976)와 주에트A. Jouette, 『수의 비밀 *Le Secret des nombres*』(Albin Michel, 1998)을 참고 했다.

65) 이 문제에 대해서는 하이데거M. Heidegger, 『사물이란 무엇인가 *Qu'est-ce qu'une chose?*』(Gallimard, 1971)를 참고할 것.

66) 이탈리아의 수학자로 본명은 지우세페 페아노Giuseppe Peano.

역주

역1) 모로코, 알제리, 튀니지 등을 포함하는 북아프리카 지방의 국가들을 통칭함.

역2) 히브리어, 아랍어, 이집트어 등을 통칭함.

역3) 유대인들의 성서 주석을 일컬음.

역4) (당초무늬 등을 사용한) 아라비아풍의 장식.

역5) 전치사 및 접속사를 통칭하는 말.

역6) 세로획이라는 말로 특히 활자술의 용어로 b, d, h의 세로획을 의미한다.

역7) 종교적 의식에 사용되는 경건하고 엄숙한 문자를 일컬음.

역8) 이것 역시 갈대로서 고대 로마 시대에는 붓의 대용으로 널리 사용되었다.

역9) 서로 다른 집합에 속하는 3원소의 순서 집합.

역10) 강한 신비주의적 요소를 지닌 유대교 한 분파의 추종자들.

역11) 알자스 지방에서 볼 수 있는 왕관 모양의 과자.

역12) 히브리어로 '나의 주'라는 뜻이다.

역13) 이것은 '헤르메스의 지팡이'라고도 하며, 두 마리의 뱀이 감겨 있고, 정상에 두 개의 날개가
     달린 지팡이로 평화, 웅변술, 의학, 상업 등의 상징이다.

감사의 글

이전에 출판된 모든 책과 마찬가지로 이 책 역시 필자의 아버지 대 랍비 쟈크 우아크냉Jacques Ouaknin의 가르침과 충고에(나는 마방진과 마법의 별에 대한 아버지의 즉각적인 관심을 높이 평가하고자 한다), 그리고 어머니 엘리안느 소피 우아크냉 Eliane Sophie Ouaknin이 보여준 주의깊고, 쾌활하며, 역동적인 격려에(월요일의 강의에 충실하면서도 연구와 교육에 대한 그녀의 열정에 경의를 표하고자 한다) 많은 빚을 지고 있다는 점을 밝히고자 한다. 매번 그러하듯이 두 분 모두 여기서 필자가 드리는 애정과 찬사를 보시고 기쁨과 행복을 느끼셨으면 하는 바람이다.

숫자들의 세계로의 이 원대한 여행은 대부분 지난 두 세기에 살았던 많은 학자들의 노력이 없었다면 절대로 불가능했을 것이다. 필자는 특히 숫자 문제에 관한 한 성서로 여겨지는 『표기 명수법들의 비교 역사 Histoire comparée des numérations écrites』의 저자인 주느비에브 기텔을 필두로 메닝거, 스미스, 다치히, 르누, 필리오자 등을 비롯해 이 분야의 모든 전문가들의 이름을 떠올린다.

필자는 또한 20세기의 후반부에 활동하고 있는 젊은 연구자들도 생각한다. 그들의 저서를 모두 참고문헌에 포함시키지는 못했다. 하지만 그들 가운데에서도 특히 전문가들뿐만 아니라 일반 대중에게도 유익한 저서들을 통해 필자에게 수와 숫자에 대한 열정을 성공적으로 전달해준(이것이 '교습'으로서의 수학이 아니

수의 신비

겠는가!) 드니 게디에게 많은 빚을 지고 있다.

필자는 또한 약속 장소와 우정을 제공해주면서 필자를 환대해준 모든 분들께 감사를 드리고자 한다. 모니크Monique, 제라르 상데르Gérard Sander의 우정과 도움으로 스피노자의 강의를 듣는 것을 허락해준 미셸Michèle과 클로드 카맹스키Claude Kaminsky(알렙센터의 세미나), 조엘 아비스로르Joël Abisror와 라자르 카플랑Lazar Kaplan(메리 칼플랑 연구 그룹), 엘렌느 아탈리Hélène Attali(코페르니쿠스 가에 있는 이슬람교 사원의 청소년 단체), 미르잠 조메르스타진Mirjam Zomersztajin과 라파엘Raphaëlle(CCLJ, 브뤼셀) 등이 그들이다. 이들 모두 여기서 필자의 뜨거운 우정을 발견하기를 바란다.

연구하고, 탐색하고, 집필하는 시간은 동시에 대화의 시간이기도 하다. 필자는 항상 필자의 첫 번째 대화 상대자들이었던 다른 연구자들, 학생들, 친구들과 더불어 필자의 생각을 같이 나누어 가졌고, 가르쳤고, 검토했고 또 이들과 생각을 교환하기도 했다. 필자의 연구 과정에서 사유의 방향을 바꿔주고, 또 새로운 길을 열어주기도 했던 이들의 우정어린 설명에 대해 필자는 여기에서 이들 한 명 한 명에게 뜨거운 감사를 표시하고자 한다.

특히 다음의 모든 분들에게도 심심한 감사를 드린다.

이 책에서 제기된 모든 문제에 대한 오랜 연구 덕분으로 필자에게 철학, 문학, 수학 분야에서 많은 사실들을 발견하게 해주었고, 또 가다듬을 수 있게 해주었으며, 이 저서를 끝까지 완성시키는 데 필요한 힘을 주었을 뿐만 아니라, 이 책에 걸맞는 색깔을 부여해준 데 대해, 우정과 연구의 동반자였던 프랑수와-안느 메나제르François-Anne Ménager에게,

에드몽 로스탕Edmond Rostand과 같은 자애로운 시선으로 이 책의 첫 독자의 역할을 기꺼이 맡아주었고, 로고-리듬의 효과를 첫 번째 시험해준 점에 대해 다니엘 카라스크Danielle Carassk에게,

가장 예견하기 어려운, 그리고 가장 실험적이었던 시적 모험에 항상 도움을 준 데 대해 리샤르 로생Richard Rossin에게,

'인도식' 식사 때 수학적 추상의 문제에 대해 중요하면서도 이 책의 집필에 결정적인 역할을 한 관점을 열어주었던 데 대해 카디아Katia와 시드니 톨레다노Sidney Toledano에게,

비에 대한 노래와 음악에 대해 조언을 해준 데 대해 미첼레Mitchélé와 자노엘Jeanoël에게,

이미지, 목소리, 빛, 유머, '서핑'의 행복을 깨우쳐준 데 대해 랄루Lalou, 다보라 제브Davora Zeèv, 라두Radu, 로라Laura, 다비드David, 오렐리아Aurélia, 안느Anne, 알랭Alain, 파비엔느Fabienne, 알랭Alain D.-W., 도미니크Dominique B., 리샤르Richard, 레일리아Leïla, 위그Hughes에게,

축성의 빵을 나누어 준데 대해 조엘Joël에게,

춤, 숨결, 프루스트의 "꽃을 안은 처녀들"의 상상력과 정열을 가르쳐준 데 대해 마르크Marc P., 파올로Paollo, 다니엘Daniel과 나디아Nadia, 스테판Stéphane과 마리Marie, 샴Chams, 다니엘Danielle, 마리에트Mariette, 앙드레André, 클로딘느Claudine, 그레그Greg, 클레망스Clémence, 이온Ion, 니콜Nicole, 렐라Leila, 단Dan에게,

피아노 연주와 영혼의 깊이를 가진 자들과의 모임에서 만났던 피레트Pierette, 드니Denis, 아리안느Ariane, 잉 니콜라Hean-Nicolas, 쉬잔느Suzanne, 파비오Favio, 카린느Carine, 아르망Armand, 라쉘Rachel, 제롬Jérôme, 폴Paul, 스티브Steeve, 파드릭Patrick, 실비앙Sylviand에게,

화요일마다 있었던 정신적 고양을 위한 노력에 대해 라자르Lazare, 코코Coco, 피에르Pierre, 이사벨Isabelle, 장-위그Jean-Hughes, 셀리아Célia, 알랭Alain, 마리Marie, 로제르Roger, 바니아Vanina, 리샤르Richard, 제라르Gérard, 앙트완느Antoine에게,

23의 신비에 대해 가르쳐준 클로딘느 아주Claudine Hazout, 로랑스 드레퓌스Laurence

Drefyfus, 마티외 브리앙Mathieu Briand에게,

손가락으로 하늘을 가리키며 많은 것을 가르쳐준 장 다비오Jean Daviot에게,

시선의 관대함과 정의를 가르쳐준 소피 클라벨Sophie Clavel에게,

이 연구의 색조와 형태에 대해 항상 새로운 열정을 보여준 'Hudouch(의미 갱신)의 대가들'인 이챠크Itshaq(피에르Pierre에게도 감사를 표한다), 알도Aldo, 잔느 나우리Jeanne Naouri, 조르쥬 파르지에Georges Pargier, 나탈리 세루시Nathalie Seroussi, 제라르Gérard와 엘리자베트 가루스트Elisabeth Garouste에게도 역시 감사를 드린다.

이 책에 대해 기대만큼의 공감을 표시해준 발레리 솔비Valérie Solvit, 지젤 프랑솜므Gisèle Franchomme에게도 고마움을 전한다.

이번에 간행되는 신판은 구판을 읽고 필자에게 주석, 설명, 비판들을 기꺼이 보내준 독자들에게 많은 빛을 지고 있음을 또한 밝혀야 할 것이다. 필자는 물론 이를 토대로 이 책의 내용과 사진에 대해 많은 것을 바로잡고 보충할 수 있었다. 모두에게 감사를 드린다.

필자는 아술린Assouline출판사의 편집진에게도 감사를 드린다. 프란체스카 알롱기Francesca Alongi, 크리스틴느 클로동Christine Claudon, 쥘리 다비드Julie David, 마틸드 뒤퓌 당쟈크Mathilde Dupuy d'Angeac, 샤를르 프릿쳬르Charles Fritscher, 케이 귀트만Kay Guttmann, 클레망 윙베르Clément Humbert, 넬리 리델Nelly Riedel 등의 도움과 해박한 지식이 없었더라면 아마도 이 책은 빛을 보지 못했을 것이다.

끝으로 필자는 이 책을 펴내는 일과 우정이 하나라는 것을 보여준 마르틴느Martine와 프로스페르 아술린Prosper Assouline에게 심심한 감사의 뜻을 전하고 싶다.

감사의 글

수의 신비

펴낸날	초판 1쇄 2006년 9월 20일
	초판 6쇄 2014년 8월 19일

지은이	마르크 알랭 우아크냉
옮긴이	변광배
펴낸이	심만수
펴낸곳	(주)살림출판사
출판등록	1989년 11월 1일 제9-210호

주소	경기도 파주시 광인사길 30
전화	031-955-1350 팩스 031-624-1356
홈페이지	http://www.sallimbooks.com
이메일	book@sallimbooks.com

ISBN	978-89-522-0555-1 03410